陆地表面辐射温度对不同生态系统碳通量的影响

严俊霞 著

中国矿业大学出版社
·徐州·

内 容 提 要

本书通过研究不同时空尺度下陆地表面辐射温度对陆地生态系统碳通量的影响,旨在探讨基于遥感方式观测的陆地表面辐射温度模拟碳通量的可行性。基于叶片、植被群体和植被群落三个尺度对辐射温度和碳通量同步进行的野外定位观测试验,分析探讨了日、季节尺度植被辐射温度与碳通量之间的关系,建立了植被辐射温度与碳通量之间的关系模型。利用中国陆地生态系统通量观测研究网络不同生态系统类型研究站点的观测结果,对基于卫星遥感的辐射温度模型获得的总初级生产力的精度进行了检验与精度评价;对样地和区域尺度上土壤呼吸速率与陆地表面辐射温度之间的关系进行了初步的探讨。

本书可供遥感、生态、地理、环境、全球变化等领域的科研、教学人员及本科生、研究生阅读参考。

图书在版编目(CIP)数据

陆地表面辐射温度对不同生态系统碳通量的影响/
严俊霞著. —徐州:中国矿业大学出版社,2022.4
ISBN 978 - 7 - 5646 - 5315 - 6

Ⅰ. ①陆… Ⅱ. ①严… Ⅲ. ①地面温度—辐射温度—
影响—生态系—碳循环—研究 Ⅳ. ①X511

中国版本图书馆 CIP 数据核字(2022)第 034844 号

书　　名	陆地表面辐射温度对不同生态系统碳通量的影响
著　　者	严俊霞
责任编辑	章　毅
出版发行	中国矿业大学出版社有限责任公司
	(江苏省徐州市解放南路　邮编 221008)
营销热线	(0516)83884103　83885105
出版服务	(0516)83995789　83884920
网　　址	http://www.cumtp.com　E-mail:cumtpvip@cumtp.com
印　　刷	江苏淮阴新华印务有限公司
开　　本	787 mm×1092 mm　1/16　印张 13　字数 333 千字
版次印次	2022 年 4 月第 1 版　2022 年 4 月第 1 次印刷
定　　价	55.00 元

(图书出现印装质量问题,本社负责调换)

　　严俊霞,女,1976 年 5 月出生,博士,副教授,博士生导师,目前工作于山西大学黄土高原研究所。主要研究方向为生态系统碳循环、"3S"技术在生态学和地理学研究中的应用。近年来以第一作者或与他人合作在二级学科主学报以上发表学术论文50 余篇;主持或参与国家自然科学基金项目、科技部重大国际合作项目、山西省自然科学基金项目、省软科学研究项目以及横向科研项目等 30 余项;获山西省科技厅科学技术奖自然科学类二等奖1 项。

前　言

2020 年 9 月 22 日,国家主席习近平在第七十五届联合国大会上承诺,中国力争于 2030 年前达到 CO_2 排放峰值,努力争取 2060 年前实现碳中和。中国的碳达峰与碳中和战略,不仅是全球气候治理、保护地球家园、构建人类命运共同体的重大需求,也是中国高质量发展、生态文明建设和生态环境综合治理的内在需求。中国当前仍处于工业化和城市化发展阶段中后期,能源总需求一定时期内还会持续增长。从碳达峰到碳中和,发达国家有 60 年到 70 年的过渡期,而中国只有 30 年左右的时间。这意味着,中国温室气体减排的难度和力度都要比发达国家大得多。研究表明,陆地生态系统具有强大的固碳能力,将有效缓解我国在国际社会中面临的温室气体减排压力。为此,准确估算陆地生态系统的固碳能力是一个国家的重大需求,具有重要的现实意义。

陆地碳循环遥感研究与估算日益受到关注,遥感估算碳模型中植被冠层最大光能利用率受气温、水分等因子限制。模型中所用的气温是近地面 1.5 m 高处百叶箱温度,和植被温度有一定差异,不同模型中所用的气温时间尺度有较大差异,而且有限气象站点观测结果通过插值获得的区域气温分布代表性存在问题。气温的这些问题会通过对最大光能利用率的限制而将误差传递并累计在 NPP/GPP(净第一生产力/总初级生产力)估算结果中。针对气温的客观问题,提出用植被辐射温度来替代气温。卫星遥感探测可以获得连续分布的辐射温度,对冠层来说正好是植被表层辐射温度,和气温相比辐射温度更能反映光合作用的植被本体温度。本书通过研究不同时空尺度下陆地表面辐射温度对陆地生态系统碳通量的影响,旨在探讨基于遥感方式观测的陆地表面辐射温度模拟碳通量的可行性。基于叶片、植被群体和植被群落三个尺度对辐射温度和碳通量同步进行的野外定位观测试验,分析探讨了日、季节尺度植被辐射温度与碳通量之间的关系,建立了植被辐射温度与碳通量之间的关系模型。利用中国陆地生态系统通量观测研究网络不同生态系统类型研究站点的观测结果,对基于卫星遥感的辐射温度模型获得的总初级生产力的精度进行了检验与精度评价;对样地和区域尺度上土壤呼吸速率与陆地表面辐射温度之间的关系进行了初步的探讨。

　　本书是团队集体智慧和辛勤劳动的结晶。十余年来,先后有四十余名科研工作者和研究生参与了野外实验。感谢博士生导师陈良富研究员和硕士生导师李洪建教授对我的鼓励、支持、引导和帮助;感谢参与本项目的曾朝旭、陶磊、张义辉、王建、潘恬豪、张晓慧、刘菊、荣燕美、宋丽娜、王芮、贾薇、高玉凤、王礼霄等研究生在野外工作的帮助。没有他们的辛勤劳动就不可能使项目得以顺利实施。感谢山西省水文水资源勘测局太谷均衡试验站的孙明站长、王永一副站长以及该站的其他工作人员,感谢他们无私地为我们提供试验场地和便利的生活条件,使我们的工作得以顺利开展。同时感谢庞泉沟自然保护区的有关领导提供的帮助和支持。

　　感谢国家自然科学基金面上项目“植被辐射温度对光合作用的影响机理及其模型研究”(项目编号:40871174)、国家自然科学基金青年科学基金项目“陆地表面辐射温度对土壤呼吸速率的影响机理及其模型构建”(项目编号:41201374)、山西省基础研究计划面上项目“遥感反演的地表温度与土壤呼吸速率的关系研究”(项目编号:2014011032-1)、山西省基础研究计划青年项目“山西高原不同土地利用类型土壤呼吸速率特征研究”(项目编号:2008021036-2)和科技部国际合作项目“山西汾河流域水资源联合调控技术合作研究”(项目编号:2012DFA20770)对本书出版的大力支持和帮助!

　　由于作者水平有限,书中疏漏之处在所难免,敬请读者批评指正。

作　者

2021 年 10 月

目　　录

第一章　绪　论

第一节　研究背景

为应对全球气候变暖,目前已有 50 多个国家相继宣布在 21 世纪中叶实现碳中和目标,有近 100 个国家正在研究制定碳中和目标。碳中和已经在全球范围掀起一场涉及人类命运共同体的大规模运动。2020 年 9 月 22 日,国家主席习近平在第七十五届联合国大会上提出:中国的二氧化碳排放力争于 2030 年前达到峰值,努力争取 2060 年前实现碳中和。在 2021 年国务院《政府工作报告》中,李克强总理提出"扎实做好碳达峰、碳中和各项工作。制定 2030 年前碳排放达峰行动方案"。中央经济工作会议也将"碳达峰、碳中和"作为 2021 年的重点任务。

国际地圈生物圈计划(international geosphere-biosphere program,IGBP)、世界气候研究计划(world climate research program,WCRP)和国际全球环境变化人文因素计划(international human dimensions programme on global environmental change,IHDP)都在积极地推动着这方面的研究工作,企图通过这些大型科学计划的研究成果来回答地球生态系统的碳汇源时空格局变化与陆地生态系统碳吸收潜力等问题。在寻求全球"未知碳汇(the missing carbon sink)"(Broecker et al.,1979;Tans et al.,1990)时,陆地生态系统被公认为是最大的未知区(Houghton,1996)。而陆地生态系统碳库和碳通量的研究表明碳估算中实际存在两大不确定性:一是用模型去模拟生态系统复杂的生化过程本身存在很多近似和假设;二是在将"点"尺度的碳循环模型用于区域或全球碳估算时,由于各种过程模型要求相当多的地表观测数据输入,而实际上目前全球或区域尺度的地表观测无法满足估算尺度的精度要求,从而就给陆地生态系统碳评估精度带来较大的影响(Walker et al.,1997;Chen et al.,1999)。所以,如何准确获取区域尺度的生态参数,并用来估算全球和区域碳储量空间格局一直是碳循环研究中的热点和难点(Bonan,1995;Field et al.,1995)。

遥感能在瞬时获取地表"面状"分布的技术手段渐渐受到生态学家的日益关注,基于定量遥感提取植被指数和反演的叶面积指数已经被广泛用于陆地生态系统过程模型的碳估算中(Sellers et al.,1995;Schimel,1995;Chen et al.,1999;Cao et al.,1998a,1998b)。不仅如此,以遥感为主要数据源的碳循环遥感估算模式已经被国际社会所接受,比如著名的"CASA"(carnegie-ames-stanford approach)模型就用遥感来获取重要的光合有效辐射比率参数(Potter et al.,1993),而 Prince 等(1995)在"GLO-PEM"(global production efficiency models)模型中则是从 NOAA 系列卫星的 AVHRR 传感器遥感中获取碳估算所有参数,建立了第一个全遥感模型。另外,美国中分辨率成像光谱仪(moderate-resolution imaging spectroradiometer,MODIS)的 NPP 产品是以 MODIS 的 FPAR(光合有效辐射吸收比例)产品（MOD15）（Myneni et al.，1994）为基础的（Running et al.，1999），肖向明等也提出了植被光合作用模型（vegetation photosynthetic model，VPM）（Xiao et al.，2004a）。此外，遥感还因为其具备不同空间分辨率为碳循环从"点"尺度的过程模型向区域尺度扩展研究和应用提供了可能。可以说，基于遥感的碳循环研究已经成为目前碳循环研究的重要方法之一。

然而，许多基于遥感的碳估算模型仍需要很多的地面气象站观测数据的输入，如气温。模型中用的气温，主要是基于气象站点监测的气温值，并通过内插法将"点状"测量数据扩展到区域或全国尺度。那么，利用这样一个以气温观测值以及相应函数进行温度限制，会由于以下问题而给 GPP 的估算带来误差：

第一，直接影响植被光合作用的温度不是气温，而是植被体本身的温度。因为光合作用是叶片内部的叶绿素在可见光的照射下，将二氧化碳和水转化为葡萄糖，并释放出氧气的生化过程。首先，叶绿素的生物合成是一系列酶促反应，受温度影响很大。叶绿素形成的最低温度为 2～4 ℃，最适温度是 20～30 ℃，最高温度为 40 ℃左右。温度过高或过低均降低叶绿素合成速率，原有叶绿素也会遭到破坏。其次，在光合作用的整个过程中，叶绿素首先吸收光能并把光能转变为电能，进一步形成活跃的化学能，最后转变为稳定的化学能，贮藏于碳水化合物中。不管是原初反应的有机物的运输速度，还是碳同化过程的温促作用和输运方向，都受温度的影响。总之，光合作用这种由酶催化的化学反应，其反应速率受温度影响较大。所以，温度是影响光合作用的重要因素。这里我们所说的温度，应该是指叶绿素本身，以及酶本身的温度，是进行光合作用的叶片本身的温度，而不是百叶箱中的气温，因为叶片本身的温度比气温对光合作用的影响更为直接。

第二，植被本身的温度与气温之间的关系问题。这里的气温是近地面百叶箱的标准温度，是近地面 1.5 m 高处的气温。气温是"地-气"之间能量交换的结果。在白天，太阳短波辐射被地表吸收后提高陆地表面辐射温度，地表再通过热辐射，或湍流形式将能量传递给大气，使气温提高。所以，陆地表面辐射温度一般要高于气温。只有当"地-气"系统达到局地热平衡的时候，近地面气温才和陆地表面辐射温度接近。在估算 GPP 时用的气温并不能准确反映植被光合作用体和其表面的温度。

第三，即使是气温，不同的时间尺度模型的选择上存在很大的差异。如以 1 d 为时间间隔的模型，选择一天中最高和最低气温的平均值计算限制；以 8 d（VPM 模型）或月（如 CA-SA 模型）为时间尺度的模型，则以 8 d 日均气温或月均气温计算。

第四，气温的区域代表性问题。县级气象站点一般都坐落在县城附近，百叶箱中获得气温值相对于野外陆地生态系统来说其代表性一般都比较差。而且相对区域尺度来说，气象站点的分布非常有限，尤其是大片森林和草原区生态系统分布的边远区域，几乎没有站点分布。只利用有限站点的观测数据通过不同插值方法获得气温值，这种内插或外延技术给气温带来的误差会传递并累计在 GPP 的估算结果中。

所以，针对利用气温估算碳通量存在的客观问题，我们提出是否有更好的温度形式来替代气温？由于卫星遥感探测的温度是陆地表面辐射温度，对植被冠层来说正好是植被表层辐射温度，与气温相比这个温度更能反映光合作用的植被本体温度。而且，卫星遥感能瞬时获取大区域和连续分布的植被温度，弥补了气温数据不连续的缺点（Prihodko et al.，1997）。

第二节 碳循环过程

陆地生态系统碳循环研究是预测未来大气 CO_2 和其他温室气体浓度变化、认识大气圈与生物圈的相互作用等科学问题的关键,也是认识地球系统水循环、养分循环和生物多样性变化的基础(陈泮勤等,2004)。自然状态下,植物利用大气中的二氧化碳进行光合作用形成有机碳并储存于植物体内,死亡后其残体被微生物分解,将二氧化碳释放到大气中。

一、光合作用与呼吸作用

绿色植物吸收太阳光的能量,同化二氧化碳和水,制造有机物质并释放氧气的过程,称为光合作用,其过程可简写为:

$$6CO_2 + 6H_2O \xrightarrow[\text{绿色植物}]{\text{光能}} (C_6H_{12}O_6) + 6O_2$$

光合作用的机理非常复杂,包括两个光化学反应、一系列电子传递过程和复杂的碳同化物质转变过程。根据是否需光可分为光反应和暗反应。高等植物的碳同化有3个途径:

(1)卡尔文循环:又称为 C_3 途径,通过羧化阶段、还原阶段、更新阶段和产物形成阶段,合成淀粉等多种碳水化合物。

(2) C_4 途径:一些起源于热带的植物除了具有卡尔文循环外还另外特有的一条固定 CO_2 的途径。

(3)景天科酸代谢:景天科植物除了卡尔文循环以外具有的一种 CO_2 的同化方式。

呼吸作用分为自养呼吸和异养呼吸。自养呼吸是植物为了维持自身生长发育、完成生活史所进行的呼吸作用。异养呼吸指在土壤微生物和小动物参与下,凋落物和土壤有机质氧化分解释放出 CO_2 的过程。

二、影响植物光合作用和呼吸作用的主要因素

气候、土壤理化性状、生物因子和人类活动等因素都会对植物光合和呼吸作用产生影响。

一般而言,植物的光合速率随光合有效辐射的增加而增加,超过一定光强后,光合速率增加的趋势减缓。当光强超过植物光饱和点后,出现光饱和现象,光合速率不再增加。温度影响酶活性和生化反应速度,进而影响植物的光合作用。一般情况下,植物可在 $10\sim35$ ℃范围内进行光合作用,$25\sim30$ ℃最适宜,超过 35 ℃光合作用受到抑制,$40\sim50$ ℃时完全停止光合作用(陈泮勤等,2004)。水分缺乏通过叶片气孔关闭、影响植物的形态、代谢活动等过程直接或间接影响植物的光合作用。土壤为绿色植物提供生长发育所需的水分和养分,进而影响着植物的光合作用。植物生物学特性是影响光合作用的另一重要因素,植物的生理学特点、生物学构造、不同部位以及生长发育阶段都会对光合速率有显著影响。人类活动如耕作、施肥、灌溉等农业管理措施通过改善土壤肥力进而对植物光合作用产生影响。

三、影响土壤呼吸速率的主要因素

影响土壤呼吸速率的因素很多,包括生态系统内地下、地上所有物质的总和。这些因素大致可分为生物因素和非生物因素两大类。生物因素指系统内与生命现象有关的内容,如土壤生物、微生物、植物及其类型、结构等,非生物因素指与生命因素无关的其他因素,如土壤质地、土壤温度和湿度、土壤碳、氮含量、pH 值等。这些因素对土壤呼吸速率的影响在不同尺度下的作用不同。

在全球尺度上土壤呼吸速率主要受降水、温度和植被生产力的地带性梯度特征影响(Raich et al.,1992;Raich et al.,1995;Raich et al.,2000;Chen et al.,2014)。在区域尺度上,温度和降水因素的地带性变异梯度减小,而这些因素的季节变化、日变化可能成为影响土壤呼吸速率的主要因子,从而使土壤呼吸速率产生明显的季节变化和日变化(Davidson et al.,1998;Fang et al.,1998;Rayment,2000;Flanagan et al.,2005;Subke et al.,2003;Han et al.,2007;Chen et al.,2010)。区域内的立地(阴阳坡、坡向等)条件的差异(Sheng et al.,2010;Gong et al.,2014;Liu et al.,2016)、景观结构的异同(Riveros-Iregui et al.,2009)以及森林结构(Katayama et al.,2009)、植被和群落类型(Borken et al.,2002;Li et al.,2008;Ngao et al.,2012;Zhang et al.,2012;Zeng et al.,2014;Shi et al.,2016)、土壤质地和有机质(Dilustro et al.,2005;Gershenson et al.,2009;Harrison-Kirk et al.,2013)、土地利用(Shi et al.,2014)等引起的底物供应差异是引起土壤呼吸速率差异的主要原因(Liu et al.,2006;Zhou et al.,2013)。此外,土壤呼吸速率具有明显的空间变异特性,因为林龄(Buchmann 2000;Irvine et al.,2002;Saiz et al.,2006;Gong et al.,2012)、根系、凋落物特征(Boone et al.,1998;Li et al.,2004)等都会对土壤呼吸速率产生影响。在更小的尺度,如一个样地内,土壤呼吸速率的变化主要由生物和非生物因素引起的微环境,如水分、微生物群落特征等所决定(Li et al.,2006;Luan et al.,2012)。

在一定温度条件下,土壤水分成为影响土壤呼吸速率的主要因素。水分对土壤呼吸速率的影响比较复杂,它通过影响根系和微生物的呼吸活性或土壤中气体的运移影响土壤呼吸速率(Fang et al.,2001),它对土壤呼吸速率的影响主要出现在土壤水分两端(高水分段和低水分段),因此,有许多关于水分影响土壤呼吸速率的研究。自 20 世纪 50 年代发现土壤干旱和复水对有机质分解的影响以来(Birch,1958;Birch,1959),降水的季节分配引起的土壤"旱""湿"交替对土壤呼吸速率的影响受到重视。这种现象通过连续的土壤呼吸速率观测,被后人称为"birch effect"或"drying and wetting effect"(Jarvis et al.,2007;Harrison-Kirk et al.,2013)。Borken 等(2003)通过实验室模拟研究表明,即使是小于 0.5 mm 的降雨量也能使土壤呼吸速率增加,土壤呼吸速率增加的持续时间与模拟降水量的多少有关。此外,有许多有关土壤干湿交替对土壤呼吸速率影响的野外观测研究(Lee et al.,2002;Lamersdorf et al.,2004;Li et al.,2008),这一现象在干旱、半干旱地区受到更多关注。人类活动对土地利用的改变使土壤呼吸速率发生变化(Chen et al.,2013),如森林砍伐、植树造林和退耕还林以及农业管理措施。现如今在灌溉、施肥对土壤呼吸速率影响的研究较多(Peng et al.,2011;Sun et al.,2014;Gong et al.,2015;Zhong et al.,2016;Wang et al.,2017;Wang et al.,2019),如 Jia 等(2013)进行了氮和水添加对紫花苜蓿和长芒草土壤呼吸速率的影响,分析了不同处理对土壤呼吸速率以及温度敏感性的影响。近年来,添加生物炭处理对土壤呼吸速率的影响研究亦逐渐增加（Liu et al.，2016；Li et al.，2018；Zhang et al.，2019）。

第三节 碳通量的测定方法

目前，已有多种测定生物圈-大气间 CO_2 和 H_2O 交换通量的技术和方法，每一种方法都有各自的优点和不足。

一、箱式法

植被-大气间的净生态系统碳交换量（net ecosystem carbon exchange，NEE）是生态系统光合作用与呼吸作用两大基本生理过程之间平衡的结果。生态系统呼吸作用包括自养呼吸和异养呼吸，还可以进一步分解为土壤的微生物呼吸，植物根、茎干和叶片呼吸等成分。将生态系统的光合作用以及生态系统呼吸的各分量从 NEE 中分离出来，对于正确理解生态系统碳循环过程和环境控制机制，开发生态系统过程机理模型具有重要的意义，而箱式法在这类研究中具有独特的作用。箱式法可以分为静态箱法和动态箱法。前者是在一定的时间内将箱体置于研究对象之上（如土壤和植物），测定结束后将箱体移开；而后者在测定之后，箱体上部可以自动打开，使箱内环境与外界保持一致，不必移走箱体。静态箱移动方便、成本较低，但不能进行连续观测；动态箱可以实现长期和连续观测，但系统复杂，成本较高。根据箱体的透明与否，箱式法又可以分为透明箱法和暗箱法，由于透明箱易引起测定期间内的箱体中温度和湿度等环境因子的很大变化，因此多用暗箱进行呼吸强度的测定。利用箱式法测定呼吸强度的主要方式有：静态箱-碱液吸收法、静态箱-气相色谱法和动态箱-红外分析仪法等。受技术与仪器成本的限制，现在主要是应用前两种方式开展野外观测。随着红外 CO_2 分析技术的成熟，动态箱-红外分析仪法也得到了越来越广泛的应用。

二、涡度相关法

涡度相关技术是对大气与森林、草地或农田之间的 CO_2、H_2O 和热量通量进行非破坏性测定的一种微气象技术。近年来，涡度相关技术的进步使得长期的定位观测成为可能，目前已经成为测定生态系统碳、水交换通量的标准方法，得到了越来越广泛的应用（于贵瑞等，2006），所观测的数据已成为检验各种模型估算精度的权威资料。该方法已得到微气象学家和生态学家的广泛认可，成为目前 FLUXNET（全球长期通量观测网络）的主要技术手段。

用涡度相关法测量碳通量的主要优点有：① 通过测定垂直风速与 CO_2 密度的脉动，从气象学角度首次实现了对碳通量的直接观测，是碳通量观测技术上的一个重大突破。② 可以对地表碳通量实施长期的、连续的和非破坏性的定点监测。③ 测量步长较短，可在短期内获取大量高时间分辨率的 CO_2 通量与环境变化信息（于贵瑞等，2006）。④ 可以实现对水和 CO_2 的同步监测。⑤ 涡度相关法观测的通量具有相对较大的空间代表性（几百米至几公里），适用于生态系统和冠层尺度的生态、生理学问题的研究。这一特点填补了以往区域或全球尺度的航空观测与地面定点试验调查之间空间尺度不匹配的不足。

但是，涡度相关法也有其不足之处。① 涡度相关法的应用易受地形和气象条件的限制（李思恩等，2008）。涡度要求下垫面平坦、均一，但实际观测中地形往往非常复杂，平流效应不可低估。② 碳通量存在能量不闭合及碳通量低估现象,而碳通量低估可能是造成能量不闭合的一个重要原因(张津林,2006)。③ 传感器十分精密,其长期在野外观测时经常需要维护,在恶劣天气下易受损坏。④ 数据系列的校正与插补比较复杂,不同站点校正与插补的方法不一样,这要求各站点根据自身情况确定最优的校正与插补方法。

目前,世界上已经建立了国际 CO_2 通量观测网络,即 FLUXNET,其中包括了 Ameri-Flux、EuroFlux 和 AsiaFlux。为了通过该观测网络为地球观测系统(earth observation system,EOS)遥感数据提供地面验证信息,FLUXNET 设立了两个紧密相关的研究课题:一是全球通量观测网络及数据的规范化(标准化)研究;二是用于 EOS 产品验证的全球通量塔数据库研究。后一个课题是为 MODIS 的下列产品提供地面验证数据:MOD12-土壤覆盖/土地覆盖变化、MOD15-叶面积指数(leaf area index,LAI)和光合有效辐射、MOD17-NPP。此外,也有可能为下列 MODIS 数据产品提供地面验证数据:MOD10-雪覆盖、MOD13-植被指数、MOD9-表面反照度(包括 MISR,即多角度成像光谱仪)。如果对通量塔配备太阳光度计后,它可以为 MOD4-大气气溶胶影像图、MOD6-云影像图和 MOD11-陆地表面辐射温度(包括 ASTER,即高级星载热发射和反射辐射仪数据)提供验证数据。

为了弥补中国在世界上的 CO_2 通量长期观测网络中的空白,与国际观测接轨,2002年我国启动了国家层面的中国陆地生态系统碳循环综合研究计划:中国科学院知识创新工程重大项目"中国陆地和近海生态系统碳收支研究"和科技部"中国陆地生态系统碳循环及其驱动机制研究"。在这两大项目支持下,建立了 ChinaFlux(中国通量观测研究网络)。其中,陆地和近海生态系统碳循环定量遥感也是项目的重要课题之一。截止目前,ChinaFlux 的观测研究站点已达 79 个(观测塔 83 座),其中包括 18 个农田站、19 个草地站、23 个森林站、15 个湿地站、2 个荒漠站、1 个城市站和 1 个水域站。ChinaFlux 的建设带动了我国林业、气象和农业部门以及部分高校的碳水通量观测站的建设工作。目前,全国范围内已经建设了 100 多个通量观测研究站,形成了具有一定规模的国家尺度碳通量观测研究体系。

三、清查法

传统的清查法是通过测定植物和土壤碳储量的时间变化来确定生态系统的碳通量,这种观测方法观测周期长,通常需要几年到数十年的数据积累才能观测到生态系统中植物和土壤碳含量的微量变化,因此,用清查法难以获取短时间内的快速环境变化及生态系统的生理生态响应机制方面的信息,而且其通量计算的结果也具有很大的不确定性。

四、遥感反演法

航空遥感观测覆盖面积大,当地表均质性较好时,其空间的代表性较强,但航空通量观测本身容易受到航空技术和天气状况的限制,目前还无法进行长期连续观测,也无法获得生态系统碳水通量的生理、生态机制方面的信息。

五、通量-遥感的联合观测技术与数据整合

目前,通量塔或航空通量观测区域还无法覆盖全球范围的各类陆地生态系统。卫星遥感观测能以日为步长连续地监测全球几乎 100% 地域内的植被状况,但无法直接获取

生态系统的通量数据,且卫星遥感观测的辐射、气温、大气湿度、植物生理特征等都存在很大的不确定性。借助全球碳模型模拟的手段研究区域或全球尺度上的陆地生态系统碳循环,是将地面的定点观测经尺度上推到区域、大洲或全球尺度的重要技术途径。FLUXNET 为各种碳循环模型的参数化、验证和校正提供了有效的高时间分辨率的地面观测数据,遥感观测则可以获取区域到全球范围内的土地分类、植被指数和气象等资料。因此,将地面通量观测与遥感观测及全球碳循环模型相结合,是实现地面的站点观测结果有效地向区域或全球尺度扩展,研究全球陆地生态系统碳水收支的空间格局及其对未来全球变化响应的可能途径。

第四节 陆地生态系统碳估算模型的研究现状

陆地生态系统碳循环在全球碳循环中起着重要的和不可替代的作用。由于人们无法在全球尺度上直接和全面地测量生态系统的碳循环过程,因此,利用模型估算成为一种重要的研究方法。

一、陆地碳循环模型的结构

陆地碳循环模型的基本结构如图 1-1 所示(毛留喜等,2006)。植物光合器官碳库、植物支持器官碳库、凋落物碳库和土壤有机碳库构成了陆地生态系统的主要碳库。植物光合器官通过光合作用把大气中的 CO_2 转化成碳水化合物,再通过自养呼吸、分配光合产物和死亡凋落过程,把碳分别输送到大气、植物支持器官碳库和凋落物碳库。植物光合器官的碳库特征直接决定生产力的动态。植物支持器官碳库通过自养呼吸和死亡凋落过程把有机碳分别输送到大气和凋落物碳库。凋落物碳库通过异养呼吸和分解过程分别把碳输送到大气和土壤有机碳库。土壤有机碳库则是通过异养呼吸把碳输送回大气,它是陆地生态系统中最重要的碳库,其碳储量占陆地生态系统总储碳量的 2/3 以上。所以准确模拟土壤有机碳的分解过程是土壤碳收支研究中的关键问题。

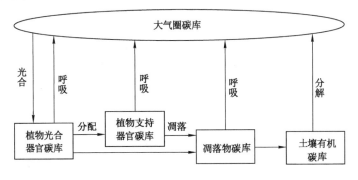

图 1-1 陆地碳循环模型的基本结构

二、光合作用模型现状

通过利用太阳能,生态系统中的绿色部分发生光合作用,把大气中 CO_2 转换成碳水化合物,由此才开始了碳在生态系统中的循环过程。因此,光合作用模型是碳循环模型最重要的组成部分。光合作用模型的建立决定着生态系统碳循环的整体表现。由于生态系统净第一性生产力＝总初级生产力－自养呼吸,可以认为 NPP 模型和光合作用模型是功能相同的模型。现有的光合作用模型按各类不同的建模目的和数据条件可以归纳为 3 种类型:统计模型、过程模型和光能利用率模型。

（一）统计模型

统计模型也称为气候相关模型,以迈阿密模型（Miami model）（Lieth et al.，1972）,桑斯威特纪念模型（Thornthwaite memorial model）等模型为代表。统计模型是利用气候因子（温度、降水等）来估算植被净第一性生产力,因此大部分统计模型估算的结果是潜在植被生产力。迈阿密模型是 1972 年 Lieth 等根据世界五大洲 52 个地点可靠的自然植被净第一性生产力的实测资料及与之相匹配的年均气温和年降水资料,用最小二乘法建立的植被净第一性生产力模型。该模型仅考虑了环境因子中的温度和降水对生物生产量的影响,实际上植物的净第一性生产力还受其他环境因子的影响。NPP 对环境条件的依赖表现为多种因子的综合作用。因为蒸发量受太阳辐射、温度、降水、饱和差、气压和风速等一系列气候因素的影响,能把水量平衡联系在一起,是一地区水热状况的综合表现;同时,蒸散量包括蒸发与蒸腾,而蒸腾与植物的光合作用有关。因此,Lieth 等建立了基于实际蒸散量的桑斯威特纪念模型,该模型包含的因子较全面,因而对植物净第一性生产力的估算较迈阿密模型合理。但是,这类模型考虑因素太少,缺乏全面的生理和生态学机理的应用。因此,当其他环境因素（如辐射）与气温和降水的一般关系背离时,误差较大。此外,这类模型由于只能以年为时间步长,难以探索碳收支的季节变化规律,所以目前很少采用。为了弥补上述经验模型的不足,人们从最根本的能量转换的观点出发,建立了一些考虑到最基本的生理和生态机理的NPP 模型。例如,从水分利用效率和净辐射对植被蒸腾和生产力的作用原理出发,Uchijima 等（1985）建立了净第一性生产力与净辐射和辐射干燥度之间的经验关系模型,即筑后模型（Chikugo model）。但是该模型在推导过程中是以土壤水分供给充分和植物生长很茂盛的条件下的蒸散来计算植物净第一性生产力的。对于世界广大地区该条件并不满足,而且该净第一性生产力代表的是最大的净第一性生产力,在公式推导过程中所用的净第一性生产力却是实际的净第一性生产力。NPP 典型统计模型如表 1-1 所示。

表 1-1　NPP 典型统计模型

模型名称	参数	模型描述
Miami model	温度(t)、降水(p)	$t_{NPP} = 3\ 000/[1 + e^{1.315 - 0.199t}]$ $p_{NPP} = 3\ 000[1 - e^{-0.000\ 664p}]$ $m_{NPP} = \min(t_{NPP}, p_{NPP})$
Thornthwaite memorial model	蒸散(E)	$E_{NPP} = 3\ 000(1 - e^{-0.000\ 969\ 6(E-20)})$
Chikugo model	辐射干燥度(R_{RDI})、净辐射(R_n)	$R_{NPP} = 0.29e^{-0.216(R_{RDI})\times 2}R_n$

（二）过程模型

生态系统过程模型又称机理模型或生物地球化学模型。在生态系统过程模型中,NPP

模型是通过对一系列植物生理、生态学过程(如光合作用、同化分配、自养呼吸、蒸腾过程)以及物候特征的模拟而得到的。而且,这些模型能够描述碳、水和养分在冠层、土壤和大气之间的循环和动态,可以与大气环流模式相耦合,因此十分适合于 NPP 模型与全球气候变化之间的响应和反馈研究。目前已有的生态系统过程模型比较多,在众多的过程模型中通过遥感数据进行净生态系统估算的模型主要有 BIOME-BGC 模型和 BEPS 模型等。

BIOME-BGC 模型是研究全球和区域气候、干扰和生物地球化学循环间相互作用的陆地生物地球化学过程模型。模型由地表的气候因素(气温、降水、辐射以及湿度)来驱动,模型的时间尺度是天。BEPS 模型是在 Forest-BGC 模型的基础上发展起来的基于遥感数据的生态系统过程模型(Liu et al.，1997)。利用该模型计算 NPP 所需要的输入数据主要有:土地覆盖类型、叶面积指数、土壤持水量和每日气候数据(日最高气温、日最低气温、日辐射量、降水量和湿度)。

(三)光能利用率模型

光能利用率模型又称为生产效率模型。此类模型的原理都建立在植物光合作用过程和 Monteith 等(1972,1977)提出的光能利用率概念的基础上。Monteith 等通过对多种农作物生物量的实验,发现这些植物的 NPP 随 APAR(植被吸收的 PAR,PAR 为光合有效辐射)(400~700 nm)的增加而呈线性增加趋势,因此他认为植被累积的生物量实际上是太阳入射辐射能被植冠截获,吸收和转化的一系列光合作用过程的结果,并提出了用光能利用率 ε(即植被将 APAR 转化为有机碳或干物质的效率)和 APAR 估算 NPP。光能利用率模型需要参数少,计算效率高,而且可以直接使用遥感数据与方法,时空分辨率高,实时性强,可以完成大面积甚至全球尺度的 NPP 估算,因而成为目前 NPP 模型开发和应用的一个主要发展方向。光能利用率模型有很多,其中较经典的应用遥感数据作为数据源的光能利用率模型主要有月尺度的 CASA 模型,纯遥感的 GLO-PEM 模型,以及基于 MODIS 增强植被指数的 VPM 模型等。

Potter 等(1993)利用 CASA 模型实现了基于光能利用率原理的全球陆地生态系统净第一性生产力的估算。该模型主要由 APAR 和光能转化率 ε 两个变量确定。光能转化率主要受温度和水分的影响。

GLO-PEM 模型是全部用卫星数据测定 APAR 以及影响光能利用率环境变量的模型。该模型形式如下:

$$F_{NPP} = \sum_t (\sigma_{T,t}\sigma_{e,t}\sigma_{s,t}\varepsilon_t^* f_{PAR,t} S_t) Y_g Y_m \tag{1-1}$$

式中,ε_t^* 表示最大光能利用率,$\sigma_{T,t}$、$\sigma_{e,t}$、$\sigma_{s,t}$ 分别表示气温、水汽压差及土壤水分对光能利用效率的影响,S_t 表示时间 t 内的入射光合有效辐射,$f_{PAR,t}$ 表示植被对光合有效辐射的吸收比例,Y_g、Y_m 表示植物生长呼吸和维持呼吸对 NPP 的影响(Prince et al.，1995)。

VPM 模型是估算 GPP 的模型,它将冠层区分为两部分:光合有效植被(PAV,主要为绿色的叶子)和非光合有效植被(NPV,主要是衰老叶、枝和树干),进而将 FPAR 分为两个组成部分,即光合有效植被吸收的 PAR 和非光合有效植被吸收的 PAR,模型公式如下:

$$F_{GPP} = \varepsilon_g \times N_{FPAR_{PAV}} \times N_{PAR} \tag{1-2}$$

$$\varepsilon_g = \varepsilon_0 \times T_{scalar} \times W_{scalar} \times P_{scalar} \tag{1-3}$$

式中,ε_0 为最大光能利用率,$N_{FPAR_{PAV}}$ 为光合有效植被吸收的 PAR,T_{scalar}、W_{scalar} 和 P_{scalar} 分别

表示温度、水分、物候对植被光能利用率的影响系数，N_{PAR} 为光合有效辐射值。VPM 模型中对光能利用率的估算仍然是采用对最大光能利用率进行订正的方法，虽然对 FPAR 的估算考虑了非光合有效植被的吸收，但 $F_{FPAR_{PAV}}$ 也是通过 FPAR 与增强植被指数 EVI(the enhanced vegetation index)的线性关系来确定的。

三、呼吸作用模型

生态系统碳收支可以表示为植被的总光合减去自养呼吸和异养呼吸。合理的自养呼吸和异养呼吸模型对于陆地生态系统碳循环模型非常重要。生态系统的自养呼吸通常可分为维持呼吸和生长呼吸。维持呼吸的本质是植物细胞与外界的 CO_2 气体交换。生长呼吸的实质是光呼吸，或称为乙醇酸代谢过程。由于生长呼吸的实验研究非常薄弱，许多作者基于光合与光呼吸相互伴随的事实，把生长呼吸简单表示为总光合的函数。由于缺乏实验证据，生长呼吸模型非常简单，今后需要进一步研究(毛留喜等，2006)。鉴于此，许多模型都不考虑生长呼吸的计算或将生长呼吸和维持呼吸合并在一起建立呼吸模型。如 SILVAN 模型把呼吸看成为木质呼吸与草质呼吸的和，其中草质呼吸包括叶呼吸和细根呼吸，并把它估计为总光合的十分之一(其中叶和细根各占一半)，而木质呼吸与边材量成正比，进一步可与叶面积指数成正比(Kaduk et al.，1996)。

维持呼吸速率对温度具有很强的依赖性，关于温度对维持呼吸的影响已得到较好的重视，为不同碳循环模型所采用。生态系统的异养呼吸过程非常复杂，涉及从机械研磨、有机物矿化到微生物分解的诸多物理、化学和生物过程。一般的理解是土壤或枯枝落叶呼吸过程与有机物分解是同时发生的、互相密切相关的一对过程。大量的分解实验和土壤呼吸速率测定表明，这对过程主要与土壤或枯枝落叶的温度、湿度和化学组成有关(毛留喜等，2006)。被多数碳循环模型所采用的主要有三类模型。第一类模型只考虑温度效应和土壤湿度效应，大部分碳循环模型采用了这类土壤呼吸速率模拟方案(如 TEM、FBM、SIL-VAN、KGBM、BIOME-BGC、LOTEC、CLASS 和 BEPS 等)；第二类模型除了考虑温度和湿度效应外，还考虑到土壤的化学组成(如碳氮比或木质素含量等)，主要是针对凋落物设计的(如 CASA、Ecosys 和 FORCLIM 等模型)；第三类模型是基于过程的 CENTURY 模型途径(Parton et al.，1987)。由于这类模型更合理地描述了凋落物质量、土壤湿度和温度等因素对土壤呼吸速率的长期效应，正被越来越多的碳循环模型所采用(如 HYBRID、IBIS、LPJ、SDGVM、CASA 等模型)。

当前生态系统的异养呼吸模型主要集中在解释性地建立呼吸速率与环境和土壤化学组成的关系模型，基本趋势是采用基于过程的 CENTURY 模型模拟方案。但现有模型对土壤呼吸速率的微生物活动和植物根系作用等方面考虑的还不够，这可能是未来模型研究的重点(毛留喜等，2006)。

第五节　陆地表面辐射温度反演的研究进展

通过遥感方法获取陆地表面辐射温度的理论基础是：随着温度的升高陆地表面发射的总辐射能也迅速增加，而且地面物体温度的变化也影响物体的发射光谱。

根据热辐射传输方程卫星传感器接收到的热辐射亮度值由地表热辐射、大气上行辐射和大气下行辐射的反射项三部分组成。陆地表面辐射温度遥感反演由于陆地地表的复杂多变性而一直没有解决,其主要难点在于:① 陆地表面的比辐射率既依赖于地表的组成成分,又与物理状态(如含水量、粗糙度)和视角等因素有关,且像元尺度的地表比辐射率难以预先确定 (Labed et al., 1991; Dozier et al., 1982; Sutherland, 1986; Salisbury et al., 1992)。② 由于地表比辐射率明显小于1,大气下行辐射效应也成了大气修正的另一项内容。然而大气下行辐射效应的精确修正又依赖于地表比辐射率已知,要得到地表比辐射率又要事先知道陆地表面辐射温度,这样就构成了一个死循环 (Xu et al., 1998)。③ 未知量多于方程数,方程组不完备,从而构成了陆地表面辐射温度反演的不确定性(Kahle et al., 1980)。

为了解决陆地表面辐射温度反演问题,已经有众多学者从不同角度出发,提出了各种不同的陆地表面辐射温度反演方法。目前,比较成熟的陆地表面辐射温度反演算法主要有:单窗算法、劈窗算法等。

一、单窗算法

单窗算法适用于只有一个热波段的遥感数据,主要用于 TM6 数据进行陆地表面辐射温度反演。长期以来,从 TM6 数据中反演陆地表面辐射温度是通过所谓大气校正法,这一方法需要估计大气热辐射和大气对地表热辐射传导的影响,计算过程很复杂,误差也较大,在实际中应用不多。覃志豪等(2001a)根据地表热辐射传导方程,推导出一个简单易行并且精度较高的演算方法,把大气和地表的影响直接包括在演算公式中。该算法需要用地表辐射率、大气透射率和大气平均温度 3 个参数进行陆地表面辐射温度的演算。验证表明,该方法的陆地表面辐射温度演算精度较高。当参数估计没有误差时,该方法的陆地表面辐射温度反演精度达到 0.4 ℃。当参数估计有适度误差时,反演精度仍达 1.1 ℃。Jiménez-Muñoz 等(2003)提出了一种仅需知道大气水汽含量即可反演陆地表面辐射温度的单窗算法。Sobrino 等(2004)用实测资料对传统的大气矫正法和上述 2 种方法的结果进行了验证,指出 Jiménez-Muñoz 等提出的算法发射率的均方根误差仅为 0.000 9,陆地表面辐射温度的误差小于 1 K。毛克彪等(2005)把针对 TM 影像的单窗算法改进成适应于 ASTER 传感器的单窗算法,先对 ASTER 的第 13 波段(10.25～10.95 μm)和第 14 波段(10.95～11.65 μm)的福克-普朗克方程进行线性简化,然后用单窗算法分别对 ASTER 的第 13 波段和第 14 波段建立方程,从而形成了针对 ASTER 传感器的单窗算法,并对参数的获取做了简要的介绍。

二、劈窗算法

劈窗算法(又称分裂窗算法)以地表热辐射传导方程为基础,利用 10～13 μm 大气窗口内,两个热红外通道(一般为 10.5～11.5 μm、11.5～12.5 μm)对大气吸收作用的不同,通过两个通道测量值的各种组合来剔除大气的影响,进行大气和地表辐射率的修正(赵英时等,2003)。劈窗算法主要是针对 NOAA/AVHRR 开发的,并被首先运用到海面温度反演。经过多年的发展,目前公开发表的劈窗算法已经将近 20 种(覃志豪等,2001b)。

基于 NOAA/AVHRR 数据的劈窗算法的一般形式为:

$$T_{LST} = T_4 + A(T_4 - T_5) + B \tag{1-4}$$

式中,T_{LST} 为陆地表面辐射温度;T_4,T_5 为 AVHRR 通道 4、通道 5 的亮温值;系数 A、B 由大气状况及其他影响通道 4、通道 5 的辐射和透过率的有关因子决定,不同的劈窗算法有不同的 A、B 值(Franc et al. ,1994)。

Price (1984)首先把海温遥感的劈窗方法引用到农田地区的温度反演,他将地表看作黑体,且只考虑大气水汽的吸收和散射,取系数 $B=0$。Coll 等(1994)对 Price 提出的算法进行了改进,他们引入了地表比辐射率对 T 的修正,给出的系数 B 是由大气效应和地表比辐射率决定,然而系数 A 也仅是大气状况的函数。Franc 等的算法中,地表比辐射率、大气吸收系数和水汽含量的影响直接表现在系数 A、B 的表达式中。Sobrino 等提出了表示系数 A 和 B 的一种简化算法,在这一算法中,A、B 直接表示为通道 4 和通道 5 的地表比辐射率的函数,而大气效应则以常数表示(俞宏等,2002)。

劈窗算法的另一种常用表达式为:
$$T_{LST} = A_0 + A_1 T_4 + A_2 T_5 \qquad (1-5)$$
式中,A_0 为常数项;A_1、A_2 为拟合系数。

通过对大气向下热辐射的近似解和对福克-普朗克辐射函数的线性化,Qin 等(2001)推导了他们的劈窗算法,该算法仅需要 2 个因素来进行陆地表面辐射温度的演算。这一算法提出了地表比辐射率和大气透过率的算法。该算法已在 MODIS 数据中得到了广泛的应用。

覃志豪对 12 种劈窗算法进行了对比并且对精度进行了验证,指出 Sobrino 和 Caselles、Franc 和 Cracknell 以及 Qin 的地面温度反演误差小于 0.25 ℃,表明其反演精度远高于其他算法。由于 Sobrino 和 Franc 的算法需要较多大气参数,可以认为 Qin 的算法是一种较好的地面温度算法(覃志豪等,2001b)。

三、组分温度反演技术

无论是单窗算法还是劈窗算法,它们都有一个共同的缺陷,就是只把像元看成同温同质体,反演得到的陆地表面辐射温度只是像元的等效温度或平均温度,对于复杂目标而言,像元内的组分温度才具有实用价值,并且现有传感器的热红外通道间高度相关,不可能获得稳定的高精度解,即使增加通道数也无济于事(李小文等,1998)。而且在目前传感器精度限制的情况下,热红外通道间信息的高度相关会导致温度解不稳定,并限制温度反演精度的提高(陈良富等,1999)。因此,热红外多角度遥感数据的地表组分温度的反演逐渐发展起来。

李小文提出了一个能够描述非等温表面方向性辐射的概念模型,即 LSF 模型。在此概念模型中,承认地表不再是同温的物体,而是有不同的组分温度,同时构造了等效发射率。这个等效发射率一部分由地表的二向性反射分布函数 BRDF 决定,另一部分是由组分温度的差别引起的等效发射率。LSF 模型为不同温度地表热辐射的方向性建模奠定了基础(Li et al. ,1999)。徐希孺等提出了有效发射率模型、矩阵表达式等,这些模型从概念上揭示了组分温度和温差的分布对像元热辐射的影响,以及像元内各组分互为光源的特性,真正从原理上阐明了地表热辐射方向性产生的机理(Xu et al. ,2002)。庄家礼等(2000)在连续植被热辐射方向性模型基础上,采用遗传算法,从模拟和实测的热红外多波段、多角度遥感数据中同时反演混合像元的组分温度、叶面积指数等多维参数,为地表组分温度的精确反演提供了一种新途径。李召良等(2000)提出了一种用 ASTER 数据分解土壤和植被温度的方法,利用同一图像中观测得到的方向性辐射值分别反演了土壤和植被的温度,并估算了大气状况和地表覆盖不确定度对两个估测值的影响程度。

从上面各种陆地表面辐射温度反演算法的介绍可以看出,地表反射率在热红外遥感反演陆地表面辐射温度中起着重要作用,关系着陆地表面辐射温度的精确程度,目前用以下三种方法处理比辐射率 ε:

(1) 假设地表的比辐射率都相同,为一常数。对绝大多数陆地表面类型,在热红外波段地表的比辐射率为 0.96。

(2) 对地面地物进行分类,采用相应的比辐射率。通过实际地面测定,地表的比辐射率为 0.91~0.99。另外,Seguin(1983)指出对于土壤通道 4、通道 5 的比辐射率为 0.860 和 0.867,对于植被通道 4、通道 5 的比辐射率为 0.983 5 和 0.985 4。对于不同地物,通道 4、通道 5 的比辐射率差值在 0.005 左右。

(3) 由 NDVI(归一化植被指数)计算地表的比辐射率。通过地面试验,Van De Griend 等(1993)发现 NDVI 与比辐射率有很强的相关性,相关系数为 0.941,可以通过 NDVI 近似计算像元的热红外比辐射率,方程为:

$$\varepsilon = 1.0094 + 0.047\ln(C_{NDVI}) \tag{1-6}$$

式中,C_{NDVI} 为归一化植被指数值。

四、两种算法比较

单窗算法所应用的数据 TM/ETM 与多通道 NOAA、MODIS 等数据相比,空间分辨率较高,但对地表发射率的敏感性较低,单从反演的技术及精度来讲,具有较大优势,但如果反演大区域陆地表面辐射温度则需要很大的资金投入(朱怀松等,2007)。

劈窗算法是目前应用最广、最成熟的方法,同时也是精度较高的方法。相对而言,它不需要输入大气廓线值。但是,劈窗算法还不完善,例如只限于晴空大气条件下的反演,对于混合像元只能给出有效平均温度,而没有考虑亚像元问题。另外,算法中的系数对整幅图像是相对固定的,这对较大的研究区域会产生较大误差(俞宏等,2002)。

单窗算法和劈窗算法不能直接反演混合像元组分温度,因此反演精度和应用价值都受到很大的限制。基于热红外多角度遥感数据的地表组分温度反演物理意义明确,可以反演出混合像元组分温度,因此,如何提高其反演精度,是当前陆地表面辐射温度反演研究的重点和难点,也是陆地表面辐射温度反演的主要发展方向(朱怀松等,2007)。

第六节　植被辐射温度对陆地生态系统碳通量的影响

一、植被辐射温度对陆地生态系统光合作用影响的研究现状

温度对光合作用影响研究方面,大部分是从植物生理角度研究得到的结果。如 20 世纪初有学者在研究外界条件对光合作用的影响时发现,在弱光下增加光强能提高光合速率,但当光强增加到一定值时,光合速率便不再随光强的增加而提高,此时只有提高温度或 CO_2 浓度才能增加光合速率。由此推理,光合作用至少受两个因素影响,其一需要光;另一个则与温度相关。实际上,对植物光合作用的机理研究表明:① 叶绿素的生物合成是一系列酶促反应,因此受温度影响很大。② 在光合作用的整个过程中,有机物的运输速度,碳同化过程

和输运方向,都受温度的影响。所以,温度是影响光合作用的重要因素之一。影响光合作用的温度有最低、最适和最高温度的三基点温度之分,并且不同类型的植被群落温度范围对光合作用的影响不同,具体参数如表 1-2 所示。

表 1-2　光合作用的三基点温度

植物种类	最低温度/℃	最适温度/℃	最高温度/℃
草本植物:热带 C_4 植物	5～7	35～45	50～60
C_3 农作物	−2～0	20～30	40～50
阳生植物(温带)	−2～0	20～30	40～50
阴生植物	−2～0	10～20	约 40
CAM 植物(夜间固定 CO_2)	−2～0	5～15	25～30
木本植物:春天开花植物和高山植物	−7～2	10～20	30～40
热带和亚热带常绿阔叶乔木	0～5	25～30	45～50
干旱地区硬叶乔木和灌木	−5～1	15～35	42～55
温带冬季落叶乔木	−3～1	15～25	40～45
常绿针叶乔木	−5～3	10～25	35～42

上述的研究均属于植被生理方面的研究结果,这里所说的温度是指气温。而遥感能探测的温度是叶片表皮的一个"薄"层辐射温度,这对植物光合作用的影响比气温对植物光合作用的影响应当更为明显。但是辐射温度对光合作用影响方面的研究基本还未见报道。

冠层辐射温度指作物冠层茎、叶表面温度的平均值(董振国,1984),是植物表面能量平衡的主要决定因子。自 Tanner(1963)提出以冠层辐射温度指示植物水分亏缺以来,冠层辐射温度法成为诊断作物水分状况的一个重要手段。这些应用建立在"植被水分胁迫、植物蒸腾减少、植被温度升高"的理论基础上。早在多年前已有科学家开始研究作物蒸散与干物质积累的关系(Zelitch,1982),作物干物质积累是碳同化(光合)的直接积累的结果。在 20 世纪 70 年代,干物质的积累和碳的积累之间的密切关系已得到证实(Zelitch,1982)。二氧化碳通量取决于它的浓度梯度和网络阻力等参数,这与蒸腾的基本概念相似。根据植物生理学和农业气象学,作物吸收二氧化碳与作物蒸腾是同一个通道进行的,但两者物质输送方向正好相反(Choudhury,1989)。因此,作物蒸散和碳同化之间存在着亲密的关系,很多基于样地的实验也证明了这一点。如果冠层红外温度能被用来估计作物蒸散的话,那么把冠层辐射温度作为模型的一个输入参数或者模型校正系数来估计碳同化和干物质的积累量也是可能的。但是植被辐射温度对光合作用的影响的研究甚少。Sims 等(2008)构建了一个基于陆地表面辐射温度(land surface temperature,LST)和增强植被指数 EVI 的温度绿度模型(the temperature and greenness model,TG model),他们认为陆地表面辐射温度除了与植被辐射温度有明显的相关关系外,与水汽压亏缺和光合有效辐射相关性都很显著。用TG 模型对北美 11 个通量塔的总初级生产力的模拟结果表明,使用增强植被指数和陆地表面辐射温度的 TG 模型预测的结果在许多通量塔与 MODIS GPP 产品相比结果都有很大的改进,但是在植被盖度低的灌木群落由于太阳高度角对植被指数的影响较大,TG 模型和MODIS GPP 产品模拟的效果都较差。

二、植被辐射温度对陆地生态系统呼吸影响的研究现状

大量研究认为温度和水分条件是影响生态系统呼吸及其组分的重要环境因素。通常认为生态系统呼吸及其组分对温度的响应呈指数增长规律,在一定温度范围内,呼吸随温度的增加呈指数增长,当温度达到 $45\sim50$ ℃时呼吸速率达到最大值,超过一定的温度界限,酶的分解速率将下降,呼吸将会受到抑制。在生态系统水平上,植物对地下部分呼吸底物的供给也受到温度驱动,从而对土壤呼吸速率产生影响(Davidson et al.,1998;Fang et al.,2001)。在区域或全球尺度上,温度也被证明是影响土壤呼吸速率的重要因素(Raich et al.,2002)。但是以生态系统中何处的温度作为环境指标,并没有明确的结论。王淼等(2006)的研究表明,阔叶红松林生态系统呼吸速率与大气和土壤温度之间呈显著的指数关系,大气和土壤温度能分别反映阔叶红松林生态系统呼吸的87%和95%。王春林等(2007)的研究表明,冬季鼎湖山针阔叶混交林生态系统呼吸与 5 cm 土壤温度相关性最强,而夏季则与近地面空气温度相关性最强。于贵瑞等(2004)的研究也表明,长白山温带针阔混交林生态系统呼吸与土壤表层温度相关性最强,而千烟洲亚热带人工针叶林与近地面空气温度相关性最强。然而,无论是利用气温还是土壤温度把生态系统呼吸、土壤呼吸速率的科学模拟从点尺度外推到更大空间时,都存在一个空间插值的问题,这将会把误差传递到区域呼吸量的估算中,从而增加了呼吸估算的不确定性。而冠层辐射温度是一个相对容易获取的变量,并且在应用上具有方便的区域扩展能力,使得它在区域尺度上更具有优势。

目前,尽管遥感已被广泛地应用于净初级生产力的模拟,但是,在生态系统呼吸及土壤呼吸速率模拟中,却很难将遥感应用于其中(Reich et al.,1999;Gao et al.,2015;Hilker et al.,2014;Jägermeyr et al.,2014)。这方面的研究也鲜见于报道。Wylie 等(2003)应用多元回归和回归树方法,模拟了 AVHRR NDVI 的时间积分值与 14 d 的平均夜间 CO_2 通量,结果很好。Gilmanov 等(2005)对美国北部大平原的 5 个通量塔的数据分析表明,10 d 平均的生态系统呼吸与来自 SPOT 卫星植被数据集的 NDVI 正相关,决定系数从 0.57 到 0.77。

很多研究表明土壤呼吸速率与陆地表面辐射温度有着显著的相关关系(孙步功等,2007;李东等,2005;张金霞等,2001;Huang et al.,2015;Wu et al.,2014;Yan et al.,2020;Liang et al.,2019;李洪建等,2016),甚至有文献报道土壤呼吸速率与陆地表面辐射温度的关系强于和深层土壤温度的关系(Pavelka et al.,2007;张宪洲等,2004),一些研究发现基于遥感的陆地表面辐射温度能够在一定程度上解释生态系统呼吸(Yamaji et al.,2008;Kitamoto et al.,2007;Rahman et al.,2005;Sims et al.,2008)或土壤呼吸速率(Wang et al.,2004;Inoue et al.,2004;孙小花等,2009;付刚等,2011)。如 Wang 等(2004)用箱式法和红外测温仪对河北省曲周农业生态试验站冬小麦 5 天次的土壤呼吸速率和冠层辐射温度的观测表明,冠层热红外温度在模拟土壤呼吸速率方面能够得到令人满意的结果,应用热红外遥感技术模拟土壤呼吸速率具有可行性。Inoue 等(2004)采用涡度相关法对裸土生态系统表面 CO_2 通量进行了 3 年多的测定,在碳通量测定的同时,同步测定了土壤表面辐射温度、气温、土壤温度、土壤水分。结果表明:裸土的土壤表面 CO_2 通量与土壤表面辐射温度相关性最强,而与气温的相关性位居第二,与土壤温度和土壤水分弱相关。这一结果说明土壤表面温度对土壤微生物呼吸和土壤-大气界面的 CO_2 气体传输的物理过程起着控制作用。进一步证明了用热红外遥感对土壤呼吸速率进行模拟的可行性。Rahman

等(2005)对北美 10 个通量塔观测的生态系统呼吸与来自 MODIS11A2 陆地表面辐射温度的产品的相关性研究表明,稠密植被的生态系统呼吸与陆地表面辐射温度有一个极强的相关性,决定系数为 67%。Coops 等(2007)对英国道格拉斯冷杉生态系统两年的观测表明,夜间生态系统呼吸与 8 d 中最低 MODIS 陆地表面辐射温度呈显著相关,决定系数为 57%。付刚等(2011)利用 MODIS 卫星的陆地表面辐射温度数据,模拟了 2004 年和 2005 年生长季西藏当雄县高寒草甸的土壤呼吸速率、土壤异养呼吸和根系呼吸,他们的研究表明,MODIS 的陆地表面辐射温度能够很好地解释土壤呼吸速率和土壤异养呼吸的季节变异,模拟土壤呼吸速率总量是可行的。孙小花等(2009)对黄土高原的旱地土壤呼吸速率的研究表明,在春小麦拔节期、孕穗期、灌浆期,豌豆分枝期、孕蕾期和开花结荚期,土壤呼吸速率与冠层辐射温度都呈现显著的线性相关,决定系数分别为 0.60、0.74、0.67、0.71、0.63、0.72,其中:春小麦孕穗期相关性最高,灌浆期次之;豌豆开花结荚期相关性最高,分枝期次之。

第二章　叶片尺度表面辐射温度对光合作用的影响

第一节　叶片叶室的制作

一、要解决的技术问题

单叶片的辐射温度测量可以利用辐射计获得,因为辐射计的视场角较小,在辐射计镜头离叶片较近时,叶片将充分充满辐射计视场从而获得叶片辐射温度。单片叶的光合作用可以利用便携式光合作用测定仪 Li-Cor 6400 直接获得。问题是对于现有单片叶尺度的 Li-Cor 6400 测量叶室,不适宜将辐射计的镜头装入单叶片测量的叶室,需要对叶室进行相应改造,以便在 Li-Cor 6400 测量光合作用的同时获得所测叶片的表面辐射温度。所以,如何准确地设计能同时针对同一单叶片进行辐射温度和光合作用测量的实验装置是我们要解决的技术问题。

二、具体的技术方案

设计的叶室由双通道红外测温仪和光合同化室组成,如图 2-1 所示。双通道红外测温仪能同时对植物叶片上、下表面的辐射温度进行测量并通过电脑自动记录,光合同化室的功能是将被测叶片夹住,形成固定被测空间和取样,结合 Li-Cor 6400 对植物叶片的光合速率进行测量。

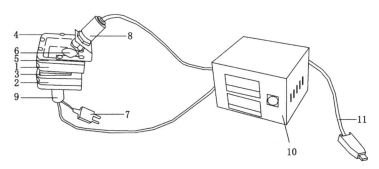

1—光合同化室上盖;2—光合同化室下室;3—密封垫;4—光合有效辐射传感器;5—上盖盖子;
6—8 μm 前截止圆形滤光片;7—叶片温度热电偶;8,9—红外测温仪的微型传感头;10—红外测温仪的电器盒;11—电缆线。

图 2-1　叶片叶室的整体结构示意图

光合同化室的内径尺寸长宽为 2 cm×3 cm,包括上盖和下室,上盖盖子的材料为 2 mm 厚的有机玻璃,透光率为 98%,由于有机玻璃对 8～14 μm 的红外波透过率低,为了能精确地对叶片上表面的辐射温度进行测量,在有机玻璃上嵌有一直径为 10 mm、厚度为 0.5 mm 的 8 μm 前截止圆形滤光片做红外测温仪的窗口,上盖内部装有一光合有效辐射传感器 PAR;下室内有一叶片温度热电偶,采用接触法测量叶片下表面的温度。双通道红外测温仪由两个微型传感头、电器盒、电缆线和数据采集软件组成,一个传感头用不锈钢支架固定在上盖的一个角的斜上方,与上盖的有机玻璃平面呈 30°夹角,通过 8 μm 前截止圆形滤光片测定短半轴长为 0.9 mm、长半轴长为 1 mm 的椭圆形光斑的叶片上表面的辐射温度,另一个微型传感头安装在下室内,传感头表面距离叶片表面的距离为 10 mm,测量直径为 1 mm 的圆形光斑的叶片下表面的辐射温度;电器盒用于显示双通道辐射温度值及提供通道接口、485 通讯接口和外接电源口;数据采集软件为中文操作界面,可以对双通道或单通道的数据进行记录,可以设定记录间隔,从而达到与光合速率测定的完全同步。

其中,光合同化室上盖、光合同化室下室、密封垫、光合有效辐射传感器、上盖盖子、8 μm 前截止圆形滤光片及叶片温度热电偶组成了光合同化室,红外测温仪的微型传感头、电器盒、电缆线和数据采集软件共同组成了双通道红外测温仪。

三、具体实施方式

参考图 2-1,改造后的叶室由光合同化室和双通道红外测温仪两部分组成。光合同化室的功能是将被测叶片夹住,形成固定被测空间和取样,包括上盖和下室两部分,上盖和下室间相对口处各贴有密封垫,以便测量时封闭叶片。上盖内装有光合有效辐射传感器 PAR,上盖盖子的材料采用透光率为 98%、厚度为 2 mm 的有机玻璃,盖子上嵌有一直径为 10 mm、厚度为 0.5 mm 的 8 μm 前截止圆形滤光片做红外测温仪的窗口;下室内装有叶片温度热电偶,采用接触法测定叶片下表面温度。双通道红外测温仪由两个微型传感头、电器盒、电缆线和数据采集软件组成,功能为在测定叶片光合速率的同时,对叶片上下表面的红外辐射温度同步进行测量,数据自动记录。红外测温仪的一个传感头通过一个不锈钢支架安放在光合同化室上盖的一个角上,不锈钢片与光合同化室上盖表面的夹角为 30°,传感头表面离叶片上表面的距离为 30 mm,通过 8 μm 前截止圆形滤光片测定短半轴长为 0.9 mm、长半轴长为 1 mm 的椭圆形光斑的叶片上表面的辐射温度;另一微型传感头放置在叶室的下室内,与叶片温度热电偶并排放置,传感头表面距离叶片表面的距离为 10 mm,测量直径为 1 mm 的圆形光斑的叶片下表面的辐射温度;传感头采用德国 Optris CT 技术,尺寸为 28 mm×14 mm,存储温度为－40～85 ℃,光谱范围为 8～14 μm;电器盒正面为数据显示窗口,背面为通道数据线接口、485 通讯接口和供电电源插头组成,具有双路显示和 RS-485 数字通信接口,用外部 12 V 电源供电;双通道红外测温仪配有采集软件,可以根据需求对双通道或单通道的数据进行记录,可以设置数据保存周期,达到与光合速率数据的同步记录,设定数据保存的文件夹和文件名,存取的文件可以用 Excel 软件打开进行编辑。

上述红外测温仪的数据采集软件采用 RS-485 通信总线,半双工通信方式。波特率为 9 600 bit/s,地址为 01 和 02(十六进制)。通信时,主机发送从机的地址,表示要获取数据。从机接收到数据后先判断地址是否正确,确认正确后,立即发送数据。将 RS-485 通信电缆连接测温仪和计算机,电缆通过 RS-485 转 RS-232 连接到 PC 的串口。

使用时,将改进后的叶室与便携式光合作用测定仪 Li-Cor 6400 相连,双通道红外测温仪的微型传感头与电器盒连接,然后将红外测温仪与电脑相连,打开配置软件,设置好文件夹、文件名、数据保存周期。将被测叶片夹入叶室,同步测定叶片的光合速率、蒸腾速率、叶片温度和叶片上下表面的红外辐射温度,光合速率等生理生态参数由光合测定仪自动记录,红外辐射温度由采集软件同步记录。该装置操作简便、数据自动记录,适用于对植物叶片上下表面红外辐射温度和光合速率、蒸腾速率等生理生态参数的测量,为科学准确地研究红外辐射温度对光合作用、蒸腾作用的影响提供科学数据。

第二节　材料和方法

一、试验地概况

本研究在太原盆地中部的太谷县山西省水文水资源勘测局太谷均衡实验站以及山西省农业科学院的试验地内进行。山西省水文水资源勘测局太谷均衡实验站位于山西省太原盆地太谷县境内($37°26'$N,$112°30'$E),海拔 780 m。山西省农业科学院位于山西省太原市小店区($37°47.95'$N,$112°35.69'$E),海拔 785 m。气候均属暖温带大陆性干旱半干旱气候区。

二、供试材料

本研究选择玉米、大豆、毛白杨和杨树为研究对象。测定植物均为本地种植,大豆和玉米等作物为当地最常见的作物品种,毛白杨和杨树为山西省农业科学院培育的转基因品种。试验期间,农田按照该区域常规农田管理方式进行,保证充足的水分和肥料供给。试验期间没有明显的干旱和病虫害发生。

三、测量方法

使用便携式光合作用测定仪 Li-Cor 6400 进行叶片气体交换测定。为避免测定误差对测定结果的影响,所测定叶片均选自完全展开的第4~5片叶(从植株上部数)。叶片光合作用的测定原理和方法见 LI-COR 公司的说明书,净光合速率的测定方法完全依照说明书进行。

在测定植物光合作用强度[$\mu mol\ CO_2/(m^2 \cdot s)$]的同时,用 Li-Cor 6400 自带的叶室温度探针测定系统测定叶片的温度(T_1)、气温(T_a)和光合有效辐射[$\mu mol\ photon\ /(m^2 \cdot s)$]。同时,用我们改进后的双通道红外测温仪测定所测植物的叶片上下表面红外辐射温度(T_{ab}、T_{bl})。

测定的指标包括:净光合速率(P_n)、气孔导度(G_s)、蒸腾速率(E)、胞间 CO_2 浓度(C_i)、光合有效辐射(PAR)、大气 CO_2 浓度(C_a)、气温(T_a)、叶片温度(T_1)、空气相对湿度(RH)及叶片上下表面红外辐射温度(T_{ab}、T_{bl})等。净光合速率(P_n)、气孔导度(G_s)、蒸腾速率(E)、胞间 CO_2 浓度(C_i)、光合有效辐射(PAR)、大气 CO_2 浓度(C_a)、大气温度(T_a)、叶片温度(T_1)、空气相对湿度(RH)由 Li-Cor 6400 自动记录。叶片上下表面红外辐射温度(T_{ab}、T_{bl})用笔记本电脑人工操作同步记录,所记录数据间隔同光合强度测定记录间隔相同,记录时间与光合强度测定时间一致。每次测定重复记录所有数据6~9组,取平均值作为记录时间段的分析数据。

2009 年、2010 年7月初到10月底选择晴朗天气利用 Li-Cor 6400 连接改造后的光合作用叶室测定了4种植物叶片光合作用的日变化,测定时间从早晨7点左右开始,每隔 0.5 h

或 1 h 左右测定一次,测定时间和测定天数见表 2-1。

表 2-1 叶片尺度光合作用强度日变化与环境因子日变化测定次数统计表

测定日期	时间段	试验对象				测定地点
		玉米	大豆	毛白杨	杨树	
2009-7-12	8:00～18:00	6	6			太谷
2009-7-13	6:00～18:40	24	23			太谷
2009-8-10	8:30～18:30	21	21			太谷
2009-8-28	8:00～17:30	19				太谷
2009-9-18	7:30～18:00	24	24			太谷
2010-7-12	8:30～17:30	14	14			太谷
2010-8-16	8:30～17:30			19	19	山西省农业科学院
2010-8-17	8:00～18:30			23	23	山西省农业科学院
2010-8-25	7:00～18:30			20	20	山西省农业科学院
2010-8-26	7:00～18:00			12	12	山西省农业科学院
2010-9-12	7:30～17:50			19	19	山西省农业科学院
2010-9-13	7:50～17:00			17	17	山西省农业科学院
2010-10-3	8:30～17:30			15	15	山西省农业科学院

四、数据处理

数据分析与图表制作分别采用 SPSS17.0、SigmaPlot10.0 和 Excel 2003 软件实现。

第三节 叶片表面辐射温度与接触式
叶片温度以及气温之间的关系

简单相关性分析结果表明,叶片上下表面辐射温度(T_{ab}、T_{bl})、接触式叶片温度(T_1)及气温(T_a)之间的泊松相关系数在 0.661～0.999 之间,如表 2-2 所示,双尾显著性检验均为极显著水平。相关系数中,小于 0.7 的只有 3 个,仅占 2.5%;0.7～0.8 之间的有 6 个,占 5%;0.8～0.9之间的有 21 个,占 17.5%;大于 0.9 的占 75%。说明我们所测定的红外辐射温度与 Li-Cor 6400 所测定的叶片温度有很好的相关性,可以用于分析它们与净光合速率的关系。

表 2-2 叶片表面辐射温度与叶片温度以及气温的泊松相关系数

时间	研究对象	T_1与T_a	T_1与T_{ab}	T_1与T_{bl}	T_a与T_{ab}	T_a与T_{bl}	T_{ab}与T_{bl}
2009-7-13	玉米	0.999	0.902	0.982	0.897	0.981	0.886
	大豆	0.999	0.750	0.959	0.753	0.958	0.882
2009-8-10	玉米	0.987	0.805	0.869	0.785	0.902	0.781
	大豆	0.986	0.663	0.975	0.685	0.976	0.661
2009-8-28	玉米	0.999	0.843	0.973	0.856	0.969	0.838

表 2-2（续）

时间	研究对象	T_l 与 T_a	T_l 与 T_{ab}	T_l 与 T_{bl}	T_a 与 T_{ab}	T_a 与 T_{bl}	T_{ab} 与 T_{bl}
2009-9-18	玉米	0.995	0.890	0.985	0.872	0.982	0.892
	大豆	0.991	0.826	0.988	0.805	0.988	0.809
2010-7-12	玉米	0.981	0.829	0.933	0.788	0.879	0.889
	大豆	0.980	0.867	0.905	0.897	0.844	0.711
2010-8-16	毛白杨	0.972	0.967	0.967	0.900	0.987	0.883
2010-8-17	毛白杨	0.974	0.963	0.991	0.954	0.956	0.959
	杨树	0.980	0.974	0.980	0.946	0.938	0.973
2010-8-25	毛白杨	0.998	0.941	0.989	0.927	0.983	0.971
	杨树	0.998	0.929	0.982	0.921	0.978	0.949
2010-8-26	毛白杨	0.991	0.995	0.980	0.984	0.994	0.976
	杨树	0.998	0.983	0.981	0.987	0.985	0.980
2010-9-12	毛白杨	0.998	0.985		0.985		
	杨树	0.992	0.976		0.982		
2010-9-13	毛白杨	0.986	0.977		0.959		
	杨树	0.993	0.973		0.974		
2010-10-3	毛白杨	0.982	0.974	0.975	0.929	0.933	0.978
	杨树	0.993	0.978	0.969	0.956	0.952	0.978

注：所有泊松相关系数经双尾显著检验绝大多数极显著水平（$P<0.01$），个别为显著水平（$P<0.05$）。

第四节　叶片尺度净光合速率与环境因子的关系

一、净光合速率与环境因子的日变化

图 2-2 和图 2-3 分别为净光合速率与光合有效辐射和温度环境因子的日变化。从图中可以看出，净光合速率和光合有效辐射、温度均表现出明显的日变化特点。光合有效辐射和温度从早晨开始逐渐升高，13:00 左右达到峰值，随后逐渐降低。与光照因子相比，温度因子的日变化幅度明显较小，特别是夏季。受光照以及其他环境因素影响，净光合速率也表现出明显的日变化特点。但是由于一天内气象条件的变化，光照不可能表现为规律性，但是大多数情况下净光合速率的变化受光合有效辐射的变化的影响。

二、净光合速率的日变化与环境因子日变化的相关性分析

众多研究表明，影响植物光合作用的因素非常多，包括光合有效辐射、温度、湿度等因素。其中光合有效辐射是最主要的因素之一，因为太阳辐射是叶片光合作用的能量来源。同时作为叶片的主要能量来源，光照决定叶温，并影响叶片的饱和水汽压。再者空气温度也在一定水平上影响叶温水平，从而影响光合作用的生化反应速度和饱和水汽压差。叶片与空气之间的饱和水汽压差影响叶片失水、气孔张缩最终影响叶片的 CO_2 和水汽的进出。为

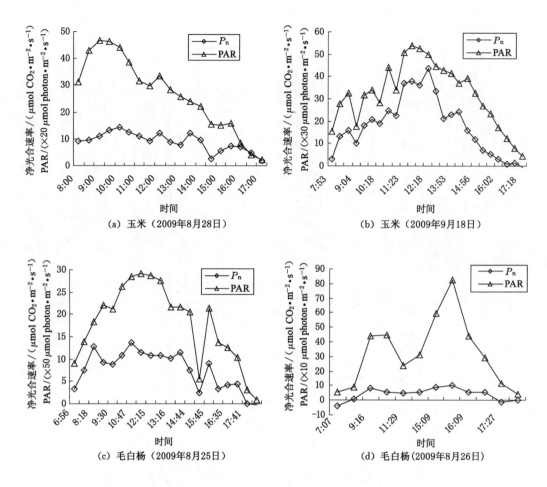

图 2-2　净光合速率与光合有效辐射的日变化

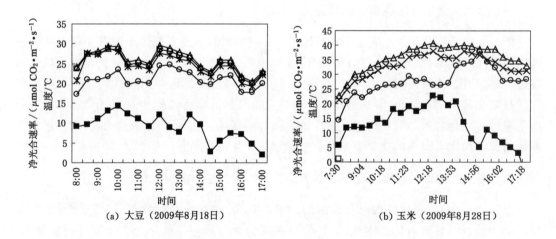

图 2-3　净光合速率与温度的日变化

注：■、□、△、○、×分别代表净光合速率、接触式叶片温度、气温、叶片上表面红外辐射温度、吓片下表面红外辐射温度

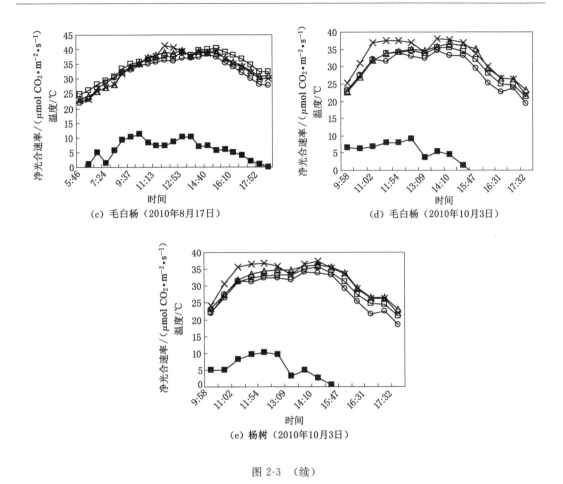

(c) 毛白杨（2010年8月17日）　　　　　(d) 毛白杨（2010年10月3日）

(e) 杨树（2010年10月3日）

图 2-3　（续）

此，我们用日变化尺度上对不同植物叶片、不同日期测定的结果进行简单相关分析，通过简单相关系数了解净光合速率对不同环境因子的响应程度。从表 2-3 和图 2-4 可以看出，在叶片尺度上，植物的光合作用主要受光合有效辐射的影响，它们与光合作用的决定系数在绝大多数测定日（除 2009 年 7 月 13 日和 8 月 10 日）均远远大于温度与光合作用的决定系数。在接触式叶片温度、气温和叶片上下表面红外辐射温度之间与净光合速率之间的简单相关分析中，红外辐射温度与净光合速率的关系决定系数值大多数情况下大于接触式叶片温度和气温与净光合速率的决定系数值。同时我们注意到，与净光合速率与光合有效辐射的决定系数相比，4 种环境温度与净光合速率的相关性很少达到显著或极显著水平，说明光合有效辐射在光合作用中的主导作用。

表 2-3　叶片尺度光合作用与光合有效辐射、温度之间回归方程的决定系数

时间	测定对象	光合有效辐射（PAR）	接触式叶片温度（T_1）	气温（T_a）	叶片上表面红外辐射温度（T_{ab}）	叶片下表面红外辐射温度（T_{bl}）	样本数（n）
2009-7-13	玉米	0.825[c]	0.214[a]	0.210[a]	0.018[a]	0.231[a]	24
	大豆	0.789[c]	0.223[a]	0.218[a]	0.035[a]	0.239[a]	23

表 2-3（续）

时间	测定对象	光合有效辐射（PAR）	接触式叶片温度（T_l）	气温（T_a）	叶片上表面红外辐射温度（T_{ab}）	叶片下表面红外辐射温度（T_{bl}）	样本数（n）
2009-8-10	玉米	0.03[c]	0.03[a]	0.05[a]	0.001[a]	0.149[a]	21
	大豆	0.469[c]	0.005[a]	0.001[a]	0.038[a]	0.001[a]	21
2009-8-28	玉米	0.679[c]	0.497[a]	0.488[a]	0.159[a]	0.433	19
2009-9-18	玉米	0.684[c]	0.132[a]	0.174[a]	0.045[a]	0.184[a]	24
	大豆	0.264[c]	0.157[a]	0.184[a]	0.001[a]	0.166[a]	24
2010-7-12	玉米	0.823[a]	0.001[a]	0.041[a]	0.001[a]	0.043[a]	14
	大豆	0.639[a]	0.167[b]	0.202[b]	0.222[b]	0.203[b]	14
2010-8-16	毛白杨	0.724[a]	0.479[a]	0.283[a]	0.604[a]	0.240[a]	19
2010-8-17	毛白杨	0.824[c]	0.485[a]	0.414[a]	0.620[a]	0.485[a]	23
	杨树	0.777[c]	0.372[a]	0.440[a]	0.527[a]	0.407[a]	23
2010-8-25	毛白杨	0.755[c]	0.435[a]	0.407[a]	0.627[a]	0.504[a]	20
	杨树	0.808[c]	0.295[a]	0.300[a]	0.481[a]	0.376[a]	20
2010-8-26	毛白杨	0.858[c]	0.274[a]	0.303[a]	0.249[a]	0.344[a]	12
	杨树	0.845[c]	0.217[a]	0.228[a]	0.279[a]	0.296[a]	12
2010-9-12	毛白杨	0.450[c]	0.007[a]	0.005[a]	0.023[a]	—[d]	19
	杨树	0.214[c]	0.048[a]	0.071[a]	0.009[a]	—[d]	19
2010-9-13	毛白杨	0.632[c]	0.002[a]	0.000[a]	0.005[a]	—[d]	17
	杨树	0.438[c]	0.007[a]	0.013[a]	0.005[a]	—[d]	17
2010-10-3	毛白杨	0.638[c]	0.236[a]	0.105[a]	0.369[a]	0.341[a]	15
	杨树	0.613[c]	0.193[a]	0.134[a]	0.304[a]	0.318[a]	15

注：[a]表示线性关系；[b]表示二次曲线关系；[c]表示对数关系；[d]表示由于红外温度测定仪器出问题未测定。

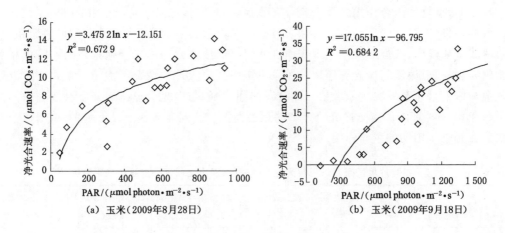

（a）玉米（2009年8月28日）　　　　　　（b）玉米（2009年9月18日）

图 2-4　净光合速率与光合有效辐射的关系

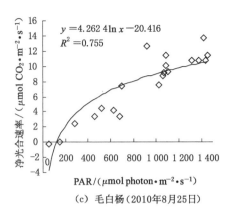
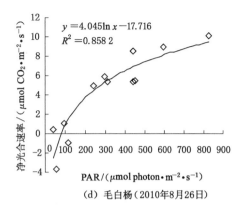

（c）毛白杨（2010年8月25日）　　　（d）毛白杨（2010年8月26日）

图 2-4　（续）

三、光合速率的日变化与环境因子日变化的偏相关关系分析

为了减少光合有效辐射对净光合速率的影响，进而明确其他温度因子对净光合速率的作用，我们利用偏相关分析进行分析。首先我们将 PAR 作为控制因子，分析 4 种环境温度（接触式叶片温度、气温和叶片上下表面红外辐射温度）与净光合速率的相关性。利用 SPSS 统计分析软件，在偏相关分析中分别将光合有效辐射（PAR）和光合有效辐射（PAR）＋气孔导度（G_s）＋胞间 CO_2 浓度（C_i）作为控制因子进行分析，分析结果分别如表 2-4 和表 2-5 所示。结果表明，当将叶室外的光合有效辐射（PAR）作为控制因子时，净光合速率与 4 种环境温度的偏相关系数均有一定程度提高。除 8 月 17 日、25 日和 26 日外，其他测定日期的相关性基本都达到显著水平（$0.001 < P < 0.03$）。说明外部光强对净光合速率影响较大。在 4 种环境温度中，从显著性水平的 P 值看，差异不大，说明红外辐射温度可以代替叶片温度或者气温来分析它们对净光合速率的影响程度。

表 2-4　叶片尺度光合作用与接触式叶片温度、气温和红外辐射温度之间的偏相关系数（双尾）（r）

时间	测定对象	控制因子	接触式叶片温度（T_1）	气温（T_a）	叶片上表面红外辐射温度（T_{ab}）	叶片下表面红外辐射温度（T_{bl}）	样本数（n）
2010-7-11	玉米	PAR	$-0.747\,5$ $P=0.003$	$-0.762\,0$ $P=0.002$	$-0.647\,9$ $P=0.017$	$-0.628\,8$ $P=0.021$	14
	大豆	PAR	$-0.757\,7$ $P=0.003$	$-0.745\,9$ $P=0.003$	$-0.697\,4$ $P=0.008$	$-0.589\,5$ $P=0.034$	14
2010-8-16	毛白杨	PAR	$-0.799\,8$ $P=0.000$	$-0.753\,2$ $P=0.001$	$-0.266\,3$ $P=0.319$	$-0.787\,6$ $P=0.000$	19
2010-8-17	毛白杨	PAR	$-0.216\,9$ $P=0.332$	$-0.091\,7$ $P=0.685$	$0.083\,8$ $P=0.711$	$-0.309\,9$ $P=0.160$	23
	杨树	PAR	$-0.178\,1$ $P=0.428$	$-0.067\,1$ $P=0.767$	$-0.088\,9$ $P=0.694$	$-0.383\,0$ $P=0.079$	23

表 2-4(续)

时间	测定对象	控制因子	接触式叶片温度(T_1)	气温(T_a)	叶片上表面红外辐射温度(T_{ab})	叶片下表面红外辐射温度(T_{bl})	样本数(n)
2010-8-25	毛白杨	PAR	−0.258 6 P=0.300	−0.222 9 P=0.374	−0.399 9 P=0.100	−0.394 7 P=0.105	20
	杨树	PAR	−0.313 5 P=0.205	−0.250 8 P=0.315	−0.137 2 P=0.587	−0.256 3 P=0.305	20
2010-8-26	毛白杨	PAR	0.165 0 P=0.628	0.174 5 P=0.608	0.129 7 P=0.704	0.159 6 P=0.639	12
	杨树	PAR	−0.158 5 P=0.642	−0.160 4 P=0.637	−0.211 0 P=0.534	−0.195 7 P=0.564	12
2010-9-12	毛白杨	PAR	−0.672 2 P=0.002	−0.669 8 P=0.002	−0.662 7 P=0.003	—	19
	杨树	PAR	−0.815 3 P=0.000	−0.759 0 P=0.000	−0.716 8 P=0.001	—	19
2010-9-13	毛白杨	PAR	−0.708 3 P=0.002	−0.626 8 P=0.009	−0.713 4 P=0.002	—	17
	杨树	PAR	−0.826 3 P=0.000	−0.805 7 P=0.000	−0.728 3 P=0.001	—	17
2010-10-3	毛白杨	PAR	−0.586 7 P=0.027	−0.590 2 P=0.026	−0.579 6 P=0.030	−0.530 3 P=0.051	15
	杨树	PAR	−0.664 6 P=0.010	−0.628 5 P=0.016	−0.664 4 P=0.010	−0.467 8 P=0.092	15

注:P 值为双尾显著性检验结果,"—"表示由于红外温度测定仪器出问题未测定。

表 2-5　叶片尺度光合作用与接触式叶片温度、气温和红外温度之间的偏相关系数(单尾)(r)

时间	测定对象	控制因子	接触式叶片温度(T_1)	气温(T_a)	叶片上表面红外辐射温度(T_{ab})	叶片下表面红外辐射温度(T_{bl})	样本数(n)
2010-7-11	玉米	PAR+G_s+C_i	−0.604 2 P=0.032	−0.637 2 P=0.024	−0.673 7 P=0.016	−0.549 5 P=0.050	14
	大豆	PAR+G_s+C_i	−0.549 1 P=0.050	−0.588 0 P=0.037	−0.487 1 P=0.077	−0.412 1 P=0.118	14
2010-8-16	毛白杨	PAR+G_s+C_i	−0.416 8 P=0.078	−0.414 6 P=0.079	−0.143 5 P=0.320	−0.404 3 P=0.085	19
2010-8-17	毛白杨	PAR+G_s+C_i	−0.427 6 P=0.034	−0.378 4 P=0.055	−0.360 7 P=0.065	−0.513 7 P=0.012	23
	杨树	PAR+G_s+C_i	−0.500 2 P=0.015	−0.458 4 P=0.024	−0.418 1 P=0.037	−0.570 8 P=0.005	23

表 2-5(续)

时间	测定对象	控制因子	接触式 叶片温度(T_1)	气温 (T_a)	叶片上表面红外 辐射温度(T_{ab})	叶片下表面红外 辐射温度(T_{bl})	样本数 (n)
2010-8-25	毛白杨	$PAR+G_s+C_i$	$-0.295\,0$ $P=0.143$	$-0.244\,3$ $P=0.190$	$-0.460\,5$ $P=0.042$	$-0.478\,7$ $P=0.036$	20
	杨树	$PAR+G_s+C_i$	$-0.271\,9$ $P=0.163$	$-0.202\,7$ $P=0.234$	$0.053\,3$ $P=0.425$	$-0.340\,4$ $P=0.107$	20
2010-8-26	毛白杨	$PAR+G_s+C_i$	$0.533\,2$ $P=0.087$	$0.475\,3$ $P=0.117$	$0.492\,6$ $P=0.107$	$0.409\,7$ $P=0.157$	12
	杨树	$PAR+G_s+C_i$	$0.609\,8$ $P=0.054$	$0.564\,7$ $P=0.072$	$0.579\,6$ $P=0.066$	$0.497\,4$ $P=0.105$	12
2010-9-12	毛白杨	$PAR+G_s+C_i$	$-0.378\,6$ $P=0.082$	$-0.411\,1$ $P=0.064$	$-0.456\,9$ $P=0.043$	—	19
	杨树	$PAR+G_s+C_i$	$-0.445\,4$ $P=0.048$	$-0.405\,2$ $P=0.067$	$-0.375\,9$ $P=0.084$	—	19
2010-9-13	毛白杨	$PAR+G_s+C_i$	$-0.892\,7$ $P=0.000$	$-0.876\,2$ $P=0.000$	$-0.775\,2$ $P=0.001$	—	17
	杨树	$PAR+G_s+C_i$	$-0.491\,8$ $P=0.044$	$-0.452\,4$ $P=0.060$	$-0.325\,1$ $P=0.139$	—	17
2010-10-3	毛白杨	$PAR+G_s+C_i$	$-0.631\,0$ $P=0.019$	$-0.644\,1$ $P=0.016$	$-0.636\,0$ $P=0.018$	$-0.657\,5$ $P=0.014$	15
	杨树	$PAR+G_s+C_i$	$-0.436\,4$ $P=0.090$	$-0.365\,0$ $P=0.135$	$-0.591\,8$ $P=0.028$	$-0.524\,8$ $P=0.049$	15

注:P 值为单尾显著性检验结果,"—"由于红外温度测定仪器出问题未测定。

第五节　小　　结

通过对便携式光合作用测定仪 Li-Cor 6400 的叶室进行改造,在测定植物叶片光合作用强度的同时增加了对叶片上下表面红外辐射温度的测定。

测定结果表明:叶片上下表面红外辐射温度与系统自带的接触式叶片温度测定的结果有较好的相关性,与系统测定的气温有较好的一致性;在日变化尺度上净光合速率主要是受光合有效辐射的影响,它们与光合有效辐射的相关性最高,其次是受与植物代谢相关的温度因子的影响;在 4 种环境温度(接触式叶片温度、气温和叶片上下表面红外辐射温度)中,从它们与净光合速率关系的显著性水平 P 值看,差异不大,说明叶片尺度上红外辐射温度可以代替叶片温度或者气温来分析它们对净光合速率的影响程度,这为利用植物红外辐射温度进行光合作用研究提供了理论依据。

第三章　群体尺度植被辐射温度与碳通量的关系研究

第一节　冠层叶室的制作

一、要解决的技术问题

植被群体的冠层辐射温度与光合作用的关系以及对光合作用的影响过程,需要开展野外测量试验来探讨。其中温度的非接触测量,实际上就是利用辐射计的测量与温度的反演过程,其基本的反演原理与卫星遥感温度类似,但目标更均一,大气的影响相对简单。在辐射温度观测的同时,开展光合作用的测定,对研究辐射温度变化与光合作用变化的关系至关重要。

对于光合作用的测量,便携式光合作用测定仪 Li-Cor 6400 代表了当今国际上植物叶片光合作用测量仪器的最高水平,是世界著名植物生理生态仪器制造商 LI-COR 公司的尖端产品。由于单一叶片的植物光合作用代表性有限,可以通过 Li-Cor 6400 连接自定义叶室开展群体光合作用的测量。问题是利用现有的自定义叶室测定群体光合和利用辐射计测定植被群体冠层的辐射温度不可能完全同步,势必会对试验结果带来较大的误差,因此如何利用自定义叶室测定光合作用的同时同步测定植被冠层的辐射温度成为问题的焦点。

为此,我们设计制作了测定植物群体的光合作用的同时又能测定群体冠层红外辐射温度的冠层测定系统。同化箱与光合作用测定仪连接,根据同化箱内二氧化碳和水的浓度变化来测定植被群体的碳水通量,同化箱内安装有连接笔记本电脑的红外测温仪的微型传感头,在测定群体碳水通量时,同步测定并自动记录植被冠层群体的红外辐射温度,为植被群体冠层的辐射温度对植被群体的光合作用的影响机理及其模型研究提供采集数据服务。

二、技术方案

冠层叶室由正方体的通量箱和土壤基座两部分组成,如图 3-1 所示。上部为通量箱,是测量主体,下部为土壤基座,埋于土体,用于上部箱体和被测定植被之间结合部(土壤)的密封作用。正方体通量箱规格为 50 cm×50 cm×50 cm(根据所测定植物的高度规格可以适当加大或缩小),用无色透明的有机玻璃作为材料,厚度为 3~5 mm。同化箱的 5 个面封闭(四侧面及顶面),一面(下部)开放,用于覆盖试验材料。其中两个侧壁上距箱顶约 10 cm 处的中央,安装把手,方便箱体搬动。另一侧壁上留有 9 个直径大小不同的圆孔(用于与 Li-Cor 6400 的适配器相连),圆孔的大小、孔间距离与 Li-Cor 6400 的 9864-174 适配器的气孔和螺丝孔相同,适配器与箱体之间加密封垫圈。安装适配器的箱体侧面安装一 E 型热电偶,用于测定通量箱内部气温,测定数据由光合作用测定仪自动记录。箱体顶壁,通过 3 个圆孔和螺纹杆安装 2 个小型风扇和 1 个红外辐射温度探头。风扇呈对角线安装,根据植被高度通过螺纹杆调节风扇高度,风扇大小可视植被冠层高低而定,目的是使冠层叶室内的气体迅速混合均匀。红外温度探头安装在通量箱连接适配器的侧壁内,根据植被生长状况通过万能调节器调节其方位、高度和角度,以便更精确地测定植被群体冠层的红外辐射温度。红外测温仪与笔记本电脑连接,通过设定记录间隔时间,可以和光合作用仪测定数据同步对植被群体的表面辐射温度进行记录。土壤基座用不锈钢薄板制作,高 8 cm,长、宽各为 50 cm,基座宽 5 mm,同化箱的基部和土壤基座上都贴有单面密封胶条,强化冠层叶室的密封性。使用时基座埋于地下,与测定植物所在的土壤表面持平。所有需电设施均由外部的 12 V 电源供电。

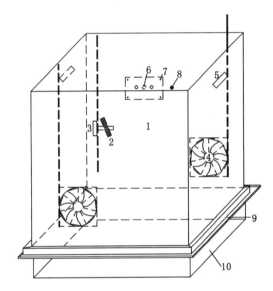

1—通量箱;2—红外测温仪的微型传感头;3—万能调节支架;4—风扇;5—把手;6—3 个气孔;

7—4 个螺丝孔;8—E 型热电偶;9—单面密封胶条;10—土壤基座。

图 3-1 冠层叶室的整体结构示意图

上述通量箱内,所述红外测温仪的光学分辨率为 2∶1,包括两部分:微型传感头和分离电盒,具有 3 种可选的数字接口(USB,RS232 或 RS485)。通过按键和带有 LCD 显示的智能操作面板,可以方便地设置和调节基本参数。

三、具体实施方式

在测定前一周将土壤基座插入栽有待测植物的土壤中,插入土壤深度要求基座表面与测定植被的地表高度一致,一般为 8 cm。使用时,将 Li-Cor 6400 的 9864-174 适配器与通量箱相连,适配器与通量箱的侧壁间加有一层与适配器大小一致的垫圈,然后将自制的 E 型热电偶、光合有效辐射传感器与光合作用测定仪相连,同时将红外测温仪通过 USB 接口与电脑连接,打开配置软件,设置好比辐射率、记录时间间隔等参数。测定时,将风扇启动、红外测温仪连接好后,双手握住把手抬起通量箱,缓缓将通量箱放置在土壤基座上,确保通量箱各侧面与土壤基座之间完全接触,没有间隙,通量箱与外界空气隔绝良好,待通量箱内气体平衡后即可测定植物群体的光合作用、呼吸作用、蒸腾作用和植物群体冠层的辐射温度等指标。数据采集器设定为每 10 s 记录一次红外 CO_2 分析仪和红外辐射温度的读数。

本冠层叶室成本低廉,密封性好,接驳容易,操作简单,与光合作用测定仪一起,可以用来测定草坪、草地、花卉、地被植物、蔬菜、粮食作物、小灌木等各种植物冠层的红外辐射温度、碳水通量等技术参数,解决了在测定碳通量的同时,不能同步测定红外辐射温度的问题,为开展植被辐射温度与光合作用的关系模型的研究提供了可能。

第二节　试验概况及设计

一、试验地概况

试验地位于山西省水文水资源勘测局太谷均衡实验站。该站位于山西省太原盆地太谷县境内($37°26'$N,$112°30'$E),海拔 780 m,属暖温带大陆性干旱半干旱气候区。该地区年平均日照时数为 2 500～2 600 h,多年平均气温为 9.9 ℃,7 月最高气温为 24.2 ℃,1 月最低气温为 −5.7 ℃。根据山西省水文水资源勘测局太谷均衡实验站的小型气象站 1956—2000 年的气象记录资料,多年平均降水量为 415.2 mm,主要集中在 6—9 月,如图 3-2 所示。观测 2009 年、2010 年的年平均降水量分别为 497.3 mm 和 333.5 mm;2009 年 7—9 月、11 月、12 月和 2010 年的 2 月、4—5 月、8—9 月的降水量则高于平均值。多年月平均相对湿度中 8 月最大(82%),4 月最小(62%),相对湿度年际变化不大,变化范围为 66%～90%。最大冻土深度为 92 cm,全年无霜期为 220 d。土壤为冲积黄土,是太原盆地主要的粮食生产土壤类型,土层深厚,土壤密度为(1.42±0.03) g/cm³(平均值±标准差,下同),土壤持水量(干土重)为(22.21±0.46)%,有机质含量为(4.11±0.15)%,全氮含量为(0.12±0.01)%,速效磷含量为(8.49±1.39)mg/kg,速效钾含量为(225.00±45.23)mg/kg。

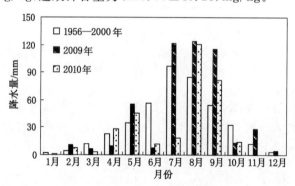

图 3-2　1956—2000 年、2009 年和 2010 年月平均降水量

二、供试材料

(1) 试验所用黑麦草、三叶草、草地早熟禾、紫花苜蓿的品种分别为丹麦绅士、惠亚、丹麦康尼、美国巨人。于 2009 年 4 月 27 日撒播播种,试验小区面积为 2 500 m²。试验地上一年种植玉米、小麦,种植前施氮肥,播种后定期灌溉,定期去除杂草。

(2) 试验所用小麦为冬小麦,于每年的 9 月下旬播种,次年 6 月底收获。麦田常规管理。

三、试验设计

(一)人工草地

2009 年 7 月 23 日(在第一次测定的前一天),在三叶草(简称 SY)、黑麦草(简称 HM)、草地早熟禾(简称 ZSH)和苜蓿(简称 MX)的样地选择本底条件基本一致,植物覆盖和生长较为一致的 3 个 1.5 m×1.5 m 的小区,四块样地共 12 个小区。在每个小区内设置两种处理:保持自然状态的植物和齐地面剪掉的植物。在每个处理小区中央嵌入 1 个铝合金框架(插入地下约 5 cm),整个测定期固定在同一位置,用于碳通量测定。取 3 个小区的平均值作为当次测定的值。

2010 年对黑麦草和苜蓿的样地进行了测定,试验设计基本同 2009 年。不同的是把苜蓿地划分成三块 15 m×10 m 的小区进行不同水分梯度的处理,三块地相互间隔为 10 m,2010 年 7 月 6 日至 9 月 23 日间进行水分处理,从南至北依次为苜蓿 1(简称 MX_w)、苜蓿 2(简称 MX_m)、苜蓿 3(简称 MX_d)。MX_w 样地两周灌溉一次,充分灌溉;MX_m 样地不灌溉、只有自然降水;MX_d 样地在下雨时采用遮雨棚遮盖,雨停后去除遮雨棚。

2009 年的测定主要是侧重日变化测定,7 月下旬开始,10 月下旬结束,每月测定 2 d。每天测定从早上 6:00 至 8:00 开始,除 10 月 29 日的测定为 1 h 间隔外,其余为 0.5 h 间隔测定一次,至 PAR 低于 50 μmol photon/(m² · s)结束。

2010 年的测定主要是侧重季节变化测定,从 5 月上旬开始,10 月下旬结束,每月观测 2～4 次。每天测定时段为 8:00—10:00、12:00—14:00 和 16:00—18:00。另外,于 5 月 7 日、5 月 18 日、7 月 14 日、8 月 29 日进行了日变化测定。

(二)小麦地

选择两块 10 m×15 m 的样地,在第一次观测前一天,在每一块样地中选择本底条件基本一致,小麦密度和生长较为一致的 3 个 1.5 m×1.5 m 的小区,两块样地共 6 个小区。在每个小区内设置两种处理:保持自然状态的植物和齐地面剪掉的植物。在每个处理小区中央嵌入 1 个铝合金框架(插入地下约 5 cm),整个测定期固定在同一位置,用于碳通量测定。取 3 个小区的平均值作为当次测定的值。样地从南至北依次为小麦 1(简称 WW)、小麦 2(简称 WD)。

两块样地在 2009 年 5 月 24 日前管理方式完全一样,5 月 25 日 WW 样地灌溉,而 WD 样地进行干旱处理,不再灌溉,并通过搭建人工遮雨棚的方式排除天然降雨,没有降雨时去除遮雨棚。2010 年 5 月 30 日前两块样地管理方式完全一样,6 月 1 日 WW 样地充足灌溉,而 WD 样地进行干旱处理,不再灌溉,但并没有排除自然降水。每年测定开始于 4 月初,基本 1 周 1 次,6 月底结束。每天测定从早上 6:00 至 8:00 开始,1 h 间隔测定一次,至 PAR 低于 50 μmol photon/(m² · s)结束。

群体尺度具体的测定日期及每日测定轮次详见表 3-1。

表 3-1　群体尺度野外测定情况统计表

小麦样地		SY 样地		HM 样地		ZSH 样地		MX 样地	
测定日期	轮次	测定日期	轮次	测定日期	轮次	测定日期	轮次	测定日期	轮次
2009-4-1	6	2009-7-25	26	2009-7-25	26	2009-7-24	23	2009-7-24	23

表 3-1(续)

小麦样地		SY 样地		HM 样地		ZSH 样地		MX 样地	
2009-4-8	5	2009-7-30	25	2009-7-30	25	2009-7-29	25	2009-7-29	25
测定日期	轮次	测定日期	轮次	测定日期	轮次	测定日期	轮次	测定日期	轮次
2009-4-15	5	2009-8-8	24	2009-8-8	24	2009-8-7	19	2009-8-7	22
2009-4-17	9	2009-8-25	24	2009-8-25	24	2009-8-20	13	2009-8-20	13
2009-4-22	7	2009-9-13	22	2009-9-13	22	2009-9-12	20	2009-9-12	20
2009-4-29	10	2009-9-25	20	2009-9-25	20	2009-9-23	20	2009-9-23	20
2009-5-6	10	2009-10-14	19	2009-10-14	20	2009-10-15	16	2009-10-15	16
2009-5-18	9	2009-10-29	11	2009-10-29	11	2009-10-29	11	2009-10-29	11
2009-5-24	22			2010-5-7	16			2010-5-7	16
2009-5-27	11			2010-5-18	19			2010-5-18	19
2009-6-2	12			2010-5-31	3			2010-5-31	3
2009-6-10	11			2010-6-12	3			2010-6-12	3
2009-6-17	11			2010-6-26	3			2010-6-26	7
2009-6-24	9			2010-7-5	3			2010-7-5	3
2010-4-9	1			2010-7-13	3			2010-7-13	3
2010-4-12	8			2010-7-14	15			2010-7-14	15
2010-4-19	5			2010-7-26	3			2010-7-26	3
2010-4-26	6			2010-8-4	2			2010-8-4	2
2010-5-6	9			2010-8-15	3			2010-8-15	3
2010-5-14	10			2010-8-23	3			2010-8-23	3
2010-5-20	12			2010-9-10	3			2010-8-29	11
2010-5-29	4			2010-9-23	3			2010-9-10	3
2010-6-4	14			2010-10-6	3			2010-9-23	3
2010-6-13	12			2010-10-9	3			2010-10-6	3
2010-6-20	11			2010-10-12	3			2010-10-9	3
2010-6-27	12			2010-10-22	3			2010-10-12	3
2010-7-1	8			2010-10-31	3			2010-10-22	3
								2010-10-31	3

四、测量方法

CO_2 和 H_2O 通量用透明箱体(50 cm×50 cm×50 cm,后期小麦长高后用50 cm×50 cm×70 cm)连接便携式光合作用测定仪 Li-Cor 6400 测定,测定方法与 Steduto 等(2002)、Niu 等(2008)、Nakano 等(2008)、Li 等(2008)、Dhital 等(2010)一致。箱体四壁采用透明的亚

克力板(透光率为 98%),并通过单面密封胶条和箱底座密封。测定时,将透明箱体放在事先嵌入田间的不锈钢支架的底座上。箱基与支架之间用可压缩 E 型密封胶条进行密封。箱体内部安装 2 个由 12 V 直流电池供电的小风扇(直径为 12 cm)使箱内气体混合均匀。各个样方内每隔 10 s 记录一次 CO_2 浓度,连续记录 9 个数值。根据通量箱中 CO_2 浓度变化率计算净生态系统碳交换量。然后抬起箱体通风约 30 s,保证与外界空气的充分交换,再重新罩在原位置并用一块遮光布盖住整个箱体。等待箱体内气体浓度稳定后,再重复前面气体通量的测量。由于是遮光状态下进行的,所以这次的数值可以认为是生态系统呼吸,用 R_{eco} 表示。这里需要注意的是:对保持自然状态的植被测定的碳通量测定需要两步,第一步用透明箱测定的值为 NEE,第二步透明箱盖上遮光布后测定的值为 R_{eco};对已经齐地剪去植被的小区,只需要利用透明箱观测一次,测定的值为土壤呼吸速率(R_s)。总初级生产力 GPP(其值用 F_{GPP} 表示)就是 NEE 与 R_{eco} 的代数和。

$$F_{GPP} = M_{NEE} + R_{eco} \tag{3-1}$$

式中,M_{NEE} 和 R_{eco} 表示生态系统的碳固定和释放。其中,M_{NEE} 为正值表示生态系统净吸收 CO_2,为负值表示释放。相反,R_{eco} 为正值表示生态系统净释放 CO_2。

2010 年黑麦草、苜蓿样地测定时,每轮每块样方测定需要五步:第一步在自然光强下测定;第二步至第五步分别采用遮光程度不同的遮光布盖住整个箱体测定,因此,每轮测定每一块样方都获得 5 个数据。

在观测气体交换的同时,光合有效辐射(PAR)、10 cm 深度的土壤温度(T_{10})、箱体内气温(T_a)、冠层辐射温度(T_c)也同步被测量。光合有效辐射(PAR)、箱体内气温(T_a)、10 cm 深度的土壤温度(T_{10})分别用 LI-190SA 光量子传感器、E 型热电偶和 Li-Cor 6400 温度探针测定,数据由 Li-Cor 6400 间隔 10 s 记录一次,共记录 9 个数据。冠层辐射温度(T_c)用德国产 OptrisCT02(光学分辨率为 2:1,视场角为 28°)红外温度探测仪测定,为了尽可能降低土壤背景的影响,该红外温度仪与水平面呈 30°悬挂在箱体内距离作物冠层 0.2~0.4 m 处,数据由笔记本电脑以 10 s 的间隔同步记录,共记录 9 个数据,取平均值作为每次测定的冠层辐射温度值。

在每次测定结束时,用土钻挖取 0~10 cm、10~20 cm、20~30 cm 深度的土样,混合均匀后,装入土盒,3 个重复,带回实验室,105 ℃条件下烘至恒重,求土壤重量含水量,即土壤水分(干土重%)。计算公式为:

$$W_s = (W_1 - W_2)/(W_2 - W_0) \times 100\% \tag{3-2}$$

式中,W_s 为土壤水分(干土重%);W_0 为铝盒质量,g;W_1 为烘干前铝盒及土样质量,g;W_2 为烘干后铝盒及土样质量,g。取 3 个重复的土壤水分平均值作为该测定点的土壤含水量。

每次观测结束后,在观测点附近选择 3 个 50 cm×50 cm 小区,齐地剪去小区内植物的地上部分,用于测定地上生物量。每份样本称鲜重后,放入 105 ℃烘箱中杀青 15 min,65 ℃烘 48 h 至恒重,称干重。取 3 个小区的平均值作为样地该次测定的生物量。绿色植物的叶面积用 LI-3000 叶面积仪测量用以计算叶面积指数(LAI)。

群体尺度测定的主要指标有:净生态系统碳交换量[NEE,μmol CO_2/(m²·s)],生态系统呼吸[R_{eco},μmol CO_2/(m²·s)],光合有效辐射[PAR,μmol photon/(m²·s)],箱体内气温(T_a,℃),土壤温度(T_s,℃),冠层辐射温度(T_c,℃),0~10 cm、10~20 cm 和 20~30 cm 深度的土壤水分(W_{10}、W_{20} 和 W_{30},%),地上生物量[AGB,g/m²],叶面积指数(LAI)。利用测定的数据计算了总生态系统生产力[GPP,μmol CO_2/(m²·s)]。

第三节 数据分析

一、CO_2 通量计算

利用下式计算特定箱内生态系统或土壤与大气间的交换通量（张红星等，2007）：

$$A = \mathrm{d}c/\mathrm{d}t \times V/S \times p/RT \tag{3-3}$$

式中，A 是单位面积上单位时间内 CO_2 释放量，$\mu mol/(m^2 \cdot s)$；c 是 CO_2 摩尔浓度，$\mu mol/mol$；t 是时间，s；V 是通量箱体积，m^3；S 是通量箱底面积，m^2；p 是大气压，kPa；R 是气体常数，取 $8.3 \times 10^{-3} m^3 \cdot kPa/(mol \cdot K)$；$T$ 是通量箱内气体温度，K。方程中的 $\mathrm{d}c/\mathrm{d}t$ 是通量箱中浓度变化率，即将所测得的一组 CO_2 浓度及其相应的时间回归所得直线方程的斜率。

二、光响应曲线

NEE 对 PAR 的响应曲线一般都符合直角双曲线方程，其函数通常可以用 Michaelis-Menten（米氏）方程模型表达（Gilmanov et al.，2007）：

$$M_{\mathrm{NEE}} = \frac{\alpha \times N_{\mathrm{PAR}} \times M_{\mathrm{NEE_{max}}}}{\alpha \times N_{\mathrm{PAR}} + M_{\mathrm{NEE_{max}}}} - R_{\mathrm{e}} \tag{3-4}$$

式中，M_{NEE} 为白天净生态系统碳交换量，$\mu mol\ CO_2/(m^2 \cdot s)$，$\alpha$ 为表观量子产额（表观初始光能利用率），表征光合作用中的最大光能利用率，$\mu mol\ CO_2/\mu mol\ photon$；$M_{\mathrm{NEEmax}}$ 为表观最大光合速率，即光饱和时的净生态系统交换（$N_{\mathrm{PAR}} \to \infty$ 时净生态系统交换的渐近值），$\mu mol\ CO_2/(m^2 \cdot s)$；$R_{\mathrm{e}}$ 为表观暗呼吸速率（$N_{\mathrm{PAR}} \to 0$ 时净生态系统交换值），$\mu mol\ CO_2/(m^2 \cdot s)$；$N_{\mathrm{PAR}}$ 为光合有效辐射，$\mu mol\ photon/(m^2 \cdot s)$。

三、生态系统呼吸模型

在描述生态系统呼吸（R_{eco}）或土壤呼吸速率（R_{s}）时，指数方程、Van't Hoff（范特霍夫）方程、Arrhenius（阿列纽斯）方程和 Lloyd-Taylor 方程得到了广泛的认可和应用（Lloyd et al.，1994；Fang et al.，2001）。本书采用指数模型对比分析 T_{c}、T_{a} 和 T_{s} 与生态系统呼吸（R_{eco}）的关系：

$$R_{\mathrm{eco}} = a e^{bT} \tag{3-5}$$

式中，R_{eco} 为用箱式法测定的生态系统呼吸；a、b 为拟合系数；T 为 T_{c}、T_{a} 或 T_{s}，℃。

Q_{10} 是生态系统呼吸和土壤呼吸速率的一个重要参数，能够反映呼吸通量对温度的敏感程度。Q_{10} 值无量纲，可采用下式表示：

$$Q_{10} = e^{10b} \tag{3-6}$$

式中，b 为式（3-5）中的拟合系数 b。

第四节　植被辐射温度对人工草地碳通量的影响

一、人工草地碳通量及环境因子的日变化特征

图 3-3 是环境因子的日变化图,表 3-2 是 4 种人工草地 8 个观测日温度的日变化特征。除了 8 月 20 日外,其他 7 个测定日的 T_s、T_a 和 T_c 具有明显的日变化特点,以苜蓿样地为例进行分析表明,T_s 的日最大值出现在 13:00 至 15:00 间,其值从 16.5 ℃ 至 34.6 ℃;而 T_a 和 T_c 的最大值出现在中午 12:00 左右,日最大值分别从 25.1 ℃ 至 39.2 ℃ 和 21.8 ℃ 至 34.6 ℃。从数量上来看,T_s 最低,其次是 T_c,T_a 最高,一般而言,T_a 比 T_c 高 2～3 ℃,可能是测定期间样地土壤水分含量较高,不存在水分胁迫的缘故。方差分析表明,8 个测定日的土壤温度、气温和冠层辐射温度的日均值差异不显著,10 cm 深度的 T_s、T_a 和 T_c 的日平均值变化范围依次为 12.8～30.1 ℃、22.2～32.9 ℃ 和 19.1～30.0 ℃。8 个观测日的 T_s、T_a 和 T_c 的平均值依次为 (22.32 ± 6.65)℃(平均值±标准差,下同)、(26.65 ± 4.93)℃ 和 (23.83 ± 4.79)℃。光合有效辐射一天中具有明显的日变化特点,最大值出现在 12:00～13:00 之间。

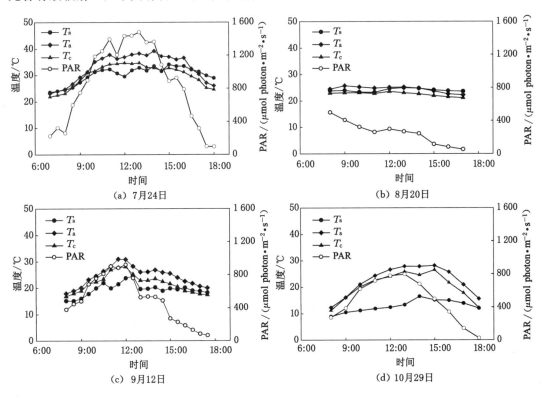

图 3-3　2009 年苜蓿样地部分测定日环境因子的日变化

图 3-4 是苜蓿样地 CO_2 通量的日变化图,表 3-3 是 4 种人工草地 8 个观测日 CO_2 通量的日变化特征。从图 3-4 和表 3-3 可以看出,一天中 GPP、NEE 随 PAR 的波动而波动,一般情况下,GPP 和 NEE 的最大值出现在 10:00 左右,而 R_{eco} 的变化趋势更多地与温度的变化趋势相同,最大值出现在 14:00 左右。

表 3-2   4 种人工草地 8 个观测日温度的日变化特征

样地	日期	T_s				T_a				T_c			
		平均值/℃	最大值/℃	最小值/℃	变异系数/%	平均值/℃	最大值/℃	最小值/℃	变异系数/%	平均值/℃	最大值/℃	最小值/℃	变异系数/%
SY	2009-7-25	30.9	38.0	24.8	14.9	29.7	35.4	21.8	17.1	28.1	34.2	21.2	16.5
	2009-7-30	30.9	35.3	24.8	10.3	32.3	36.1	23.8	12.0	29.4	34.1	21.6	12.5
	2009-8-8	29.0	33.8	23.9	10.6	31.3	37.5	22.1	16.3	28.5	33.4	21.0	15.0
	2009-8-25	26.3	29.7	22.7	7.4	30.1	35.3	23.6	13.7	27.5	33.1	21.1	13.8
	2009-9-13	21.2	26.2	17.7	10.6	22.8	28.6	16.7	16.2	21.2	28.1	15.0	17.2
	2009-9-25	19.8	22.1	17.4	8.2	27.2	31.5	18.8	13.7	24.4	29.1	16.7	14.8
	2009-10-14	16.7	21.9	11.6	15.5	21.6	29.3	11.5	25.8	20.6	26.7	9.8	28.0
	2009-10-29	12.7	14.7	9.9	14.8	22.3	28.3	13.5	24.7	20.2	26.3	10.4	28.0
HM	2009-7-25	29.8	36.6	24.9	12.4	29.6	35.4	22.0	17.1	27.9	36.6	21.4	17.8
	2009-7-30	29.4	35.0	22.3	9.2	32.3	36.3	23.6	12.0	30.1	35.1	22.3	13.0
	2009-8-8	28.0	33.8	23.3	10.4	31.4	38.4	21.9	16.3	28.5	36.5	20.8	16.1
	2009-8-25	25.3	27.4	21.5	6.8	30.0	36.0	24.2	13.5	27.4	33.4	21.0	14.8
	2009-9-13	20.3	24.0	16.7	10.7	22.9	27.7	16.4	15.5	20.4	25.2	15.7	14.7
	2009-9-25	18.7	23.2	16.6	8.3	27.1	31.0	18.9	13.5	24.6	29.4	16.4	14.7
	2009-10-14	16.3	20.0	8.5	21.1	22.0	29.7	10.8	26.0	21.7	29.0	10.7	27.2
	2009-10-29	12.7	14.1	8.3	21.0	22.6	28.4	13.2	24.7	21.0	27.0	11.5	26.2
ZSH	2009-7-24	29.9	33.8	24.0	9.9	33.1	42.5	22.4	16.9	30.4	35.0	21.9	14.9
	2009-7-29	28.2	32.8	22.3	9.8	31.9	38.1	20.1	16.1	29.0	39.1	19.6	14.1
	2009-8-7	28.8	34.2	24.7	8.5	32.5	37.1	24.9	12.8	29.5	34.3	22.7	11.7
	2009-8-20	24.2	25.1	23.4	2.1	24.6	26.5	22.4	4.7	23.0	25.5	21.2	5.0
	2009-9-12	20.6	23.3	18.8	5.1	22.6	26.0	18.3	8.3	20.2	24.4	15.1	10.6
	2009-9-23	19.7	24.1	14.4	13.2	24.6	32.5	17.5	16.1	22.0	29.9	16.9	15.3
	2009-10-15	17.4	21.4	13.2	15.2	22.2	28.7	13.7	21.0	23.3	31.0	13.0	23.6
	2009-10-29	14.0	15.3	9.8	10.1	21.9	28.1	12.5	25.6	28.3	30.1	12.5	29.2
MX	2009-7-24	30.1	34.0	23.5	10.5	32.9	39.2	23.1	16.2	30.0	34.6	21.9	14.2
	2009-7-29	28.8	34.6	22.2	11.4	32.0	38.0	20.2	15.7	29.4	34.5	19.5	15.0
	2009-8-7	28.8	33.2	24.2	9.7	32.6	36.1	24.2	11.8	29.1	32.3	22.2	10.9
	2009-8-20	24.0	24.9	23.2	2.5	24.4	25.7	22.3	4.8	21.6	23.1	21.1	3.4
	2009-9-12	19.4	24.5	15.1	12.4	24.4	31.0	17.9	15.4	21.7	28.0	16.8	16.0
	2009-9-23	20.0	23.3	17.0	7.6	22.3	25.1	17.7	8.7	19.6	21.8	15.9	9.0
	2009-10-15	14.7	20.5	10.1	18.9	22.2	29.1	13.4	20.7	20.1	27.9	12.7	22.2
	2009-10-29	12.8	16.5	8.9	17.5	22.4	28.1	12.3	25.1	19.1	26.5	11.2	26.2

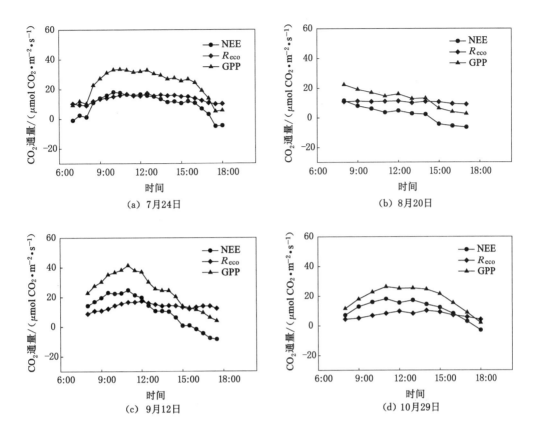

图 3-4 2009 年苜蓿样地部分测定日 NEE、GPP 和 R_{eco} 的日变化

表 3-3 4 种人工草地 8 个观测日 CO_2 通量的日变化特征

样地	日期	NEE				R_{eco}				GPP			
		平均值 /(μmol $CO_2 \cdot$ m$^{-2} \cdot$ s^{-1})	最大值 /(μmol $CO_2 \cdot$ m$^{-2} \cdot$ s^{-1})	最小值 /(μmol $CO_2 \cdot$ m$^{-2} \cdot$ s^{-1})	变异系数 /%	平均值 /(μmol $CO_2 \cdot$ m$^{-2} \cdot$ s^{-1})	最大值 /(μmol $CO_2 \cdot$ m$^{-2} \cdot$ s^{-1})	最小值 /(μmol $CO_2 \cdot$ m$^{-2} \cdot$ s^{-1})	变异系数 /%	平均值 /(μmol $CO_2 \cdot$ m$^{-2} \cdot$ s^{-1})	最大值 /(μmol $CO_2 \cdot$ m$^{-2} \cdot$ s^{-1})	最小值 /(μmol $CO_2 \cdot$ m$^{-2} \cdot$ s^{-1})	变异系数 /%
SY	2009-7-25	4.22	7.93	−6.21	94.6	11.7	16.9	9.1	22.3	15.9	23.1	2.9	36.7
	2009-7-30	7.1	16.3	−13.7	105.6	17.9	22.1	14.7	11.9	25.0	36.4	2.7	35.0
	2009-8-8	5.5	16.7	−16.3	183.3	17.7	22.3	13.5	14.3	23.2	35.3	1.4	50.3
	2009-8-25	7.03	17.84	−12.85	128.47	16.9	22.2	13.0	16.1	23.9	40.0	0.4	47.0
	2009-9-13	13.2	28.3	−12.1	85.1	15.8	19.7	10.3	17.1	29.0	47.4	1.8	41.2
	2009-9-25	9.0	18.0	−16.4	114.9	18.6	21.1	13.3	14.5	27.7	38.1	4.6	36.4
	2009-10-14	3.1	11.3	−10.5	216.9	13.6	18.1	9.7	19.4	16.6	23.8	2.9	42.5
	2009-10-29	4.4	10.7	−8.2	151.4	10.6	12.9	8.2	19.9	15.0	22.4	0.2	53.4

表 3-3（续）

样地	日期	NEE				R_{eco}				GPP			
		平均值 /(μmol $CO_2 \cdot$ m$^{-2} \cdot$ s^{-1})	最大值 /(μmol $CO_2 \cdot$ m$^{-2} \cdot$ s^{-1})	最小值 /(μmol $CO_2 \cdot$ m$^{-2} \cdot$ s^{-1})	变异系数 /%	平均值 /(μmol $CO_2 \cdot$ m$^{-2} \cdot$ s^{-1})	最大值 /(μmol $CO_2 \cdot$ m$^{-2} \cdot$ s^{-1})	最小值 /(μmol $CO_2 \cdot$ m$^{-2} \cdot$ s^{-1})	变异系数 /%	平均值 /(μmol $CO_2 \cdot$ m$^{-2} \cdot$ s^{-1})	最大值 /(μmol $CO_2 \cdot$ m$^{-2} \cdot$ s^{-1})	最小值 /(μmol $CO_2 \cdot$ m$^{-2} \cdot$ s^{-1})	变异系数 /%
HM	2009-7-25	12.5	22.5	−3.6	54.5	11.3	14.8	9.1	13.7	23.8	35.2	5.5	33.4
	2009-7-30	13.1	23.5	−10.9	65.3	19.0	23.3	13.5	15.2	32.1	43.7	4.9	32.8
	2009-8-8	11.5	24.4	−9.7	93.8	14.9	18.3	11.9	14.2	25.9	40.2	3.5	47.3
	2009-8-25	8.7	21.5	−8.6	110.3	15.8	20.4	10.9	15.8	24.5	39.7	2.4	483
	2009-9-13	18.7	28.3	−9.3	59.9	13.8	17.1	9.5	17.2	32.4	45.3	3.5	34.9
	2009-9-25	15.2	22.5	−3.9	53.9	13.3	15.2	10.2	10.4	28.5	37.1	8.6	30.0
	2009-10-14	11.7	18.7	−2.0	51.6	8.3	11.4	5.0	22.3	20.0	27.2	3.9	32.6
	2009-10-29	9.8	16.3	−3.8	64.1	6.6	8.9	4.3	23.2	16.4	23.1	0.6	43.6
ZSH	2009-7-24	9.2	16.9	−6.5	78.5	13.2	15.8	10.4	14.2	22.4	30.8	3.9	39.3
	2009-7-29	9.6	20.6	−9.7	92.5	14.3	16.7	10.3	14.0	23.9	35.0	3.7	42.2
	2009-8-7	11.9	23.2	−6.9	72.3	12.1	17.4	9.2	17.3	24.0	35.7	2.3	40.4
	2009-8-20	2.8	12.9	−8.6	276.5	12.8	14.5	10.0	10.1	15.5	25.7	2.5	49.8
	2009-9-12	13.4	20.9	−6.0	58.3	10.6	12.8	9.0	10.0	24.0	31.7	3.0	35.4
	2009-9-23	10.3	20.9	−6.2	79.3	10.8	14.6	8.0	15.0	21.1	30.8	4.6	40.5
	2009-10-15	7.0	11.5	−2.0	66.8	4.9	6.3	3.7	13.9	11.9	16.8	1.6	42.7
	2009-10-29	6.9	10.4	−1.0	55.2	3.9	5.3	2.5	25.8	10.7	14.9	1.6	40.9
MX	2009-7-24	9.89	18.1	−4.9	72.1	13.63	17.1	9.0	19.1	23.53	33.5	5.0	40.3
	2009-7-29	10.16	20.1	−12.2	94.2	16.36	20.6	10.7	17.8	26.52	38.1	2.1	41.7
	2009-8-7	12.72	24.1	−8.1	94.2	16.19	19.3	10.1	17.8	28.91	40.4	2.0	41.7
	2009-8-20	2.29	11.6	−6.3	259.9	10.49	11.2	9.0	7.3	12.78	22.4	2.6	51.3
	2009-9-12	10.76	24.1	−8.4	101.4	13.70	17.2	8.7	16.0	24.46	41.3	4.0	47.4
	2009-9-23	9.65	18.8	−8.4	71.7	12.52	14.2	10.5	8.4	22.2	30.3	2.4	35.4
	2009-10-15	12.43	21.4	−4.1	61.3	8.41	12.3	6.1	23.5	20.8	30.8	2.2	42.8
	2009-10-29	11.01	18.0	−3.0	59.7	7.21	10.2	4.2	29.7	18.28	26.3	1.9	44.0

二、人工草地碳通量及环境因子的季节变化特征

图 3-5 为测定期间样地环境因子的季节变化，从图中可以看出，T_s、T_a、T_c 的季节变化趋势较为一致，5 月温度值较低，到 7 月底 8 月初温度达到最高值，而后下降。从数量上来看，T_s 最低、T_a 最高，T_a 与 T_c 的值差异不大，而 T_s 与 T_a 和 T_c 的差异较大。方差分析表

明,三种温度的差异不显著。测定期间 HM、MX_w、MX_m 和 MX_d 的 T_s 的平均值依次为 (19.6±6.01)℃、(19.0±5.49)℃、(19.5±5.88)℃、(20.8±6.23)℃;T_a 的平均值依次 为(29.6±5.86)℃、(29.2±6.43)℃、(29.1±7.00)℃、(28.8±7.04)℃;T_c 的平均值依 次为(26.7±5.59)℃、(26.5±5.73)℃、(26.5±6.53)℃、(26.2±6.58)℃。表 3-4 为四 块料地温度和土壤水分的季节变化特征,四块样地间温度的差异也不显著。观测期间由 于人为灌溉和自然降雨的原因,四块样地 W_{10} 没有明显的规律性,如图 3-5 所示。就 HM 样地而言,观测期间的土壤水分的平均值为(12.6±3.68)%,变异系数为 29.1%,最低值 为 6.8% 出现在 2010 年 10 月 9 日,最高值为 19.0% 出现在 2010 年 6 月 26 日。在观测 的 19 d 中,有 4 次的土壤水分低于 10%,有 7 次的土壤水分低于 13%,据此推断 HM 在 观测期间受到了水分胁迫。其他三块苜蓿样地的土壤水分平均值依次为(15.0± 3.51)%、(13.6±4.25)%、(10.8±3.44)%,MX_d 的土壤水分均值比 MX_w、MX_m 的样地 分别低 4.2 个百分点和 2.8 个百分点。在水分处理期间(7 月初至 9 月 23 日),三块样地 的土壤水分的平均值依次为(16.1±3.13)%、(12.8±5.00)%、(8.3±1.49)%,三块样 地的土壤水分依次相差约 4 个百分点。在 16 次测定中,MX_d 的样地仅有 2 次在 15% 以 上,其余大部分在 10% 以下或者略高于 10%。

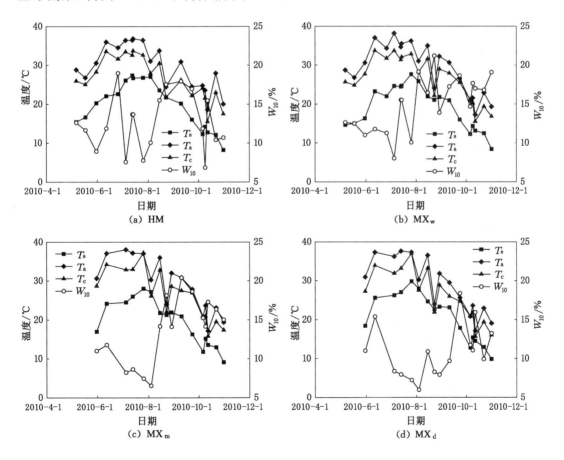

图 3-5　HM、MX_w、MX_m 和 MX_d 样地环境因子的季节变化

表 3-4   HM、MX_w、MX_m 和 MX_d 样地温度和土壤水分的季节变化特征

样地	T_s				T_a				T_c				W_{10}			
	平均值 /℃	最大值 /℃	最小值 /℃	变异系数 %	平均值 /℃	最大值 /℃	最小值 /℃	变异系数 /%	平均值 /℃	最大值 /℃	最小值 /℃	变异系数 /%	平均值 /%	最大值 /%	最小值 /%	变异系数 %
HM	19.6	27.4	8.2	30.7	29.6	36.8	18.6	19.8	26.7	33.6	15.5	20.9	12.6	19.0	6.8	29.1
MX_w	19.0	27.6	8.4	28.9	29.2	38.2	17.2	22.0	26.5	33.7	15.5	21.6	15.0	21.2	8.0	23.4
MX_m	19.5	28.0	9.1	30.3	29.1	38.1	17.1	24.1	26.5	37.2	15.8	24.7	13.6	20.4	6.5	31.3
MX_d	20.8	29.8	9.8	30.0	28.8	37.6	17.1	24.5	26.2	33.9	15.6	25.1	10.8	18.4	6.0	31.9

图 3-6 为测定期间 HM、MX_w、MX_m 和 MX_d 样地 CO_2 通量的季节变化图,从图中可以看出,在测定期间,受地上生物量、温度、土壤水分变化的综合影响,GPP、R_{eco} 和 NEE 呈现上下急剧波动的趋势,但总体来看,考虑到人为刈割地上植物的因素外,GPP、R_{eco} 具有明显的季节变化趋势,GPP 的最大值出现在 6 月底 7 月初,而 R_{eco} 的最大值则出现在 8 月中旬或下旬,与温度的季节变化趋势相同。观测期间,四块样地的 GPP 均大于 R_{eco},表现为碳汇。表 3-5 为四块样地 CO_2 通量的季节变化特征,从数量上来看,HM、MX_w、MX_m 和 MX_d 的 GPP 的平均值依次为 (16.13 ± 4.07) μmol $CO_2/(m^2 \cdot s)$、(19.10 ± 7.68) μmol $CO_2/(m^2 \cdot s)$、(15.02 ± 5.05) μmol $CO_2/(m^2 \cdot s)$、(12.84 ± 4.76) μmol $CO_2/(m^2 \cdot s)$;R_{eco} 的平均值依次为 (10.62 ± 3.02) μmol $CO_2/(m^2 \cdot s)$、(13.99 ± 4.77) μmol $CO_2/(m^2 \cdot s)$、(11.15 ± 3.23) μmol $CO_2/(m^2 \cdot s)$、(9.42 ± 3.47) μmol $CO_2/(m^2 \cdot s)$;NEE 的平均值依次为 (5.50 ± 2.17) μmol $CO_2/(m^2 \cdot s)$、(5.11 ± 3.69) μmol $CO_2/(m^2 \cdot s)$、(3.99 ± 2.77) μmol $CO_2/(m^2 \cdot s)$、(3.42 ± 2.95) μmol $CO_2/(m^2 \cdot s)$;表明降低土壤水分可以使 CO_2 通量降低,使碳汇功能减弱。

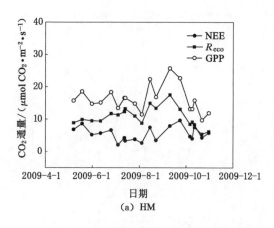 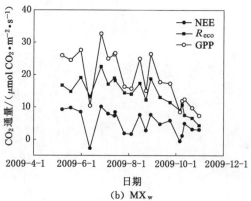

图 3-6   HM、MX_w、MX_m 和 MX_d 样地 CO_2 通量的季节变化

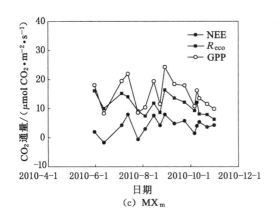
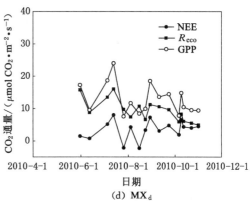

图 3-6　(续)

表 3-5　HM、MX$_w$、MX$_m$ 和 MX$_d$ 样地 CO$_2$ 通量的季节变化特征

样地	NEE				R$_{eco}$				GPP			
	平均值 /(μmol CO$_2$·m^{-2}·s^{-1})	最大值 /(μmol CO$_2$·m^{-2}·s^{-1})	最小值 /(μmol CO$_2$·m^{-2}·s^{-1})	变异系数/%	平均值 /(μmol CO$_2$·m^{-2}·s^{-1})	最大值 /(μmol CO$_2$·m^{-2}·s^{-1})	最小值 /(μmol CO$_2$·m^{-2}·s^{-1})	变异系数/%	平均值 /(μmol CO$_2$·m^{-2}·s^{-1})	最大值 /(μmol CO$_2$·m^{-2}·s^{-1})	最小值 /(μmol CO$_2$·m^{-2}·s^{-1})	变异系数/%
HM	5.50	9.64	2.09	39.52	10.62	17.51	5.40	28.49	16.13	25.75	9.68	25.24
MX$_w$	5.11	10.15	-2.78	72.23	13.99	22.53	4.30	34.08	19.10	32.68	7.30	40.22
MX$_m$	3.99	7.95	-1.73	69.38	11.15	16.36	6.33	28.95	15.02	24.28	8.29	33.64
MX$_d$	3.42	7.25	-2.32	86.32	9.42	16.04	4.92	36.82	12.84	24.02	7.80	37.07

三、人工草地冠层辐射温度与气温、土壤温度之间的关系

(一)日尺度

利用 SPSS17.0 对 4 种人工草地 8 个测定日的每个测定日的和全部测定数据的 T_s、T_a、T_c 及 PAR 进行相关性分析,如表 3-6 所示,结果表明 4 个样地的 T_a 和 T_c 之间的泊松相关系数都在 0.95 以上,双尾显著性检验均为极显著水平;除极个别阴天外(如 2009 年 8 月 20 日),其他测定日的 T_s 与 T_a 和 T_c 之间相关系数略低于 T_a 和 T_c 之间的泊松相关系数,但都在 0.80 以上,也都达到了极显著水平,表明在日尺度上 T_c 与 T_a 的差异不大,可以用来代替 T_a 来研究温度对 GPP 及 R_{eco} 的影响。从表 3-6 还可以看出,PAR 与 T_a 和 T_c 的相关系数都达到显著水平,与 T_s 的相关系数大部分测定日达到显著水平,且相关系数均低于 PAR 与 T_a 和 T_c 的相关系数。

表 3-6　日尺度上环境因子之间的相关系数

日期		SY				HM			
		T_c	T_s	T_a	PAR	T_c	T_s	T_a	PAR
2009-7-25	T_c	1	0.98**	0.97**	0.90**	1	0.89**	0.95**	0.92**
	T_s	0.98**	1	0.97**	0.86**	0.89**	1	0.93**	0.83**
	T_a	0.97**	0.97**	1	0.81**	0.95**	0.93**	1	0.81**
	PAR	0.90**	0.86**	0.81**	1	0.92**	0.83**	0.81**	1
2009-7-30	T_c	1	0.95**	0.98**	0.82**	1	0.85**	0.97**	0.82**
	T_s	0.95**	1	0.95**	0.76**	0.85**	1	0.89	0.57**
	T_a	0.98**	0.95**	1	0.72**	0.97**	0.89**	1	0.77**
	PAR	0.82**	0.76**	0.72**	1	0.82**	0.57**	0.77**	1
2009-8-8	T_c	1	0.87**	0.99**	0.89**	1	0.66**	0.97**	0.90**
	T_s	0.87**	1	0.90**	0.66**	0.66**	1	0.78**	0.56**
	T_a	0.99**	0.90**	1	0.83**	0.97**	0.78**	1	0.85**
	PAR	0.89**	0.66**	0.83**	1	0.90**	0.56**	0.85**	1
2009-8-25	T_c	1	0.62**	0.99**	0.98**	1	0.72**	0.98**	0.93**
	T_s	0.62**	1	0.61**	0.48*	0.72**	1	0.77**	0.58**
	T_a	0.99**	0.61**	1	0.94**	0.98**	0.77**	1	0.92**
	PAR	0.98**	0.48*	0.94**	1	0.93**	0.58**	0.92**	1
2009-9-13	T_c	1	0.95**	0.98**	0.75**	1	0.91**	0.94**	0.73**
	T_s	0.95**	1	0.93**	0.76**	0.91**	1	0.85**	0.80**
	T_a	0.98**	0.93**	1	0.62**	0.94**	0.85**	1	0.55**
	PAR	0.75**	0.76**	0.62**	1	0.73**	0.80**	0.55**	1
2009-9-25	T_c	1	0.22	0.97**	0.81**	1	0.45*	0.97**	0.70**
	T_s	0.22	1	0.37	−0.08	0.45*	1	0.58**	0.25
	T_a	0.97**	0.37	1	0.71**	0.97**	0.58**	1	0.61**
	PAR	0.81**	−0.09	0.71**	1	0.70**	0.25	0.61**	1
2009-10-14	T_c	1	0.53*	0.88**	0.87**	1	0.62**	0.92**	0.89**
	T_s	0.53*	1	0.53*	0.47	0.62**	1	0.77**	0.40
	T_a	0.88**	0.53*	1	0.59**	0.92**	0.77**	1	0.67**
	PAR	0.87**	0.47	0.59**	1	0.89**	0.40	0.67**	1
2009-10-29	T_c	1	0.09	0.98**	0.83**	1	−0.589	0.98**	0.84**
	T_s	—	1	—	—	—	1	—	—
	T_a	0.98**	0.25	1	0.72*	0.98**	−0.56	1	0.71**
	PAR	0.83**	−0.44	0.72*	1	0.84**	−0.57	0.71*	1

表 3-6(续)

日 期		SY				HM			
		T_c	T_s	T_a	PAR	T_c	T_s	T_a	PAR
全部数据	T_c	1	0.78**	0.97**	0.77**	1	0.72**	0.97**	0.78**
	T_s	0.78**	1	0.78**	0.51**	0.72**	1	0.75	0.48**
	T_a	0.97**	0.78**	1	0.69**	0.97**	0.75**	1	0.69**
	PAR	0.77**	0.51**	0.69**	1	0.78**	0.48**	0.69**	1

日 期		ZSH				MX			
		T_c	T_s	T_a	PAR	T_c	T_s	T_a	PAR
2009-7-24	T_c	1	0.82**	0.97**	0.93**	1	0.82**	0.97**	0.91**
	T_s	0.82**	1	0.87**	0.64**	0.82**	1	0.87**	0.59**
	T_a	0.97**	0.87**	1	0.88**	0.97**	0.87**	1	0.89**
	PAR	0.93**	0.64**	0.88**	1	0.91**	0.59**	0.89**	1
2009-7-29	T_c	1	0.85**	0.97**	0.81**	1	0.82**	0.97**	0.85**
	T_s	0.85**	1	0.86**	0.67**	0.82**	1	0.89**	0.51**
	T_a	0.97**	0.86**	1	0.74**	0.97**	0.89**	1	0.77**
	PAR	0.8**1	0.67**	0.74**	1	0.85**	0.51**	0.77**	1
2009-8-7	T_c	1	0.85**	0.97**	0.83**	1	0.65**	0.97**	0.86**
	T_s	0.85**	1	0.85**	0.50*	0.65**	1	0.76**	0.28
	T_a	0.97**	0.85**	1	0.74**	0.97**	0.76**	1	0.74**
	PAR	0.83**	0.50*	0.74**	1	0.86**	0.28	0.74**	1
2009-8-20	T_c	1	0.28	0.92**	0.73**	1	0.24	0.92**	0.81**
	T_s	0.28	1	0.53	0.47	0.24	1	0.25	-0.03
	T_a	0.92**	0.53	1	0.69**	0.92**	0.25	1	0.72**
	PAR	0.73**	0.47	0.69**	1	0.81**	-0.03	0.72**	1
2009-9-12	T_c	1	0.66**	0.95**	0.73**	1	0.52*	0.94**	0.77**
	T_s	0.66**	1	0.72**	0.37	0.52*	1	0.62**	-0.03
	T_a	0.95**	0.72**	1	0.71**	0.94**	0.62**	1	0.69**
	PAR	0.73**	0.37	0.71**	1	0.77**	-0.03	0.69**	1
2009-9-23	T_c	1	0.91**	0.97**	0.71**	1	0.84**	0.97**	0.77**
	T_s	0.91**	1	0.94**	0.57**	0.84**	1	0.90**	0.50**
	T_a	0.97**	0.94**	1	0.60**	0.97**	0.90**	1	0.65**
	PAR	0.71**	0.57**	0.60**	1	0.77**	0.50**	0.65**	1
2009-10-15	T_c	1	0.78**	0.93**	0.93**	1	0.69**	0.90**	0.80**
	T_s	0.78**	1	0.84**	0.59*	0.69**	1	0.72**	0.38*
	T_a	0.93**	0.84**	1	0.77**	0.90**	0.72**	1	0.76**
	PAR	0.93**	0.59*	0.77**	1	0.88**	0.38*	0.76**	1
2009-10-29	T_c	1	0.30	0.97**	0.82**	1	0.30	0.94**	0.76**
	T_s	0.30	1	0.49	-0.20	0.30	1	0.50*	-0.12
	T_a	0.97**	0.49	1	0.67*	0.94**	0.50*	1	0.68**
	PAR	0.82**	-0.20	0.67*	1	0.76	-0.12	0.68	1

表 3-6(续)

日期		ZSH				MX			
		T_c	T_s	T_a	PAR	T_c	T_s	T_a	PAR
全部数据	T_c	1	0.77**	0.96**	0.75**	1	0.80**	0.97**	0.75**
	T_s	0.77**	1	0.85**	0.50**	0.80**	1	0.85**	0.46**
	T_a	0.96**	0.85**	1	0.71**	0.97**	0.85**	1	0.72**
	PAR	0.75**	0.50**	0.71**	1	0.75**	0.46**	0.72**	1

注:"*"表示 $P<0.05$;"**"表示 $P<0.01$。

(二)季节尺度

利用 SPSS17.0 对 T_s、T_a、T_c 及 W_{10} 进行相关性分析,如表 3-7 所示,结果表明 4 个样地的 T_a 和 T_c 之间的泊松相关系数都在 0.9 左右,双尾显著性检验均为极显著水平;而 T_s 与 T_a 和 T_c 之间相关系数略低于 T_a 和 T_c 之间的泊松相关系数,但都在 0.80 以上,也都达到了极显著水平,表明 T_c 与 T_a 的差异不大,可以用来代替 T_a 来估算 GPP。从表 3-7 还可以看出,三块苜蓿样地的三种温度与土壤水分呈负相关的关系,MX_w、MX_m 的 T_a、T_c 均与 W_{10}、W_{20}、W_{30} 的相关性均达到显著水平,且随着深度的增加,相关系数增大。

表 3-7 季节尺度上环境因子之间的相关系数

样地		T_s	T_a	T_c	W_{10}	W_{20}	W_{30}
HM	T_s	1	0.85**	0.84**	0.03	0.28	0.25
	T_a	0.85**	1	0.99**	−0.08	0.13	0.13
	T_c	0.84**	0.99**	1	−0.11	0.09	0.12
MX_w	T_s	1	0.86**	0.86**	−0.30	−0.53*	−0.75**
	T_a	0.86**	1	0.99**	−0.59**	−0.70**	−0.87**
	T_c	0.86**	0.99**	1	−0.59**	−0.70**	−0.86**
MX_m	T_s	1	0.86**	0.83**	−0.63**	−0.51	−0.64**
	T_a	0.86**	1	0.98**	−0.60*	−0.63*	−0.70**
	T_c	0.83**	0.98**	1	−0.58*	−0.60*	−0.68**
MX_d	T_s	1	0.88**	0.89**	−0.54*	−0.39	−0.40
	T_a	0.88**	1	0.98**	−0.41	−0.37	−0.31
	T_c	0.89**	0.98**	1	−0.38	−0.32	−0.26

注:"*"表示 $P<0.05$;"**"表示 $P<0.01$。

四、人工草地 NEE 对 PAR 的响应

在瞬间尺度上,光合有效辐射的大小决定了 NEE 或 GPP 的强弱,同时温度、水分等环境因子也对净生态系统碳交换产生了重要的调节作用。从图 3-7 至图 3-9 可以看出,4 种人工草地的 NEE 和 PAR 的关系无论是从日尺度还是从月尺度甚至季节尺度上均可以用直角双曲线模型进行很好的描述。表 3-8 和表 3-9 列出了日尺度、月尺度拟合得到的 NEE 的光响应参数。

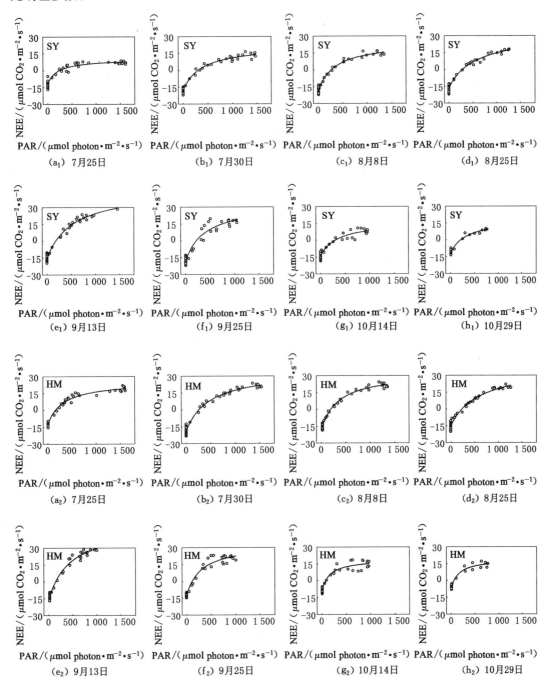

图 3-7　2009 年日尺度上 NEE 对 PAR 的响应

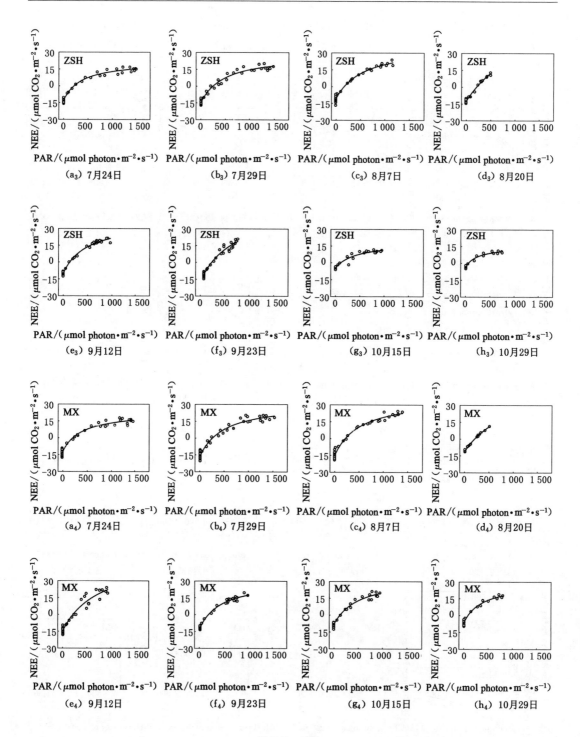

图 3-7 （续）

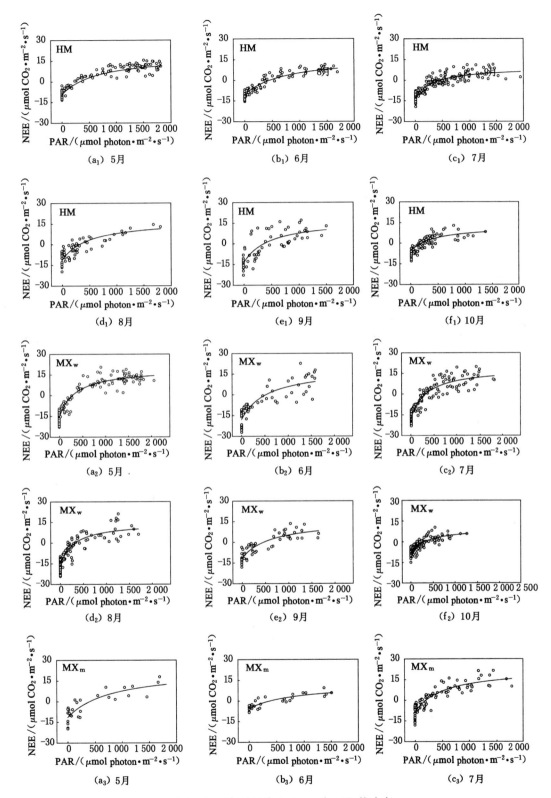

图 3-8 2009 年月尺度上 NEE 对 PAR 的响应

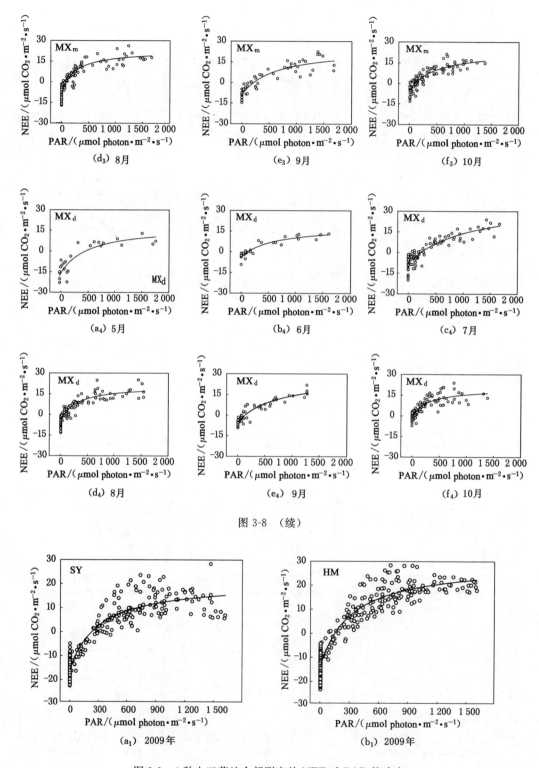

图 3-8 （续）

图 3-9 4 种人工草地全部测定的 NEE 对 PAR 的响应

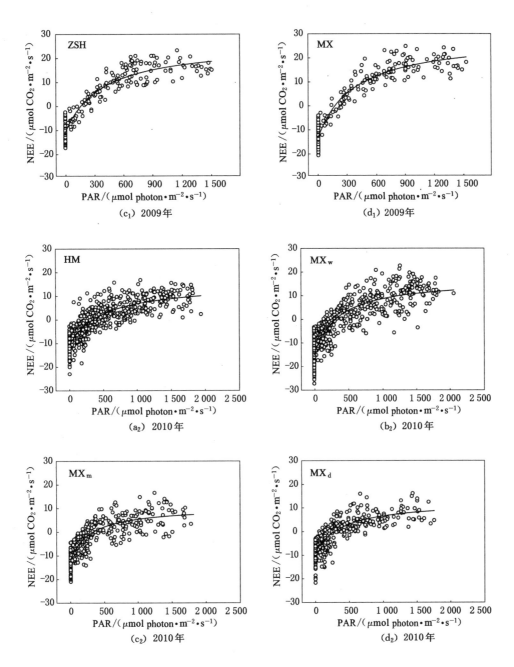

图 3-9 （续）

表 3-8　4 种人工草地 8 个观测日 NEE 的光响应曲线模拟参数

样地	日期	n	$\alpha/$ (μmol $CO_2 \cdot$ μmol^{-1}photon)	$M_{NEE_{max}}$ /(μmol $CO_2 \cdot$ m$^{-2} \cdot$ s^{-1})	$M_{NEE_{2000}}$ /(μmol $CO_2 \cdot$ m$^{-2} \cdot$ s^{-1})	R_e /(μmol $CO_2 \cdot$ m$^{-2} \cdot$ s^{-1})	$F_{GPP_{2000}}$ /(μmol $CO_2 \cdot$ m$^{-2} \cdot$ s^{-1})	R^2
SY	2009-7-25	26	0.105 9	21.87	8.11	11.71	19.82	0.93
	2009-7-30	25	0.102 8	39.64	15.51	17.72	33.23	0.97
	2009-8-8	24	0.117 3	42.08	17.91	17.77	35.68	0.98
	2009-8-25	24	0.088 0	48.77	21.41	16.78	38.19	0.97
	2009-9-13	22	0.116 5	61.17	32.61	15.83	48.44	0.98
	2009-9-25	20	0.132 3	50.47	23.50	18.89	42.39	0.95
	2009-10-14	19	0.084 8	30.22	12.21	13.45	25.65	0.92
	2009-10-29	11	0.083 3	30.05	14.97	10.49	25.46	0.96
	全部数据	171	0.119 6	37.15	16.48	15.68	32.16	0.9
HM	2009-7-25	26	0.113 9	37.62	20.90	11.39	32.29	0.98
	2009-7-30	25	0.110 3	53.38	24.23	18.75	42.98	0.98
	2009-8-8	24	0.129 2	47.32	25.14	14.85	39.99	0.98
	2009-8-25	24	0.087 6	53.91	25.46	15.77	41.23	0.98
	2009-9-13	22	0.141 9	63.12	37.73	13.90	51.64	0.98
	2009-9-25	20	0.161 3	45.11	26.18	13.40	39.58	0.97
	2009-10-14	20	0.180 7	27.48	17.24	8.30	25.54	0.94
	2009-10-29	11	0.141 9	25.30	16.70	6.53	23.23	0.95
	全部数据	172	0.136 6	42.74	23.54	13.41	36.95	0.92
ZSH	2009-7-24	23	0.098 8	35.21	16.72	13.16	29.88	0.98
	2009-7-29	25	0.090 9	43.24	20.62	14.31	34.93	0.98
	2009-8-7	19	0.086 9	48.41	25.73	12.14	37.86	0.99
	2009-8-20	13	0.069 9	88.57	41.40	12.83	54.23	0.98
	2009-9-12	20	0.096 9	47.32	27.40	10.63	38.03	0.99
	2009-9-23	20	0.079 7	59.85	32.72	10.79	43.51	0.97
	2009-10-15	16	0.054 3	22.79	13.95	4.89	18.84	0.95
	2009-10-29	11	0.074 2	18.66	12.70	3.87	16.57	0.97
	全部数据	147	0.098 3	37.07	20.17	11.02	31.19	0.91

表 3-8(续)

样地	日期	n	$\alpha/$ $(\mu mol\ CO_2 \cdot$ $\mu mol^{-1}\ photon)$	$M_{NEE_{max}}$ $/(\mu mol\ CO_2 \cdot$ $m^{-2} \cdot s^{-1})$	$M_{NEE_{2000}}$ $/(\mu mol\ CO_2 \cdot$ $m^{-2} \cdot s^{-1})$	R_e $/(\mu mol\ CO_2 \cdot$ $m^{-2} \cdot s^{-1})$	$F_{GPP_{2000}}$ $/(\mu mol\ CO_2 \cdot$ $m^{-2} \cdot s^{-1})$	R^2
MX	2009-7-24	23	0.101 9	36.75	17.53	13.61	31.14	0.97
	2009-7-29	25	0.096 9	47.39	21.73	16.35	38.08	0.97
	2009-8-7	22	0.102 9	51.94	25.57	15.9	41.47	0.98
	2009-8-20	13	0.065 6	65.17	33.09	10.45	43.54	0.99
	2009-9-12	20	0.088 6	66.27	34.47	13.76	48.23	0.95
	2009-9-23	20	0.095 5	42.01	21.97	12.47	34.44	0.99
	2009-10-15	16	0.087 1	42.44	25.67	8.46	34.13	0.97
	2009-10-29	11	0.096 2	34.74	22.37	7.06	29.43	0.97
	全部数据	150	0.109 6	41.5	21.82	13.07	34.89	0.93

注:$M_{NEE_{2000}}$ 是用 Michaelis-Menten 方程估计的光合有效辐射为 2 000 $\mu mol\ photon/(cm^2 \cdot s)$ 时的 M_{NEE}值;$F_{GPP_{2000}}$ 是 $M_{NEE_{2000}}$ 和 R_e 的和。

表 3-9　黑麦草地、苜蓿地 2010 年生长季每月和全部测定的 NEE 的光响应曲线模拟参数

样地	月份	n	$\alpha/(\mu mol\ CO_2 \cdot$ $\mu mol^{-1}\ photon)$	$M_{NEE_{max}}/(\mu mol$ $CO_2 \cdot m^{-2} \cdot s^{-1})$	$M_{NEE_{2000}}/(\mu mol$ $CO_2 \cdot m^{-2} \cdot s^{-1})$	R_e $/(\mu mol$ $CO_2 \cdot$ $m^{-2} \cdot$ $s^{-1})$	$F_{GPP_{2000}}/(\mu mol$ $CO_2 \cdot m^{-2} \cdot s^{-1})$	R^2
HM	5 月	178	0.043 4	27.89	11.80	9.31	21.11	0.95
	6 月	94	0.037 9	26.83	9.92	9.91	19.82	0.85
	7 月	201	0.065 2	21.83	6.22	12.48	18.70	0.82
	8 月	60	0.060 4	29.10	11.50	11.95	23.45	0.76
	9 月	60	0.070 2	31.81	11.28	14.66	25.94	0.64
	10 月	90	0.038 2	17.63	8.93	5.39	14.32	0.47
	全部数据	683	0.051 4	26.03	10.20	10.58	20.77	0.79
MX$_w$	5 月	178	0.103 1	35.35	14.35	15.82	30.17	0.92
	6 月	65	0.067 2	36.87	10.83	18.10	28.94	0.78
	7 月	155	0.105 0	35.84	13.44	17.17	30.61	0.88
	8 月	124	0.112 9	31.27	10.96	16.51	27.47	0.84
	9 月	60	0.044 5	27.52	9.44	11.59	21.02	0.79
	10 月	122	0.046 4	17.76	7.02	7.88	14.91	0.70
	全部数据	704	0.089 1	32.08	12.14	15.04	27.18	0.90

表 3-9（续）

样地	月份	n	$a/(\mu mol\ CO_2 \cdot \mu mol^{-1}\ photon)$	$M_{NEE_{max}}/(\mu mol\ CO_2 \cdot m^{-2} \cdot s^{-1})$	$M_{NEE_{2000}}/(\mu mol\ CO_2 \cdot m^{-2} \cdot s^{-1})$	$R_e/(\mu mol\ CO_2 \cdot m^{-2} \cdot s^{-1})$	$F_{GPP_{2000}}/(\mu mol\ CO_2 \cdot m^{-z} \cdot s^{-1})$	R^2
MX$_m$	5 月	30	0.035 7	28.46	6.29	14.06	20.35	0.86
	6 月	30	0.017 8	14.53	0.92	9.39	10.32	0.88
	7 月	88	0.048 4	25.92	8.54	11.90	20.44	0.9
	8 月	125	0.121 6	26.31	10.97	12.77	23.74	0.91
	9 月	59	0.046 6	27.92	9.61	11.88	21.48	0.93
	10 月	118	0.052 3	23.64	10.12	9.16	19.29	0.9
	全部数据	450	0.072 5	22.00	7.59	11.51	19.10	0.86
MX$_d$	5 月	30	0.050 5	23.72	7.16	12.04	19.21	0.86
	6 月	30	0.030 0	18.60	5.61	8.58	14.20	0.94
	7 月	88	0.035 1	37.66	12.78	11.73	24.51	0.91
	8 月	125	0.082 9	21.74	9.90	9.32	19.22	0.92
	9 月	59	0.037 8	27.23	10.79	9.24	20.02	0.93
	10 月	118	0.062 9	17.20	8.87	6.26	15.13	0.87
	全部数据	450	0.053 7	21.65	9.06	8.97	18.02	0.85

五、人工草地 CO_2 通量日变化与温度的关系

（一）NEE 和 GPP 日变化与温度（T_a、T_c）的关系

泊松相关性分析表明,4 种人工草地的 NEE、GPP 与 T_a、T_c 绝大多数测定日具有极显著的相关性,部分为显著相关,只有个别测定日为不显著。GPP 与 T_a 的线性回归方程的决定系数大部分小于 GPP 与 T_c 的决定系数,如表 3-10 所示。SY、HM、ZSH 和 MX 样地 8 个测定日的 GPP 与 T_a、T_c 的线性回归方程的决定系数 R^2 分别为 $0.28\sim0.84$、$0.42\sim0.83$、$0.11\sim0.77$、$0.21\sim0.77$、$0.13\sim0.66$、$0.27\sim0.74$、$0.30\sim0.71$、$0.50\sim0.79$。用 2009 年 8 个测定日的所有数据进行分析,结果表明 4 种人工草地的 GPP 与 T_a 和 T_c 都显著相关,与 T_c 的决定系数大部分高于与 T_a 的决定系数。如图 3-10 所示,SY、HM、ZSH、MX 的 GPP 与 T_a 的决定系数依次为 0.24、0.27、0.36、0.37,GPP 与 T_c 的决定系数依次为 0.28、0.32、0.32、0.41。如图 3-11 和表 3-11 所示,在研究 NEE 与 T_a、T_c 的关系时也发现了同样的结果,苜蓿 8 个观测日的 NEE 与 T_c 的线性回归方程都达到显著或极显著水平,R^2 从 $0.34\sim0.73$,而与 T_a 只有 6 d 达到显著或极显著水平,R^2 从 $0.25\sim0.67$。一般而言,NEE 与 T_a、T_c 的线性回归方程的决定系数都低于 GPP 与 T_a、T_c 的决定系数。从 2009 年测定的数据的分析结果来看,到生长后期,决定系数 R^2 有减小的趋势,可能跟植物生长的节律有关;并且 GPP 与 T_a、T_c 线性回归方程的拟合系数 a 呈现先增加后减小的趋势(如苜蓿的拟合系数 a 到 8 月 20 日达到最大值 4.760 2、7.500 3,之后逐渐下降)。对比 GPP 与 T_a、T_c 线性回归方

程的拟合系数 a 发现 GPP 与 T_a 的拟合系数 a 总是低于 GPP 与 T_c 的拟合系数,表明 GPP 对 T_c 的敏感性高于 GPP 对 T_a 的敏感性。以上分析表明,与 T_a 相比,在日尺度上 T_c 能更好地解释 GPP 的日变化。

表 3-10　日尺度上 GPP 与温度拟合的线性方程的系数和决定系数

样地	日期	n	T_a			T_c		
			a	b	R^2	a	b	R^2
SY	2009-7-25	26	0.866	−9.847	0.57**	0.992	−12.061	0.61**
	2009-7-30	25	1.756 7	−31.683	0.60**	1.950	−32.419	0.68**
	2009-8-8	24	1.801	−33.065	0.62**	2.328	−43.023	0.72**
	2009-8-25	24	2.505	−51.35	0.84**	2.705	−50.44	0.83**
	2009-9-13	22	1.933	−15.028	0.36**	2.311	−20.116	0.50**
	2009-9-25	20	1.429	−11.158	0.28*	1.808	−16.358	0.42**
	2009-10-14	19	0.694 7	1.640	0.30*	1.040	−4.767	0.72**
	2009-10-29	11	0.963	−6.514	0.44*	1.092	−7.137	0.60**
	全部数据	171	0.885	−2.122	0.24**	1.036	−4.074	0.28**
HM	2009-7-25	26	1.14	−9.907	0.53**	1.279	−11.882	0.64**
	2009-7-30	25	2.199	−39.092	0.66**	2.247	−35.341	0.70**
	2009-8-8	24	1.881	−33.154	0.62**	2.196	−36.597	0.67**
	2009-8-25	24	2.565	−52.52	0.77**	2.559	−45.561	0.77**
	2009-9-13	22	1.491	−1.894	0.21**	2.461	−17.994	0.41**
	2009-9-25	20	0.759	7.870	0.11	1.117	0.895	0.21*
	2009-10-14	20	0.469	9.646	0.17	0.784	3.018	0.50**
	2009-10-29	11	0.622	2.333	0.24	0.854	−1.537	0.43*
	全部数据	172	0.964	0.726	0.27**	1.102	−2.217	0.32**
	2010-5-7	16	0.996	−12.992	0.48**	1.405 8	−20.791	0.73**
	2010-5-18	19	0.609	2.238	0.18	0.850 5	−2.734 4	0.31*
	2010-7-14	15	0.796	−12.772	0.36*	0.946	−15.378	0.37*
ZSH	2009-7-24	23	1.258	−19.229	0.64**	1.664	−28.27	0.74**
	2009-7-29	25	1.429	−21.61	0.53**	1.966	−33.1	0.63**
	2009-8-7	19	1.717	−31.792	0.54**	2.318	−44.305	0.68**
	2009-8-20	13	5.440	−118.53	0.66**	5.332	−107.1	0.64**
	2009-9-12	20	3.443	−53.74	0.58**	3.088	−38.404	0.60**
	2009-9-23	20	0.747	−8.030	0.13*	1.278	−17.816	0.27**
	2009-10-15	16	0.577	−0.964 2	0.28*	0.660	−3.510	0.51**
	2009-10-29	11	0.379	2.418 8	0.24	0.452	0.699	0.45*
	全部数据	147	0.903	−4.491	0.36**	0.977	−4.573	0.32**

表 3-10(续)

样地	日期	n	T_a			T_c		
			a	b	R^2	a	b	R^2
MX	2009-7-24	23	1.480 9	−25.177	0.69**	1.986 9	−36.003	0.79**
	2009-7-29	25	1.755 5	−29.587	0.63**	2.191 2	−37.956	0.77**
	2009-8-7	22	2.392 4	−49.019	0.60**	3.251 9	−65.795	0.76**
	2009-8-20	13	4.760 2	−103.18	0.71**	7.500 3	−156.34	0.77**
	2009-9-12	20	3.263 8	−50.71	0.66**	3.754 4	−51.465	0.72**
	2009-9-23	20	1.685 4	−16.671	0.30*	2.373 5	−27.051	0.50**
	2009-10-15	16	1.222 5	−6.342 2	0.40**	1.504 3	−10.846	0.62**
	2009-10-29	11	0.998 5	−4.106	0.49*	1.228 7	−6.600 6	0.66**
	全部数据	150	1.021 2	−4.880 1	0.37**	1.189 4	−6.476 4	0.41**
MX$_w$	2010-5-7	16	1.107	−5.815	0.34*	1.720	−18.167	0.57**
	2010-5-18	19	1.124	−5.548	0.33*	1.821	−20.596	0.53**
	2010-7-14	15	2.029	−45.434	0.46**	3.078	−71.873	0.53**
	2010-8-29	11	0.919	−3.212	0.12	1.457	−15.736	0.27
MX$_m$	2010-8-29	11	1.486	−23.28	0.38*	1.842	−28.328	0.52*
MX$_d$	2010-8-29	11	1.233	−20.781	0.31	1.708	−30.812	0.62**

注:"**"表示 $P<0.01$;"*"表示 $P<0.05$;$F_{GPP}=a\times T_a+b$ 或 $F_{GPP}=a\times T_c+b$。

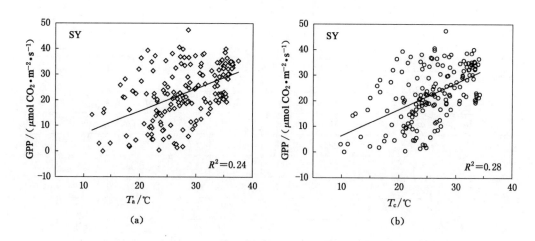

图 3-10　日尺度上 GPP 与 T_a 和 T_c 的关系

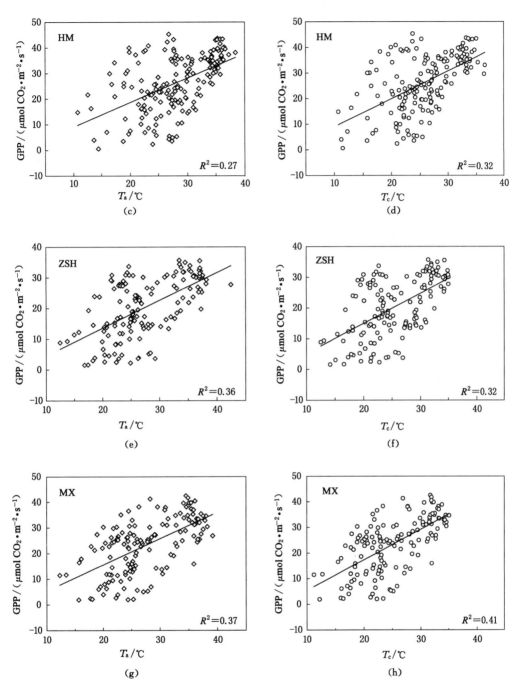

图 3-10 （续）

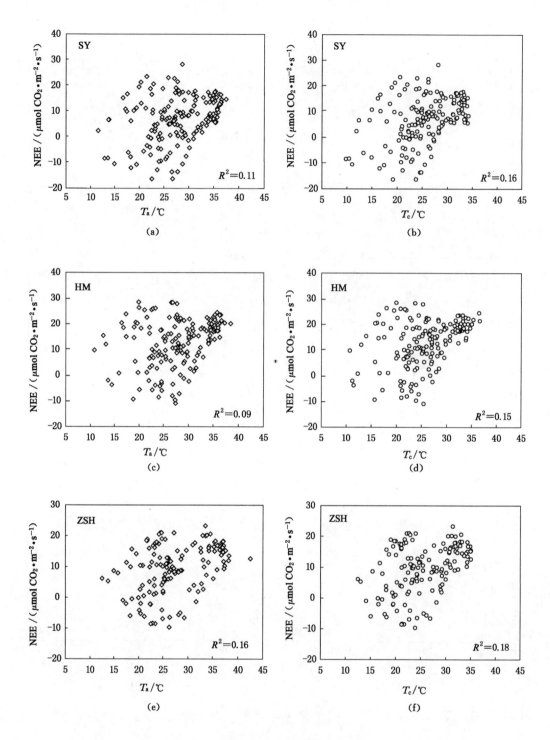

图 3-11　日尺度上 NEE 与 T_a 和 T_c 的关系

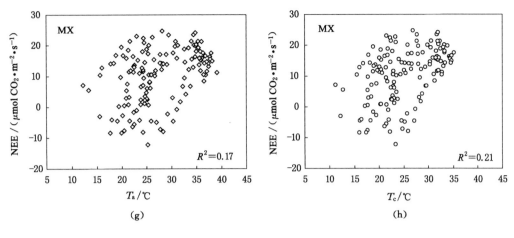

图 3-11　（续）

表 3-11　日尺度上 NEE 与温度拟合的线性方程的系数和决定系数

样地	日期	n	T_a			T_c		
			a	b	R^2	a	b	R^2
SY	2009-7-25	26	0.421	−8.312	0.29**	0.491	−9.637	0.33**
	2009-7-30	25	1.331 8	−35.859	0.47**	1.496 6	−36.946	0.54**
	2009-8-8	24	1.348	−36.614	0.46**	1.799 7	−45.701	0.58**
	2009-8-25	24	1.949	−51.541	0.78**	2.103	−50.782	0.78**
	2009-9-13	22	1.287	−16.107	0.18*	1.688	−22.659	0.30**
	2009-9-25	20	NS	NS	NS	1.378	−24.522	0.23*
	2009-10-14	19	NS	NS	NS	0.776	−12.885	0.44**
	2009-10-29	11	NS	NS	NS	0.827	−12.341	0.49*
	全部数据	171	0.495	−6.923	0.11**	0.654	−9.935	0.16**
HM	2009-7-25	26	0.885	−13.676	0.43**	1.024 2	−16.099	0.56**
	2009-7-30	25	1.550	−37.051	0.50**	1.603	−34.998	0.54**
	2009-8-8	24	1.603	−38.824	0.58**	1.969	−44.547	0.69**
	2009-8-25	24	2.565	−52.52	0.77**	2.559	−45.561	0.77**
	2009-9-13	22	0.909	−2.186	0.08	1.836	−18.863	0.24*
	2009-9-25	20	NS	NS	NS	NS	NS	NS
	2009-10-14	20	NS	NS	NS	0.515	0.557	0.25*
	2009-10-29	11	NS	NS	NS	NS	NS	NS
	全部数据	172	0.468	−0.267	0.09**	0.623	−3.258	0.15**
	2010-5-7	16	0.747	−14.719	0.38*	1.110	−21.993	0.63**
	2010-5-18	19	NS	NS	NS	NS	NS	NS
	2010-7-14	15	NS	NS	NS	NS	NS	NS

表 3-11(续)

样地	日期	n	T_a			T_c		
			a	b	R^2	a	b	R^2
ZSH	2009-7-24	23	0.977	−23.103	0.57**	1.301	−30.362	0.67**
	2009-7-29	25	1.081	−24.829	0.39**	1.561	−35.644	0.51**
	2009-8-7	19	1.952	−45.665	0.62**	1.473	−36.032	0.51**
	2009-8-20	13	4.958	−119.4	0.55**	5.076	−113.95	0.59**
	2009-9-12	20	3.117	−57.004	0.56**	2.763	−42.462	0.57**
	2009-9-23	20	NS	NS	NS	1.278	−17.816	0.27*
	2009-10-15	16	NS	NS	NS	0.559	−6.077	0.44**
	2009-10-29	11	NS	NS	NS	NS	NS	NS
	全部数据	147	0.501	−4.382	0.16**	0.601	−5.940	0.18**
MX	2009-7-24	23	1.023 3	−23.762	0.59**	1.405 2	−32.209	0.70**
	2009-7-29	25	1.23	−29.148	0.41**	1.636 5	−37.99	0.57**
	2009-8-7	22	1.845 4	−47.392	0.51**	2.571 2	−62.16	0.68**
	2009-8-20	13	4.198	−99.973	0.67**	6.655 6	−147.78	0.73**
	2009-9-12	20	2.867 9	−54.395	0.65**	3.287 9	−54.842	0.71**
	2009-9-23	20	NS	NS	NS	1.836 9	−29.103	0.34**
	2009-10-15	16	0.825 9	−5.935 9	0.25*	1.124 4	−11.255	0.48**
	2009-10-29	11	NS	NS	NS	0.872 9	−6.671 5	0.50*
	全部数据	150	0.563 5	−5.247 5	0.17**	0.704 7	−7.338	0.21**
MX_w	2010-5-7	16	NS	NS	NS	NS	NS	NS
	2010-5-18	19	NS	NS	NS	1.050	−16.28	0.34**
	2010-7-14	15	1.351	−39.539	0.31*	2.077	−58.069	0.37*
	2010-8-29	11	NS	NS	NS	NS	NS	NS
MX_m	2010-8-29	11	NS	NS	NS	NS	NS	NS
MX_d	2010-8-29	11	NS	NS	NS	1.261	−29.135	0.48*

注:"**"表示 $P<0.01$;"*"表示 $P<0.05$;NS 表示相关性不显著;$M_{NEE}=a×T_a+b$ 或 $M_{NEE}=a×T_c+b$。

(二)R_{eco} 日变化与温度的关系以及生态系统呼吸的 Q_{10} 值

R_{eco} 是自养呼吸(根、叶、茎的呼吸)和异养呼吸(微生物分解土壤有机质)的和。在一个有限的范围内,R_{eco} 随着温度的增加呈指数增加的趋势已经成了科学家们的共识(Lloyd et al.,1994;Fang et al.,2001)。但是,究竟是用 T_s 还是 T_a 来模拟他们之间的关系,不同的学者有不同的看法(Yu et al.,2005)。直到目前为止,R_{eco} 对冠层辐射温度的响应还未见报道。由于一天内土壤水分和底物供应的变化幅度不大,本研究拟通过白天的日变化的测定,研究在土壤水分和底物供应不变的情况下,R_{eco} 对 T_s、T_a 和 T_c 的响应特征,对比 R_{eco} 与三种温度的相关性,从而评价冠层辐射温度是否能用来模拟 R_{eco}。

4 种人工草地的 R_{eco} 的日变化与 T_a、T_c 的日变化都呈显著指数相关,并且与 T_a 和 T_c 的相关性无明显差异,而与 T_s 仅在个别天显著,决定系数也远远低于与 T_a 和 T_c 的决定系数,如表 3-12 所示,其原因可能是 4 种人工草地种植密度较高,地上生物量较大,自养呼吸占主导地位,而自养呼吸主要受 T_a 或 T_c 控制的结果。 T_s 与 R_{eco} 相关不显著可能是因为测定日 T_s 的变化范围较小,变异系数较低导致的,表 3-2 中如 8 月 20 日、9 月 23 日苜蓿样地的 T_s 的变异系数仅为 2.5 ％和 7.6 ％。相似的,Flanagan 等(2005)也发现在生长季后期 R_{eco} 与 T_s 的指数方程的决定系数 R^2 较低,他们认为这主要是因为生长季后期土壤温度的日变异较小,从而导致呼吸的变化范围也较小。如图 3-12 所示,用 2009 年 8 个测定日的所有数据进行分析,结果表明 4 种人工草地的 R_{eco} 与 T_s、T_a、T_c 都显著相关。SY、HM、ZSH、MX 的 R_{eco} 与 T_a 的决定系数依次为 0.37、0.56、0.41、0.62,与 T_c 的决定系数依次为 0.30、0.47、0.26、0.59,与 T_s 的决定系数依次为 0.12、0.47、0.59、0.57。

表 3-12　日尺度上 R_{eco} 与温度拟合的指数方程的决定系数和 Q_{10} 值

样地	日期	n	T_s		T_a		T_c	
			Q_{10}	R^2	Q_{10}	R^2	Q_{10}	R^2
SY	2009-7-25	26	1.57	0.69**	1.51	0.70**	1.57	0.71**
	2009-7-30	25	1.35	0.66**	1.27	0.63**	1.30	0.64**
	2009-8-8	24	1.55	0.85**	1.30	0.85**	1.36	0.81**
	2009-8-25	24	NS	NS	1.39	0.72**	1.42	0.72**
	2009-9-13	22	1.84	0.54**	1.55	0.76**	1.52	0.69**
	2009-9-25	20	1.54	0.21*	1.32	0.45**	1.28	0.35**
	2009-10-14	19	NS	NS	1.32	0.61**	1.21	0.32**
	2009-10-29	11	NS	NS	1.28	0.39*	1.30	0.44*
	全部数据	171	1.15	0.12**	1.31	0.37**	1.30	0.30**
HM	2009-7-25	26	1.36	0.70**	1.26	0.71**	1.25	0.68**
	2009-7-30	25	1.67	0.70**	1.43	0.77**	1.43	0.75**
	2009-8-8	24	1.38	0.43**	1.28	0.79**	1.34	0.86**
	2009-8-25	24	1.35	0.10	1.36	0.57**	1.38	0.60**
	2009-9-13	22	1.67	0.41**	1.55	0.82**	1.60	0.68**
	2009-9-25	20	1.46	0.30*	1.31	0.83**	1.31	0.79**
	2009-10-14	20	1.58	0.47**	1.46	0.90**	1.40	0.77**
	2009-10-29	11	NS	NS	1.51	0.85**	1.54	0.90**
	全部数据	172	1.45	0.47**	1.54	0.56**	1.52	0.47**
	2010-5-7	16	NS	NS	1.03	0.69**	1.03	0.74**
	2010-5-18	19	NS	NS	1.03	0.46**	1.39	0.59**
	2010-7-14	15	NS	NS	1.02	0.58**	1.02	0.57**

表 3-12(续)

样地	日期	n	T_s		T_a		T_c	
			Q_{10}	R^2	Q_{10}	R^2	Q_{10}	R^2
ZSH	2009-7-24	23	1.36	0.39**	1.23	0.65**	1.32	0.73**
	2009-7-29	25	1.54	0.62**	1.30	0.79**	1.36	0.69**
	2009-8-7	19	1.46	0.27*	1.20	0.18*	1.32	0.29**
	2009-8-20	13	NS	NS	1.48	0.18*	NS	NS
	2009-9-12	20	1.57	0.21*	1.36	0.33**	1.36	0.43**
	2009-9-12	20	1.57	0.62**	1.35	0.63**	1.39	0.56**
	2009-10-15	16	1.38	0.36*	1.30	0.77**	1.23	0.67**
	2009-10-29	11	NS	NS	1.55	0.87**	1.48	0.93**
	全部数据	147	1.73	0.59**	1.55	0.41**	1.49	0.26**
MX	2009-7-24	23	1.60	0.53**	1.43	0.88**	1.58	0.90**
	2009-7-29	25	1.71	0.82**	1.42	0.83**	1.45	0.73**
	2009-8-7	22	1.37	0.28*	1.45	0.74**	1.58	0.78**
	2009-8-20	13	NS	NS	1.75	0.73**	2.31	0.72**
	2009-9-12	20	1.85	0.75**	1.48	0.76**	1.49	0.66**
	2009-9-23	20	NS	NS	1.43	0.56**	1.47	0.63**
	2009-10-15	16	1.63	0.34*	1.60	0.87**	1.57	0.84**
	2009-10-29	11	2.55	0.43*	1.71	0.89**	1.78	0.92**
	全部数据	150	1.45	0.57**	1.50	0.62**	1.53	0.59**
MX$_w$	2010-5-7	16	NS	NS	1.04	0.95**	1.04	0.84**
	2010-5-18	19	NS	NS	1.06	0.49**	1.04	0.69**
	2010-7-14	15	NS	NS	1.06	0.78**	1.03	0.86**
	2010-8-29	11	NS	NS	1.03	0.78**	1.03	0.91**
MX$_m$	2010-8-29	11	NS	NS	1.04	0.92**	1.04	0.96**
MX$_d$	2010-8-29	11	NS	NS	1.04	0.70**	1.04	0.89**

注:"**"表示 $P < 0.01$;"*"表示 $P < 0.05$;NS 表示相关性不显著。

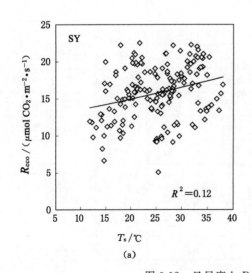
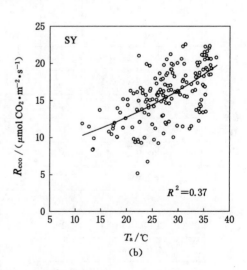

图 3-12　日尺度上 R_{eco} 对 T_s、T_a 和 T_c 的响应

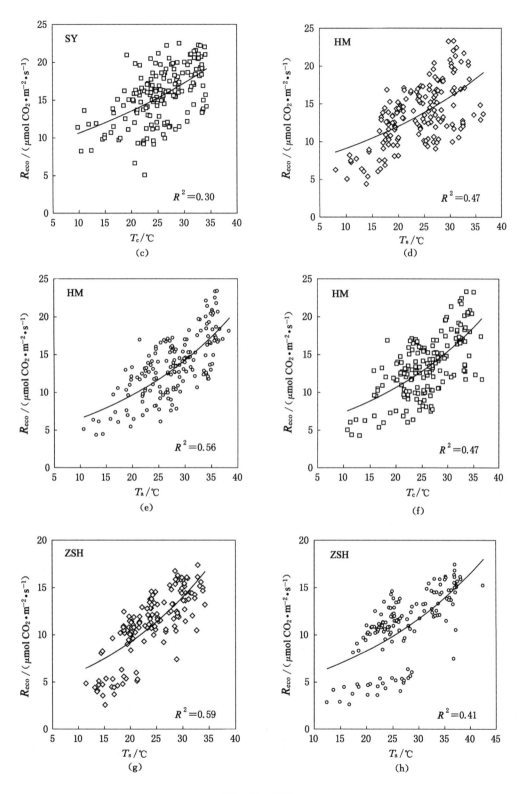

图 3-12 （续）

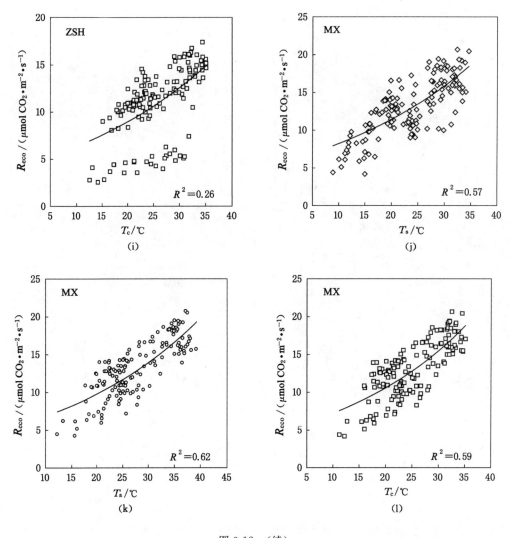

图 3-12 （续）

六、人工草地 CO_2 通量季节变化与温度的关系

利用 SPSS17.0 对 HM、MX_w、MX_m 和 MX_d 4 个样地的 NEE、R_{eco}、GPP、ET（蒸散）以及用地上生物量标准化之后的 GPP（GPP/AGB）与温度（T_s、T_a、T_c）、土壤水分、光合有效辐射（PAR）进行相关性分析，如表 3-13 所示，结果表明 4 个样地的生态系统 ET 与 T_s 都显著相关（$P<0.05$）、与 T_a、T_c 都极显著相关（$P<0.01$），与 T_s 的泊松相关系数都低于与 T_a、T_c 的相关系数，而与 T_a、T_c 的相关系数差异不大；HM 样地的 GPP 与三种温度的相关性都不显著，而与不同深度的土壤水分的相关性都达到显著水平，与 W_{10}、W_{20}、W_{30} 的相关系数分别为 0.716、0.732、0.651，这主要是由于观测期间土壤水分较低导致植物生长受到胁迫造成的；MX_w 样地的 GPP 与三种温度的相关性都达到了显著水平，与 T_s、T_a、T_c 的相关系数分别为 0.449、0.630、0.625，与土壤水分呈现负相关，与 W_{10}、W_{20}、W_{30} 的相关系数依次为 -0.488、-0.709、-0.692，表明土壤水分深度越深，相关性越强；而 MX_m、MX_d 的 GPP 无

论是与3种温度还是与3个不同层次的土壤水分都相关不显著,当把GPP用AGB标准化后,发现MX_w、MX_m、MX_d样地的GPP/AGB与三种温度的相关性都达到了显著水平,而HM的GPP标准化后仍与三种温度相关不显著,分析其原因可能是由于物种不同导致的,HM和MX_d的样地同样受到水分胁迫,而HM的GPP与土壤水分的相关性显著,但MX_d的却不显著,主要是因为苜蓿是豆科植物,植株生长两个月时根可深入土壤90 cm,5个月时达180 cm,因此对干旱的耐受能力极强。而黑麦草为禾本科一年生或多年生植物、喜温暖湿润土壤,须根发达,但入土不深。

表 3-13　CO_2 通量与环境因子的相关系数

样地		NEE	ET	R_{eco}	GPP	GPP/AGB
HM	T_s	−0.428	0.501*	0.575*	0.199	0.159
	T_a	−0.369	0.742**	0.443	0.133	0.300
	T_c	−0.374	0.770**	0.422	0.114	0.340
	PAR	0.043	0.059	−0.275	−0.182	0.004
	W_{10}	0.555*	−0.010	0.556*	0.716**	0.152
	W_{20}	0.472*	0.174	0.622**	0.732**	0.317
	W_{30}	0.400	0.121	0.567*	0.651**	0.229
MX_w	T_s	0.080	0.631**	0.661**	0.449*	0.573**
	T_a	0.288	0.899**	0.792**	0.630**	0.601**
	T_c	0.262	0.886**	0.804**	0.625**	0.594**
	PAR	0.591*	0.746**	0.595**	0.653**	0.235
	W_{10}	−0.313	−0.787**	−0.544*	−0.488*	−0.495*
	W_{20}	−0.517*	−0.817**	−0.745**	−0.709**	−0.321
	W_{30}	−0.429	−0.856**	−0.784**	−0.692**	−0.395
MX_m	T_s	−0.072	0.650**	0.297	0.163	0.552*
	T_a	−0.051	0.890**	0.548*	0.349	0.574*
	T_c	−0.145	0.895**	0.505*	0.269	0.603**
	PAR	0.006	0.087	−0.011	0.014	0.022
	W_{10}	0.283	−0.416	−0.117	0.059	−0.071
	W_{20}	−0.031	−0.560*	−0.333	−0.249	0.019
	W_{30}	−0.018	−0.669**	−0.295	−0.220	−0.194
MX_d	T_s	−0.214	0.518*	0.542*	0.263	0.587*
	T_a	−0.276	0.770**	0.725**	0.358	0.556*
	T_c	−0.352	0.782**	0.672**	0.271	0.581*
	PAR	−0.383	0.792**	0.769**	0.303	0.149
	W_{10}	−0.054	0.149	−0.265	−0.227	−0.206
	W_{20}	−0.035	0.001	−0.336	−0.264	0.081
	W_{30}	0.043	0.034	−0.238	−0.145	0.025

注:"**"表示相关性极显著($P < 0.01$);"*"表示相关性显著($P < 0.05$)。

如图 3-13 和表 3-14 所示,回归分析表明,MX_w、MX_m 和 MX_d 三块样地的 GPP/AGB 随着温度的增长呈指数增长的趋势,GPP/AGB 与 T_s 的指数方程的决定系数 R^2 略低于与 T_a、T_c 的指数方程的决定系数,而与 T_a 的决定系数与 T_c 的决定系数差异不大。苜蓿三块样地 GPP/AGB 与 T_a、T_c 的指数方程的拟合系数 a、b 差异很小(如 MX_w 的 a 为 0.003 1、0.003)。以上研究表明从季节尺度上来看冠层辐射温度可以代替气温用于对 GPP 的影响的研究。

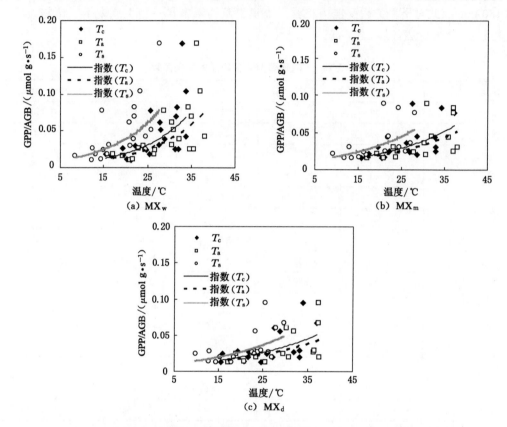

图 3-13　单位地上生物量的总初级生产力(GPP/AGB)与温度的关系散点图

表 3-14　季节尺度 GPP/AGB 与温度拟合的指数方程的拟合系数

样地	温度	n	a	b	R^2	F	P
MX_w	T_c	20	0.003 1	0.091 6	0.49	17.17	0.001
	T_a	20	0.003	0.084 7	0.53	19.94	0.000
	T_s	20	0.006 4	0.09	0.43	13.78	0.002
MX_m	T_c	16	0.006 6	0.058 9	0.45	11.57	0.004
	T_a	16	0.006 5	0.054 4	0.44	11.10	0.005
	T_s	16	0.009 4	0.062 2	0.41	9.69	0.008
MX_d	T_c	16	0.006 6	0.055 1	0.36	8.03	0.013
	T_a	16	0.006 4	0.051 2	0.36	7.90	0.014
	T_s	16	0.007 8	0.061 6	0.41	9.69	0.008

注:F 为方差。

　　HM 由于受到水分胁迫的影响，R_{eco} 与 3 种温度都相关不显著，与 W_{10}、W_{20}、W_{30} 都显著相关，相关系数依次为 0.556、0.622、0.567。苜蓿的三个样地除 MX_m 与 T_s 相关不显著外，其余都达到了显著或极显著水平，见表 3-15。利用基于 T_s、T_a、T_c 拟合的指数方程的系数 b 计算出来的 Q_{10} 都在 1～2 之间，且差异不显著。表明季节尺度上冠层辐射温度可以用来模拟 R_{eco} 的变化，如图 3-14 所示。

表 3-15　季节尺度 R_{eco} 与温度拟合的指数方程的拟合系数及 Q_{10}

样地	温度	n	a	b	R^2	Q_{10}	R_{10}	F	P
MX_w	T_c	20	2.688 2	0.059 5	0.67	1.81	4.87	36.99	0.000
	T_a	20	2.912 6	0.051 4	0.63	1.67	4.87	30.92	0.000
	T_s	20	4.681 4	0.053 8	0.51	1.71	8.02	18.48	0.000
MX_m	T_c	16	5.629 3	0.024 3	0.29	1.28	7.18	5.66	0.032
	T_a	16	5.319 5	0.024 1	0.33	1.27	6.77	6.74	0.021
	T_s	16	7.810 3	0.016 2	0.10	1.18	9.18	1.63	0.222
MX_d	T_c	16	3.012 7	0.041 2	0.55	1.51	4.55	16.88	0.001
	T_a	16	2.766	0.040 4	0.60	1.50	4.14	21.37	0.000
	T_s	16	4.143 9	0.036 5	0.39	1.44	5.97	8.85	0.010

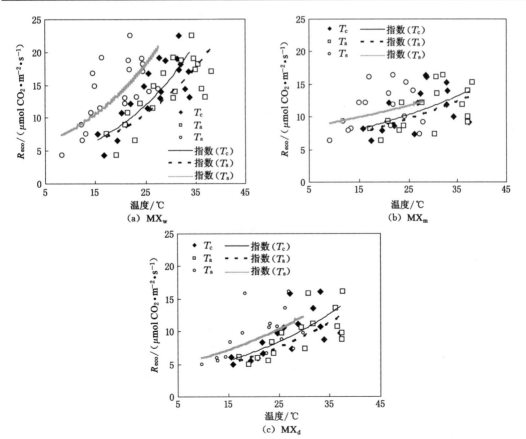

图 3-14　生态系统呼吸与温度的关系散点图

第五节　植被辐射温度对冬小麦碳通量的影响

一、冬小麦 CO_2 通量的日变化规律

为了研究冬小麦 24 h 碳通量的日变化规律，进行了 24 h 的日变化测定。2009 年 5 月 23 日（冬小麦抽穗期）从早 6:00 开始测定，至 5 月 24 日早 9:00 结束，共测定 22 轮，白天测定间隔为 1 h，夜间间隔为 2 h，图 3-15 为 2009 年 5 月 23 日至 24 日测定的日变化图。从图 3-15 可以看出，1 d 中，冬小麦生态系统 GPP 的日变化呈现出双峰的日变化，GPP 主要由 PAR 控制，日出后随着太阳高度角的增高及光合有效辐射的增强，冬小麦光合速率也迅速升高，在上午 10:00 左右达到一天中的最大值为 35.54 $\mu mol\ CO_2/(m^2 \cdot s)$，而此时 PAR 并没有达到最高，之后由于水分供应不足，气孔的阻抗增大，使 GPP 受阻，GPP 随着 PAR 的进一步升高而表现出降低，存在明显的"午休"现象，到下午 14:00 左右出现第二个峰值为 30.27 $\mu mol\ CO_2/(m^2 \cdot s)$，之后随着光合有效辐射的减弱而下降速度增大，日落后 GPP 降至 0 $\mu mol\ CO_2/(m^2 \cdot s)$，与王建林等（2009）对华北平原冬小麦齐穗期的碳通量的日变化的研究结果相一致。而 R_{eco} 的日变化主要由气温控制，日出后随着温度的升高而升高，至午后 13:00 左右达到最大值为 14.11 $\mu mol\ CO_2/(m^2 \cdot s)$，而后下降，到凌晨 3:00 左右达到最低值为 5.29 $\mu mol\ CO_2/(m^2 \cdot s)$。NEE 为 GPP 与 R_{eco} 的差值，作物生长盛期白天主要受 GPP 控制，夜间为 R_{eco}，因此，白天 NEE 为正值，夜间为负值，一天中的最大值也出现在上午 10:00 左右，而后逐渐下降至日落前 PAR 低于光补偿点时变为负值。

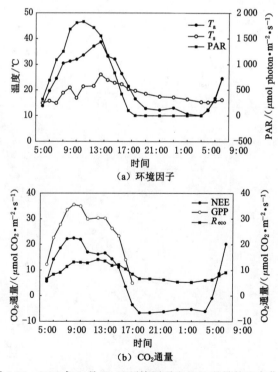

图 3-15　2009 年 5 月 23 日环境因子和 CO_2 通量的日变化图

图 3-16 至图 3-19 分别为 2009 年和 2010 年 WD 样地和 WW 样地的冬小麦从返青期至成熟期的环境因子及 CO_2 通量的白天的日变化图。从图 3-16 和图 3-17 中可以看出，当天气晴朗时，PAR 在中午 12:00 前后达到最大值，T_a、T_c 的最大值也出现在 12:00 左右，T_s 的最大值出现在午后 14:00 左右。

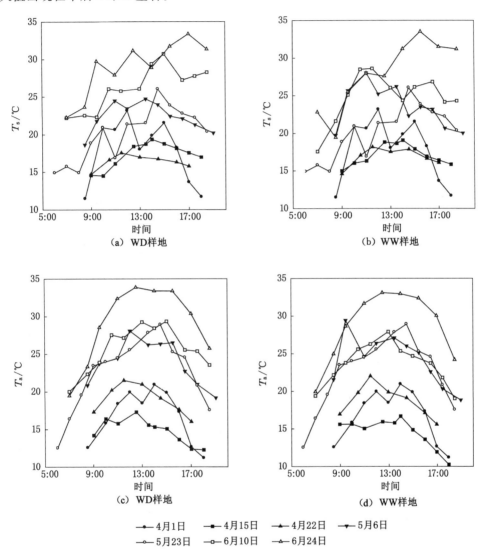

图 3-16　2009 年冬小麦不同生育期 T_s、T_a、T_c 和 PAR 的日变化图

从图 3-18 和图 3-19 中可以看出，两年 4 块冬小麦样地不同生育时期 CO_2 通量存在明显的日际和季际变化。不同生育期 CO_2 通量的日变化呈倒"U"形，但不同生育期倒"U"形高度不同，返青期至抽穗孕穗期，逐渐增高，而后逐渐下降，至成熟期最低。白天的 NEE 在返青期至灌浆期均为正值，成熟期（2009 年 6 月 17 日和 2009 年 6 月 24 日、2010 年 6 月 27 日和 2010 年 7 月 1 日）转为负值，说明冬小麦的成熟期变成碳源。WD 样地与 WW 样地相比，水分处理后，GPP、R_{eco} 和 NEE 都出现了明显的下降。

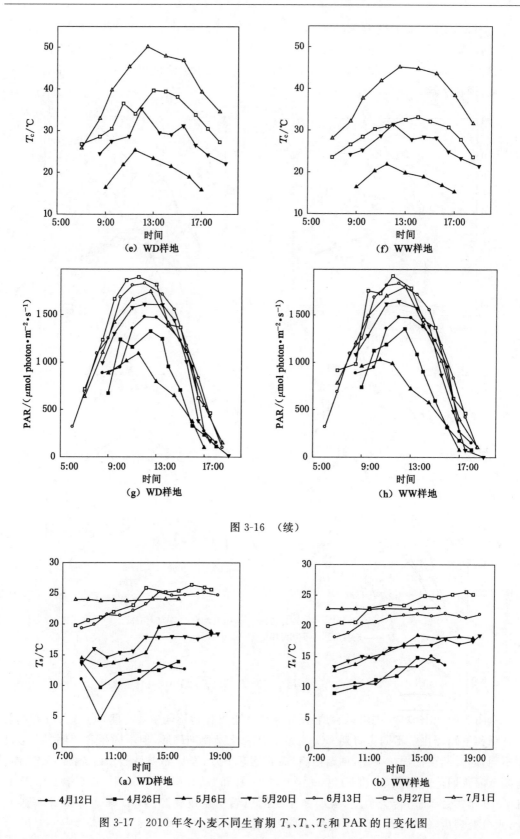

图 3-16 （续）

图 3-17　2010 年冬小麦不同生育期 T_s、T_a、T_c 和 PAR 的日变化图

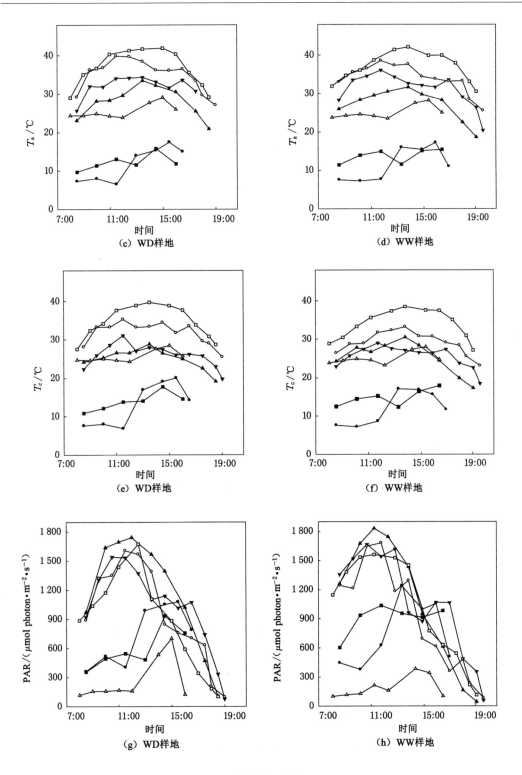

图 3-17 （续）

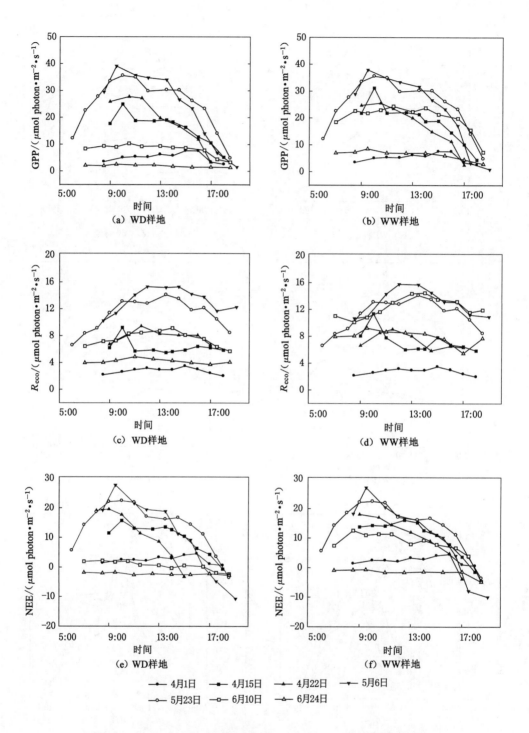

图 3-18　2009 年冬小麦不同生育期 GPP、R_{eco} 和 NEE 的日变化图

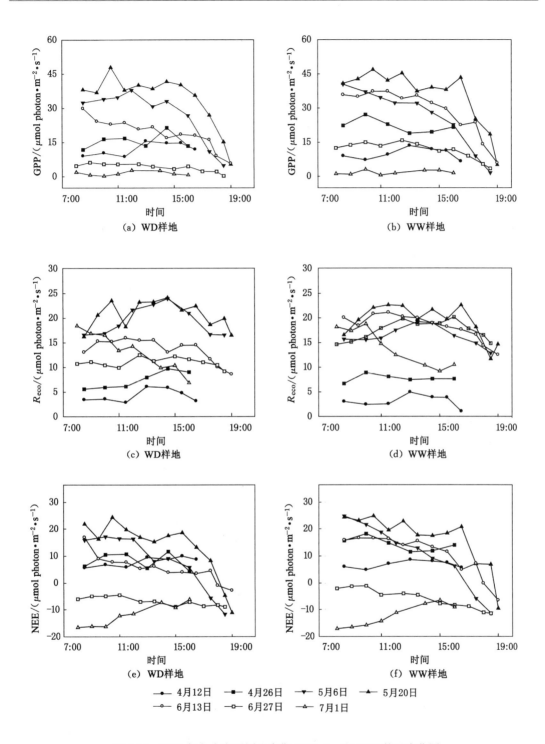

图 3-19　2010 年冬小麦不同生育期 GPP、R_{eco} 和 NEE 的日变化图

二、冬小麦 CO_2 通量的季节变化特征

图 3-20 和图 3-21 分别为 2009 年和 2010 年冬小麦测定期间环境因子、碳通量的季节变化,图中数据为每个测定日的平均值。从图中可以看出,T_a、T_s 的季节变化趋势与 PAR 的变化趋势相一致,随着 PAR 的波动而波动,总体呈上升的趋势。由于受到灌溉及降水的影响,土壤水分没有规律可循,2009 年 5 月 25 日和 2010 年 6 月 1 日对 WW 样地进行了充足灌溉,2009 年 WD 样地无灌溉并在下雨天用遮雨棚遮盖(2010 年下雨天没有遮盖),因此在冬小麦的灌浆期和成熟期,两个样地的土壤水分数量有明显的差异。

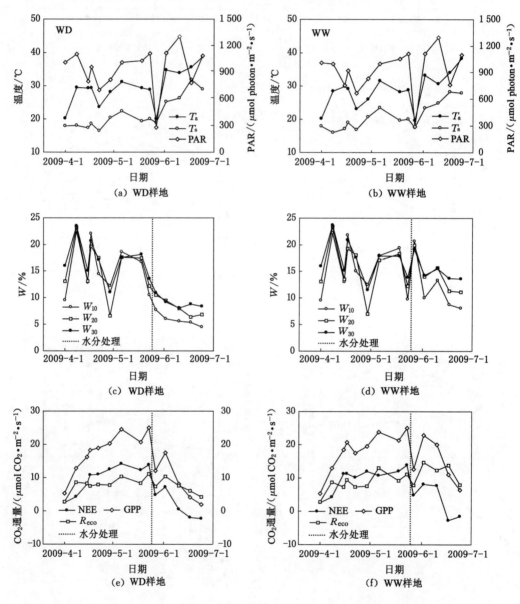

图 3-20　2009 年冬小麦测定期间环境因子、碳通量的季节变化

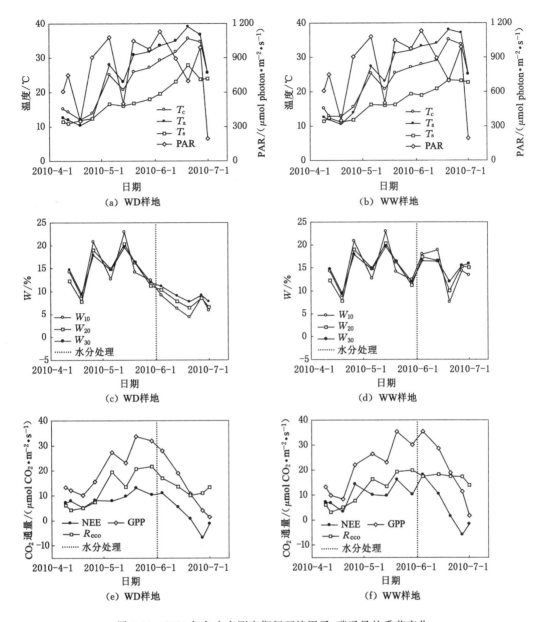

图 3-21　2010 年冬小麦测定期间环境因子、碳通量的季节变化

　　由图 3-20 和图 3-21 可以看出，冬小麦生态系统的 NEE、GPP 和 R_{eco} 呈明显的季节变化。NEE 的季节变化主要受温度和作物叶面积的共同影响。返青后，随温度升高，小麦活性增强，冠层叶片与大气间有了 CO_2 交换，随叶面积增加和 PAR 增强，小麦冠层 CO_2 通量达到一定数值，成为一个小的碳汇；灌浆期前，冬小麦的 NEE 一直增加；抽穗孕穗期 NEE 达到最高；之后，随着呼吸作用的增强，NEE 有所下降，成熟期部分绿色叶片变黄乃至衰亡，使小麦冠层光合能力下降，在小麦收割前 1 星期左右，由碳汇变成碳源。WD 样地由于受到水分胁迫的影响，NEE 由正值转为负值的时间比 WW 样地提前，说明冬小麦灌浆期受到水分胁迫会影响作物的生物产量和经济产量。

三、冬小麦冠层辐射温度与气温、土壤温度之间的关系

对冬小麦干旱处理样地(WD)和灌溉样地(WW)每个测定日的 T_s 与 T_a、T_c 及 PAR 进行相关性分析。如表 3-16 所示,结果表明 T_a 和 T_c 之间的泊松相关系数都在 0.90 以上,双尾显著性检验均为极显著水平,表明在日尺度上 T_c 与 T_a 的差异不大,可以用来代替 T_a 来研究温度对 GPP 及 R_{eco} 的影响;除极个别天外,T_s 与 T_a 和 T_c 之间相关都不显著;PAR 与 T_a 和 T_c 的相关系数除阴天外,其余天都达到显著水平,与 T_s 的相关系数大部分测定天均不显著。

表 3-16　冬小麦不同测定日环境因子之间的相关系数

日期	n	环境因子	WD 样地				WW 样地			
			T_s	T_a	T_c	PAR	T_s	T_a	T_c	PAR
2009-4-1	10	T_s	1	0.89**	—	0.78**	1	0.89**	—	0.78**
	10	T_a	0.89**	1	—	0.90**	0.89**	1	—	0.90**
	10	PAR	0.78**	0.90**	—	1	0.78**	0.90**	—	1
2009-4-8	5	T_s	1	−0.33	−0.27	−0.51	1	0.64	0.77	0.41
	5	T_a	−0.33	1	0.98**	0.95*	0.64	1	0.98**	0.93*
	5	T_c	−0.27	0.98**	1	0.94*	0.77	0.98**	1	0.60
	5	PAR	−0.51	0.95*	0.94*	1	0.41	0.93*	0.60	1
2009-4-15	10	T_s	1	0.02	—	−0.04	1	0.47	—	0.40
	10	T_a	0.02	1	—	0.96**	0.47	1	—	0.85**
	10	PAR	−0.04	0.96**	—	1	0.40	0.85**	—	1
2009-4-17	9	T_s	1	0.90**	0.91**	0.08	1	0.75*	0.73*	0.00
	9	T_a	0.90**	1	0.95**	0.46	0.75*	1	0.97**	0.52
	9	T_c	0.91**	0.95**	1	0.40	0.73*	0.97**	1	0.50
	9	PAR	0.08	0.46	0.40	1	0.00	0.52	0.50	1
2009-4-22	7	T_s	1	0.81*	0.91**	0.33	1	0.77*	0.78*	0.12
	7	T_a	0.81*	1	0.97**	0.79*	0.77*	1	0.99**	0.70
	7	T_c	0.91**	0.97**	1	0.67	0.78*	0.99**	1	0.70
	7	PAR	0.33	0.79*	0.67	1	0.12	0.70	0.70	1
2009-4-29	10	T_s	1	0.68*	0.55	0.13	1	0.87**	0.86**	−0.18
	10	T_a	0.68*	1	0.98**	0.80**	0.87**	1	0.996(**)	0.22
	10	T_c	0.55	0.98**	1	0.86**	0.86**	0.996**	1	0.20
	10	PAR	0.131	0.80**	0.86**	1	−0.18	0.22	0.20	1
2009-5-6	10	T_s	1	0.79**	0.68*	0.66*	1	0.75*	0.69*	0.73*
	10	T_a	0.79**	1	0.96**	0.81**	0.75*	1	0.96*	0.81**
	10	T_c	0.68*	0.96**	1	0.76*	0.69*	0.96**	1	0.83**
	10	PAR	0.66*	0.81**	0.76*	1	0.73*	0.81**	0.83**	1

表 3-16(续)

日期	n	环境因子	WD 样地				WW 样地			
			T_s	T_a	T_c	PAR	T_s	T_a	T_c	PAR
2009-5-18	9	T_s	1	0.30	0.22	−0.29	1	0.67	0.68*	−0.10
	9	T_a	0.30	1	0.99**	0.56	0.67	1	0.99**	0.60
	9	T_c	0.22	0.99**	1	0.86	0.68*	0.99**	1	0.60
	9	PAR	−0.29	0.56	0.86	1	−0.10	0.60	0.60	1
2009-5-23	22	T_s	1	0.73**	—	0.47*	1	0.73**	—	0.47*
	22	T_a	0.73**	1	—	0.91**	0.73**	1	—	0.91**
	22	PAR	0.47*	0.91**	—	1	0.47*	0.91**	—	1
2009-5-27	11	T_s	1	0.69*	—	0.42	1	0.27	—	0.31
	11	T_a	0.69*	1	—	0.84**	0.27	1	—	0.81**
	11	PAR	0.42	0.84**	—	1	0.31	0.81**	—	1
2009-6-2	12	T_s	1	0.70*	—	0.05	1	0.83**	—	0.27
	12	T_a	0.70*	1	—	0.66*	0.83**	1	—	0.56
	12	PAR	0.05	0.66*	—	1	0.27	0.56	—	1
2009-6-10	11	T_s	1	0.70*	0.57	−0.04	1	0.71*	0.69*	0.49
	11	T_a	0.70*	1	0.94**	0.50	0.71*	1	0.92**	0.73*
	11	T_c	0.57	0.94**	1	0.52	0.69*	0.92**	1	0.48
	11	PAR	−0.04	0.50	0.52	1	0.49	0.73*	0.48	1
2009-6-17	11	T_s	1	0.86**	—	0.43	1	0.83**	—	0.28
	11	T_a	0.86**	1	—	0.81**	0.83**	1	—	0.75**
	11	PAR	0.43	0.81**	—	1	0.28	0.75**	—	1
2009-6-24	9	T_s	1	0.72*	0.62	−0.04	1	0.58	0.57	−0.26
	9	T_a	0.72*	1	0.98**	0.59	0.58	1	0.99**	0.55
	9	T_c	0.62	0.98**	1	0.69*	0.57	0.99**	1	0.60
	9	PAR	−0.04	0.59	0.69*	1	−0.26	0.55	0.60	1
2010-4-12	7	T_s	1	0.66	0.74	0.57	1	0.91**	0.86*	0.71
	7	T_a	0.66	1	0.96**	0.96**	0.91**	1	0.97**	0.92**
	7	T_c	0.74	0.96**	1	0.99**	0.86*	0.97**	1	0.93**
	7	PAR	0.57	0.96**	0.99**	1	0.71	0.92**	0.93**	1
2010-4-19	5	T_s	1	0.51	0.48	0.08	1	−0.37	−0.25	−0.66
	5	T_a	0.51	1	0.996**	0.88*	−0.37	1	0.99**	0.94*
	5	T_c	0.48	0.996**	1	0.89*	−0.25	0.99**	1	0.89*
	5	PAR	0.08	0.88*	0.89*	1	−0.66	0.94*	0.89*	1
2010-4-26	6	T_s	1	−0.13	0.10	0.08	1	0.66	0.77	0.52
	6	T_a	−0.13	1	0.93**	0.90*	0.66	1	0.94**	0.65
	6	T_c	0.10	0.93**	1	0.90*	0.77	0.94**	1	0.52
	6	PAR	0.08	0.90*	0.90*	1	0.52	0.65	0.52	1

表 3-16(续)

日期	n	环境因子	WD 样地				WW 样地			
			T_s	T_a	T_c	PAR	T_s	T_a	T_c	PAR
2010-5-6	9	T_s	1	−0.06	−0.45	−0.67*	1	−0.25	−0.31	−0.71*
	9	T_a	−0.06	1	0.88**	0.74*	−0.25	1	0.97**	0.80**
	9	T_c	−0.45	0.88**	1	0.91**	−0.31	0.97**	1	0.83**
	9	PAR	−0.67*	0.74*	0.91**	1	−0.71*	0.80**	0.83**	1
2010-5-14	10	T_s	1	−0.34	−0.37	−0.68*	1	−0.34	−0.37	−0.68*
	10	T_a	−0.34	1	0.97**	0.78**	−0.34	1	0.97**	0.78**
	10	T_c	−0.37	0.97**	1	0.79**	−0.37	0.97**	1	0.79**
	10	PAR	−0.68*	0.78**	0.79**	1	−0.68*	0.78**	0.79**	1
2010-5-20	12	T_s	1	−0.07	−0.24	−0.58*	1	−0.45	−0.32	−0.76**
	12	T_a	−0.07	1	0.91**	.82**	−.45	1	0.98**	0.84**
	12	T_c	−.24	.91**	1	.87**	−.32	.98**	1	0.76**
	12	PAR	−.58*	.82**	.87**	1	−.76**	.84**	0.76**	1
2010-6-4	14	T_s	1	.13	−.05	−.56*		−.26	−0.32	−0.68**
	14	T_a	0.13	1	0.97**	0.68**	−0.26	1	0.98**	0.82**
	14	T_c	−0.05	0.97**	1	0.80**	−0.32	0.98**	1	0.81**
	14	PAR	−0.56*	0.68**	0.80**	1	−0.68**	0.82**	20	1
2010-6-13	12	T_s	1	−0.17	−0.16	−0.64*	1	−0.19	0.20	−0.53
	12	T_a	−0.17	1	0.94**	0.84**	−0.19	1	0.89**	0.84**
	12	T_c	−0.16	0.94**	1	0.77**	0.20	0.89**	1	0.57
	12	PAR	−0.64*	0.84**	0.77**	1	−0.53	0.84**	0.57	1
2010-6-20	6	T_s	1	0.58	0.48	0.02	1	−0.36	−0.36	−0.34
	6	T_a	0.58	1	0.95**	0.74	−0.36	1	0.99**	0.76
	6	T_c	0.48	0.95**	1	0.85*	−0.36	0.99**	1	0.80
	6	PAR	0.02	0.74	0.85*	1	−0.34	0.76	0.80	1
2010-6-27	11	T_s	1	0.19	0.27	−0.58	1	0.20	0.27	−0.72*
	11	T_a	0.19	1	0.99**	0.61*	0.20	1	0.99**	0.46
	11	T_c	0.27	0.99**	1	0.57	0.27	0.99**	1	0.37
	11	PAR	−0.58	0.61*	0.57	1	−0.72*	0.46	0.37	1
2010-7-1	8	T_s	1	0.66	0.64	0.46	1	0.20	0.09	−0.20
	8	T_a	0.66	1	0.997**	0.93**	0.20	1	0.99**	0.86**
	8	T_c	0.64	0.997**	1	0.95**	0.09	0.99**	1	0.86**
	8	PAR	0.46	0.93**	0.95**	1	−0.20	0.86**	0.86**	1

注:"*"表示 $P<0.05$;"**"表示 $P<0.01$;"—"为未测定。

　　植物冠层辐射温度是由土壤-植物-大气连通体内的热量和水汽流决定的,取决于环境因子和植物本身因素,反映植物冠层的能量平衡状况以及植物和大气之间的能量交换。如

表3-17所示,泊松相关性分析表明两年测定的冬小麦干旱处理样地(WD)和灌溉样地(WW)的 T_a 和 T_c 之间的泊松相关系数分别为 0.90、0.96(2009 年)和 0.99、0.98(2010 年),双尾显著性检验均为极显著水平; T_s 与 T_a、T_c 都呈极显著相关, T_s 与 T_a 之间的相关系数均低于与 T_c 的相关系数;除 2010 年的 WW 样地外, T_s、T_a 和 T_c 与土壤水分都呈负相关的关系,2009 年 WD 样地的 T_s 和 T_c 均与 W_{10}、W_{20}、W_{30} 的相关性均达到显著水平,且随着深度的增加,相关系数有增大的趋势;2010 年 WD 样地的 T_s 与 W_{10}、W_{20}、W_{30} 的相关性均达到显著水平,而 T_c 仅与 W_{10} 的相关性达到了显著水平;两年 WD 样地的三种温度与土壤水分的相关系数都高于 WW 样地的三种温度与土壤水分的相关系数。

表 3-17　冬小麦季节尺度上环境因子之间的相关系数

年份	样地	温度	n	T_s	T_a	T_c	W_{10}	W_{20}	W_{30}
2009	WD	T_s	14	1	0.79**	0.98**	−0.64*	−0.66**	−0.71**
		T_a	14	0.79**	1	0.90**	−0.26	−0.33	−0.38
		T_c	9	0.98**	0.90**	1	−0.75*	−0.70*	−0.77*
	WW	T_s	14	1	0.77**	0.88**	−0.56*	−0.51	−0.56*
		T_a	14	0.77**	1	0.96**	−0.35	−0.28	−0.30
		T_c	9	0.88**	0.96**	1	−0.60	−0.36	−0.36
2010	WD	T_s	13	1	0.88*	0.93**	−0.69*	−0.60*	−0.67*
		T_a	13	0.88**	1	0.99**	−0.51	−0.36	−0.43
		T_c	13	0.93**	0.99**	1	−0.58*	−0.45	−0.52
	WW	T_s	13	1	0.89**	0.93**	−0.18	0.02	0.02
		T_a	13	0.89**	1	0.98**	−0.11	0.11	0.06
		T_c	13	0.93**	0.98**	1	−0.19	0.05	0.01

注:"*"表示 $P<0.05$;"**"表示 $P<0.01$。

图 3-22 为 T_s、T_a 与 T_c 的关系散点图,从图中可以看出,2009 年 WD 样地 T_a 与 T_c 的拟合线(短划线)在低温段高于 1:1 线(虚线),在高温段低于 1:1 线(虚线),表明 WD 样地在低温时 T_c 低于 T_a、高温时高于 T_a,产生这一现象的原因可能是 2009 年冬小麦测定前期(温度较低),一方面,作物冠层吸收太阳辐射能并转换成热能,使冠层辐射温度升高;另一方面,作物水分供应充分,冬小麦蒸腾旺盛,蒸腾作用耗热,使叶片冷却,冠层辐射温度降低,到灌浆期及成熟期,WD 样地受干旱胁迫加之冬小麦进入成熟期后植物蒸腾作用减缓,蒸腾耗热量减少,感热通量增加,进而引起作物冠层辐射温度升高,这一结果与其他研究结果相一致(康绍忠等,1997;邹君等,2004)。WW 样地虽然灌浆期进行了灌溉,但由于温度较高,蒸发旺盛,到成熟期末期土壤水分也降到了 10% 以下,在生长期后期也出现了与气温的差值逐步减小的趋势。2010 年 WD 和 WW 样地在起身和拔节期冠气温差(T_c 减去 T_a)为正值,在孕穗期至成熟期为负值,且冠气温差呈现先增加后减小的趋势,到测定的最后一次(2010 年 7 月 1 日)WD 样地的 T_c 略高于 T_a,WW 样地的 T_c 略低于 T_a。造成 2009 年和 2010 年起身期和拔节期冠气温差差异的原因是由于 2010 年 4 月气温比 2009 年 4 月同期温度低 15 ℃

左右,影响了冬小麦生长的速度,冬小麦的盖度较低,T_c 受土壤背景影响大所致。T_s 与 T_c 的数量关系两年 4 块样地表现较为一致,均表现出在冬小麦生长前期冠土温差较小,而后逐渐增大的趋势,T_c 一直都高于 T_s。

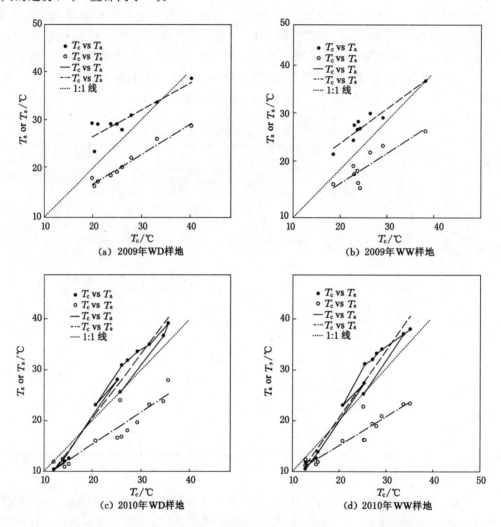

图 3-22 气温(T_a)、土壤温度(T_s)与冠层辐射温度(T_c)的关系散点图

四、冬小麦 NEE 对 PAR 的响应

在瞬间尺度上,光合有效辐射的大小决定了生态系统光合作用的强弱,同时温度、水分等环境因子也对生态系统光合作用产生了重要的调节作用。图 3-23 和图 3-24 表明,2009 年和 2010 年冬小麦的 WD 和 WW 样地不同生育期的 NEE 和 PAR 均可以用 Michaelis-Menten 方程模型进行很好的描述,在冬小麦生育前期和后期,PAR 变化对 NEE 的影响小于生育中期。表 3-18 列出了拟合得到的 NEE 的光响应参数。

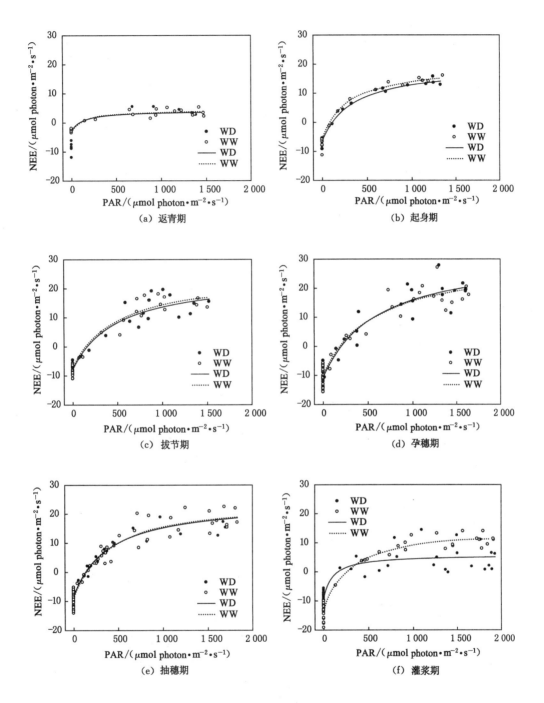

图 3-23　2009 年冬小麦不同生育期 NEE 对 PAR 的响应

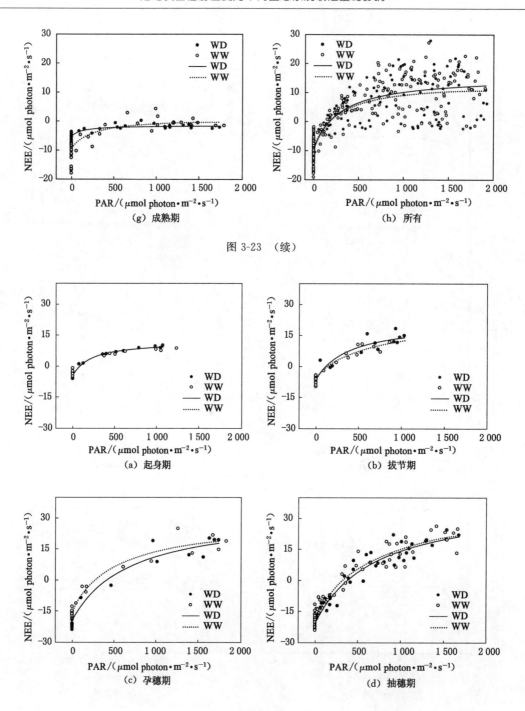

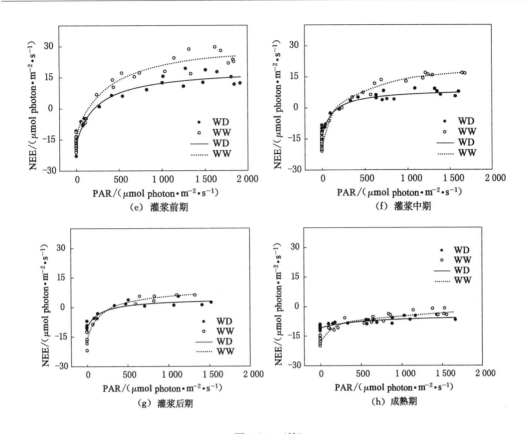

图 3-24 （续）

表 3-18 冬小麦不同生育期 NEE 的光响应曲线模拟参数

年份	样地	生育期	$a/(\mu mol\ CO_2 \cdot \mu mol^{-1}\ photon)$	$NEE_{max}/(\mu mol\ CO_2 \cdot m^2 \cdot s)$	$R_e/(\mu mol\ CO_2 \cdot m^2 \cdot s)$	决定系数(R^2)
2009	WD	返青期	0.054 4	6.83	2.79	0.90
		起身期	0.074 2	25.73	6.28	0.99
		拔节期	0.063 9	32.09	7.76	0.93
		孕穗期	0.070 8	42.40	10.63	0.93
		抽穗期	0.083 8	32.66	8.29	0.94
		灌浆期	0.145 1	14.89	9.04	0.80
		成熟期	0.031 5	3.75	5.22	0.73
		所有	0.083 8	20.82	7.80	0.70
	WW	返青期	0.042 6	7.15	2.79	0.90
		起身期	0.077 7	26.95	7.26	0.99
		拔节期	0.071 2	33.62	8.56	0.93
		孕穗期	0.076 9	38.53	10.32	0.93
		抽穗期	0.079 6	34.05	8.55	0.94
		灌浆期	0.105 1	28.58	13.57	0.80
		成熟期	0.035 3	11.51	9.45	0.73
		所有	0.088 2	25.22	9.49	0.70

表 3-18(续)

年份	样地	生育期	$a/(\mu mol\ CO_2\cdot \mu mol^{-1}\ photon)$	$NEE_{max}/(\mu mol\ CO_2\cdot m^2\cdot s)$	$R_e/(\mu mol\ CO_2\cdot m^2\cdot s)$	决定系数(R^2)
2010	WD	起身期	0.075 5	16.40	4.42	0.97
		拔节期	0.068 2	27.70	5.94	0.90
		孕穗期	0.074 0	51.83	19.16	0.95
		抽穗期	0.083 1	59.34	20.48	0.95
		灌浆前期	0.147 6	35.67	16.62	0.96
		灌浆中期	0.173 1	22.61	13.58	0.96
		灌浆后期	0.088 6	14.66	10.19	0.92
		成熟期	0.012 1	6.73	10.87	0.78
		所有	0.068 3	32.50	13.50	0.71
	WW	起身期	0.073 5	15.50	4.94	0.99
		拔节期	0.061 0	25.80	6.51	0.94
		孕穗期	0.098 9	42.86	16.12	0.96
		抽穗期	0.089 7	54.28	18.69	0.93
		灌浆前期	0.163 9	49.27	17.50	0.97
		灌浆中期	0.149 2	40.56	18.16	0.98
		灌浆后期	0.163 9	26.22	17.41	0.96
		成熟期	0.056 8	16.57	17.24	0.92
		所有	0.082 3	39.71	15.07	0.77

参数 α 和 NEE_{max} 是表征植物叶片光合作用的两个关键参数。α 又称低光强下的量子效率,主要反映光合作用中的生物物理特性,而且很稳定。NEE_{max} 是光饱和下的最大光合速率,取决于植物特性和环境条件。从表 3-18 可以看出,α 值随生育期的大小顺序依次为灌浆期＞抽穗孕穗期＞起身期＞拔节期＞返青期＞成熟期。灌浆期最大,2009 年和 2010 年的 WD 和 WW 样地的 α 值分别为 0.145 1 和 0.105 1 $\mu mol\ CO_2/(\mu mol\ photon)$、0.173 1 和 0.163 9 $\mu molCO_2/(\mu mol\ photon)$,成熟期最小分别为 0.0315 和 0.0353 $\mu mol\ CO_2/(\mu mol\ photon)$、0.012 1 和 0.056 8 $\mu molCO_2/(\mu mol\ photon)$。2009 年和 2010 年 WD 和 WW 样地 α 值从返青期至成熟期的取值范围分别为 0.031 5～0.145 1 $\mu molCO_2/(\mu mol\ photon)$、0.035 3～0.105 1 $\mu mol\ CO_2/(\mu mol\ photon)$、0.012 1～0.173 1 $\mu mol\ CO_2/(\mu mol\ photon)$ 和 0.056 8～0.163 9 $\mu mol\ CO_2/(\mu mol\ photon)$。利用 2009 年和 2010 年全部测定的数据计算得到 WD 和 WW 样地的 α 值分别为 0.083 8 和 0.088 2 $\mu mol\ CO_2/(\mu mol\ photon)$、0.068 3 和 0.082 3$\mu mol\ CO_2/(\mu mol\ photon)$。两年的 4 块冬小麦样地的 NEE_{max} 在返青期和起身期较低,随着气温的上升,逐渐升高,至孕穗抽穗期达到最大值,灌浆期开始下降,至成熟期降低到最低值甚至出现负值由碳汇变为碳源,如表 3-18 所示。2009 年 WD 和 WW 样地 NEE_{max}

的最大值出现在孕穗期分别为 42.40 和 38.53 $\mu mol\ CO_2/(m^2 \cdot s)$，2010 年的最大值出现在抽穗期分别为 59.34 和 54.28 $\mu mol\ CO_2/(m^2 \cdot s)$；两年 4 块样地的最低值均出现在生长季早期的起身期和返青期，最低值分别为：6.83 和 7.15 $\mu mol\ CO_2/(m^2 \cdot s)$（2009 年）、16.40 和 15.50 $\mu mol\ CO_2/(m^2 \cdot s)$（2010 年）。从返青期至成熟期 2009 年和 2010 年 WD 和 WW 的 NEE_{max} 的变化范围分别为 3.75～42.40 $\mu mol\ CO_2/(m^2 \cdot s)$ 和 7.15～38.53 $\mu mol\ CO_2/(m^2 \cdot s)$、6.73～59.34 $\mu mol\ CO_2/(m^2 \cdot s)$ 和 15.50～54.28 $\mu mol\ CO_2/(m^2 \cdot s)$。

研究表明，α 和 NEE_{max} 值往往随品种、环境因子、作物发育阶段的变化而变化，存在相当大的不稳定性。郝祺等（2009）对黄淮海地区冬小麦叶片的 7 a 测定的数据利用非直角双曲线拟合的 α 变化范围为 0.053～0.107 $\mu mol\ CO_2/(\mu mol\ photon)$、$NEE_{max}$ 的变化范围为 10.1～49.2 $\mu mol\ CO_2/(m^2 \cdot s)$。我们的研究结果表明，2009 年和 2010 年利用 WD 和 WW 样地的全部测定数据计算得到的 α 分别为 0.083 8 和 0.088 2 $\mu molCO_2/(\mu mol\ photon)$、0.068 3 和 0.082 3 $\mu mol\ CO_2/(\mu mol\ photon)$，$NEE_{max}$ 分别为 20.82、25.22 $\mu mol\ CO_2/(m^2 \cdot s)$；32.50、39.71 $\mu mol\ CO_2/(m^2 \cdot s)$，位于上述报道的范围内。

五、冬小麦 CO_2 通量日变化与温度的关系

图 3-25 为冬小麦抽穗期生态系统 NEE、GPP 和 R_{eco} 的日变化与温度的散点关系图。从图中可以看出，NEE 和 GPP 随着温度的变化表现出显著地"不对称"变化，其原因是上午随着温度的升高 NEE 亦迅速增加，并在 10:00 左右达到一天中的最大值，而此时温度并没有达到最高，之后 NEE 随着温度在午后的进一步升高而表现出降低。生态系统 NEE 的这种"环形"变化和叶片尺度上的测定比较相似，上午 NEE 随温度的升高和辐射、水分条件适宜有关，而午后的降低则反映了高光强和高水分散失的胁迫影响。对 2009 年冬小麦抽穗期 24 小时测定的 NEE、GPP 和 R_{eco} 与 T_a 和 T_s 的泊松相关性分析表明，NEE、GPP 和 R_{eco} 与 T_a 都呈极显著相关，相关系数 r 分别为 0.81、0.98、0.69；NEE 和 GPP 与 T_s 相关都不显著、R_{eco} 与 T_s 极显著相关，相关系数 r 为 0.69。

表 3-19 为 2010 年冬小麦不同测定日白天测定的温度与 NEE、GPP 和 R_{eco} 日变化的泊松相关系数。从表 3-19 中可以看出，WW 样地的 NEE 和 GPP 与 T_a 和 T_c 的相关系数在起身期（4 月 12 日）都显著相关；在拔节期（4 月 26 日）都相关不显著，其原因可能是由于该日阴天，温度变化范围小引起的；在孕穗期（5 月 6 日和 5 月 14 日）、抽穗期（5 月 20 日）和灌浆期（6 月 4 日、6 月 13 日和 6 月 20 日）相关系数都显著相关；在成熟期（6 月 27 日和 7 月 1 日）相关性下降，基本都不显著；表明不同生育期温度对 NEE 和 GPP 所起的作用不同，在作物生长早期，温度起的作用较大，而到生长后期作物生长主要受物候影响。WD 样地与 WW 样地不同的是在冬小麦灌浆中期（6 月 13 日）和后期（6 月 20 日），由于受水分胁迫，NEE 和 GPP 与 T_a 和 T_c 的相关系数都不显著。总体来看，NEE 和 GPP 与 T_s 的相关系数绝大部分都低于与 T_a 和 T_c 的相关系数，而与 T_a 和 T_c 的相关系数差异不大，表明冬小麦生态系统日尺度上 T_c 可以代替 T_a 来计算温度对碳通量的调节系数。

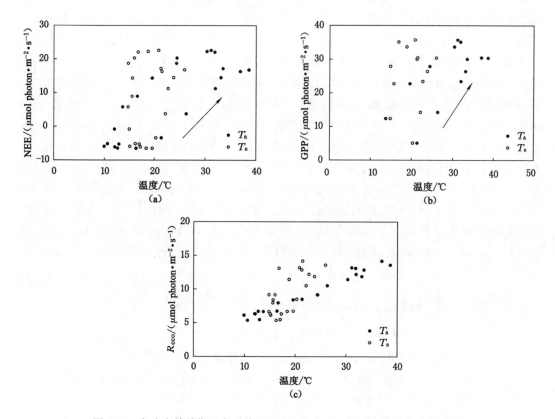

图 3-25　冬小麦抽穗期生态系统 NEE、GPP 和 R_{eco} 的日变化对温度的响应

表 3-19　2010 年冬小麦不同测定日温度与 CO_2 通量的相关系数

日期	n	温度	WD 样地			WW 样地		
			NEE	R_{eco}	GPP	NEE	R_{eco}	GPP
2010-4-12	7	T_s	0.51	0.36	0.48	0.51	0.30	0.43
	7	T_a	0.96**	0.64	0.89**	0.78*	0.65	0.78*
	7	T_c	0.95**	0.78	0.94**	0.84*	0.66	0.79*
2010-4-26	6	T_s	−0.65	0.33	−0.42	−0.67	−0.01	−0.57
	6	T_a	0.64	0.67	0.99**	0.02	0.50	0.14
	6	T_c	0.33	0.89*	0.75	−0.08	0.29	0.01
2010-5-6	9	T_s	−0.77*	0.15	−0.66	−0.83**	0.09	−0.75*
	9	T_a	0.44	0.87**	0.62	0.72*	0.87**	0.80*
	9	T_c	0.74*	0.70*	0.85**	0.74*	0.87**	0.82**
2010-5-14	10	T_s	−0.88**	0.52	−0.84**	−0.88**	0.52	−0.84**
	10	T_a	0.65*	0.13	0.71*	0.65*	0.13	0.71*
	10	T_c	0.67*	0.14	0.74*	0.67*	0.14	0.74*

表 3-19(续)

日期	n	温度	WD 样地			WW 样地		
			NEE	R_{eco}	GPP	NEE	R_{eco}	GPP
2010-5-20	12	T_s	−0.65*	0.18	−0.54	−0.69*	−0.25	−0.61*
	12	T_a	0.69*	0.74**	0.76**	0.86**	0.86**	0.92**
	12	T_c	0.70*	0.57	0.75**	0.80**	0.86**	0.87**
2010-6-4	14	T_s	−0.74**	−0.43	−0.70**	−0.83**	−0.15	−0.73**
	14	T_a	0.36	0.69**	0.50	0.65*	0.89**	0.79**
	14	T_c	0.46	0.75**	0.59*	0.67**	0.95**	0.80**
2010-6-13	12	T_s	−0.84**	−0.51	−0.81**	−0.49	−0.36	−0.46
	12	T_a	0.22	0.90**	0.49	0.91**	0.93**	0.93**
	12	T_c	0.24	0.86**	0.49	0.73**	0.77**	0.74**
2010-6-20	6	T_s	−0.61	0.12	−0.39	−0.42	−0.18	−0.
	6	T_a	0.14	0.73	0.38	0.97**	0.87	0.95**
	6	T_c	0.29	0.88*	0.54	0.95*	0.90*	0.95*
2010-6-27	11	T_s	−0.83**	0.08	−0.71*	−0.93**	0.47	−0.64*
	11	T_a	0.13	0.66*	0.47	0.17	0.91**	0.62*
	11	T_c	0.07	0.63*	0.40	0.08	0.94**	0.55
2010-7-1	8	T_s	0.07	−0.54	−0.07	−0.19	−0.45	0.19
	8	T_a	−0.04	−0.65	0.04	−0.67	−0.69	0.67
	8	T_c	−0.10	−0.63	0.10	−0.66	−0.60	0.66

注:"*"表示 $P<0.05$;"**"表示 $P<0.01$;"—"为未测定。

WW 和 WD 样地的 R_{eco} 与 T_a 和 T_c 的相关系数都好于与 T_s 的相关系数,除测定日为阴天(4 月 12 日、4 月 26 日和 5 月 14 日)和成熟末期(7 月 1 日)的相关系数不显著外,其余天都达到了显著水平。R_{eco} 与 T_c 的相关系数一般都大于与 T_a 的相关系数,表明在日尺度上 T_c 可以代替 T_a 来研究温度与生态系统呼吸的关系,进而估算日生态系统呼吸总量。

六、CO_2 通量季节变化与温度的关系

对每一天测定的 T_s、T_a、T_c 和 GPP、R_{eco} 和 NEE 求取每日平均值,利用 SPSS 的"Curve Estimation"对碳水通量与温度进行回归分析,结果表明 2009 年和 2010 年的 WD 和 WW 样地的 GPP、NEE 和 R_{eco} 与温度都呈显著的二次抛物线关系。

在叶片和植物个体上的很多研究表明,光合作用对温度的响应曲线表现为二次曲线形式,生态系统光合作用存在最低(T_{min})、最适(T_{opt})和最高温度(T_{max}),即三基点温度(武维华,2008)。冬小麦生态系统光合作用与温度的相关关系也表现为明显的二次曲线特征。因此,我们可以通过温度响应曲线中拐点出现时的对应温度来确定冬小麦生态系统的最适温度。图 3-26 表明,2010 年的光合作用温度响应曲线低于 2009 年的,这主要是因为作物品种和种植密度大小引起的差异。根据表 3-20 所示,2009 年 WD 样地和 WW 样地对应的 T_a 和 T_s 的最适温度分别为 27.8 ℃和 21.2 ℃、28.6 ℃和 21.9 ℃;2010 年 WD 样地和 WW 样

对应的 T_c、T_a 和 T_s 的最适温度分别为 23.9 ℃、24.8 ℃和 18.5 ℃,24.9 ℃、26.3 ℃和 17.8 ℃。WD 样地与 WW 样地的最适温度相比较,发现 WW 样地的最适温度总是高于 WD 样地的最适温度,2009 年 T_a 的最适温度 WW 样地比 WD 样地的高 0.8 ℃,2010 年的高 1.5 ℃,表明水分胁迫会降低植物的最适温度,与伏玉玲等(2006)的研究结果一致。2009 年部分测定日红外测温仪损坏,导致无法分析 T_c 对 GPP 的影响,仅从 2010 年的分析结果来看,T_c 的最适温度略低于 T_a 的,但差异不大在 1 ℃左右,这主要是因为植物不受水分胁迫时,蒸腾散热导致 T_c 低于 T_a 引起的,这说明在群体尺度上 T_c 可以用来代替 T_a 来计算光合作用的温度三参数,但计算时需要结合水分状况分别确定。冬小麦作物光合作用的大小同时受温度、水分、光照等环境因子、自身生长状况的影响,两年无例外的 GPP 与温度呈显著的二次曲线形式,一方面是温度高限制了植物的光合作用,另一方面,也是小麦自身的生长特点不同而导致的,6 月份温度高,而小麦进入了灌浆期,随着叶片及枝干的变黄,光合能力下降。

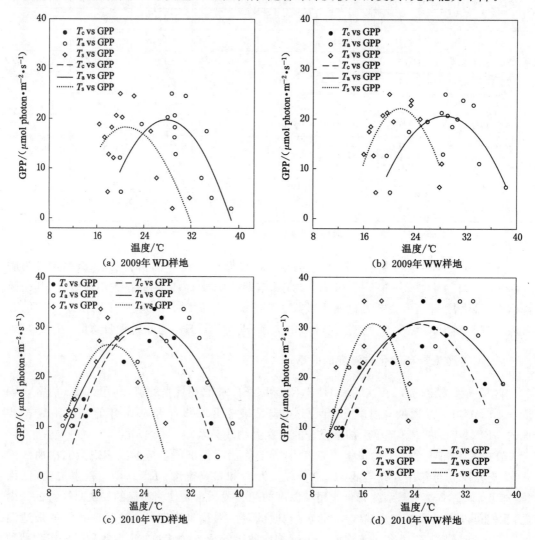

图 3-26　冬小麦季节尺度 GPP 与温度的散点关系图

表 3-20 冬小麦季节尺度 GPP 与温度拟合回归方程

年份	样地	温度	n	回归方程	R^2	F	P	T_{opt}
2009	WD	T_a	14	$F_{GPP}=-0.169\,1T_a^2+9.416\,2T_a-111.35$	0.64	9.80	0.004	27.8
		T_s	14	$F_{GPP}=-0.168\,0T_s^2+7.137\,9T_s-57.656$	0.46	4.66	0.034	21.2
	WW	T_a	14	$F_{GPP}=-0.15T_a^2+8.585\,5T_a-102.15$	0.62	8.89	0.005	28.6
		T_s	14	$F_{GPP}=-0.341\,7T_s^2+14.962\,0T_s-141.31$	0.55	6.71	0.012	21.9
2010	WD	T_c	12	$F_{GPP}=-0.165\,2T_c^2+7.900\,2T_c-64.637$	0.83	21.76	0.000	23.9
		T_a	12	$F_{GPP}=-0.108\,4T_a^2+5.375\,4T_a-35.773$	0.68	9.47	0.006	24.8
		T_s	12	$F_{GPP}=-0.260\,8T_s^2+9.639\,9T_s-62.614$	0.58	6.33	0.019	18.5
	WW	T_c	12	$F_{GPP}=-0.151\,7T_c^2+7.542\,6T_c-62.904$	0.80	17.45	0.001	24.9
		T_a	12	$F_{GPP}=-0.093\,5T_a^2+4.926T_a-33.36$	0.69	10.03	0.005	26.3
		T_s	12	$F_{GPP}=-0.481\,9T_s^2+17.11T_s-120.65$	0.73	12.32	0.003	17.8

生态系统呼吸是土壤微生物、根、叶和茎干呼吸的总和。目前,大量研究认为温度和水分条件是影响生态系统呼吸的重要环境要素,通常认为生态系统呼吸对温度的响应呈指数增长规律(Lloyd et al.,1994;Fang et al.,2001)。如图 3-27 所示,回归分析表明,两年冬小麦的 WD 和 WW 样地的 R_{eco} 与温度均呈显著的二次曲线关系。由表 3-21 可以看出,2009年 WD 样地的 R_{eco} 与 T_a 二次函数的决定系数为 0.52,与 T_s 不显著,WW 样地的 R_{eco} 与 T_a、T_s 二次函数的决定系数分别为 0.50 和 0.43,WW 样地与 T_a 的决定系数低于 WD 样地与 T_a 的决定系数,如前所述,WW 样地在抽穗末期进行了充足灌溉,而且 WD 样地并无灌溉且在下雨天利用遮雨棚遮盖,因此,WD 样地在灌浆期和成熟期(2009 年 6 月 2 日、6 月 10日、6 月 17 日和 6 月 24 日)有水分胁迫现象产生,R_{eco} 并没有随着温度的升高而升高,而出现了下降的趋势,在 WW 样地,由于不存在水分胁迫,生态系统呼吸随着温度的升高继续增大,到 2009 年 6 月 2 日测定时达到最大值为 14.68 μmol CO_2/(m^2·s),到灌浆期后期,随着冬小麦光合作用的减弱,呼吸作用基本稳定甚至有降低的趋势,至成熟期最后一次测定时(2009 年的 6 月 24 日),温度虽然很高(38.29 ℃),由于地上叶、茎干基本全部变黄,地上部分呼吸作用急剧减弱,呼吸从 2009 年的 6 月 17 日的 13.81 μmol CO_2/(m^2·s)急剧下降至7.96 μmol CO_2/(m^2·s)。当去除最后一次测定数据对 2009 年 WW 样地的 R_{eco} 与 T_a 进行回归分析,发现此时 R_{eco} 与 T_a 呈极显著的指数关系,决定系数 R^2 达到了 0.76,如图 3-28 所示。表 3-21 可以看出,2010 年冬小麦 WD 样地的 R_{eco} 与 T_c、T_a 和 T_s 二次曲线的决定系数分别为 0.82、0.80 和 0.77,WW 样地的分别为 0.95、0.96 和 0.86。受水分胁迫的影响,WD样地的决定系数都低于 WW 样地的决定系数。与 2009 年的研究结果类似,2010 年 WD 样地的 R_{eco} 从起身期至抽穗期(2010 年 5 月 31 日前)随着温度的升高逐渐增大,到灌浆期(2010 年 5 月 31 日后)受到水分胁迫、再加之冬小麦生长减缓植物维持呼吸减弱,而出现了温度升高呼吸降低的现象,WW 样地灌浆期后 R_{eco} 也出现了略微的下降,主要是由于小麦作物自身的生长特点导致的。两年 4 块样地的 R_{eco} 与 T_a 的关系均好于与 T_s 的关系,这主要是由于在我们观测的时段,冬小麦的 R_{eco} 中植物呼吸所占比例较大。2010 年测定的结果表明 R_{eco} 与 T_c、T_a 关系的决定系数差异不大,表明对冬小麦生态系统而言可以用 T_c 来模拟生态系统呼吸的季节变化及年总量。

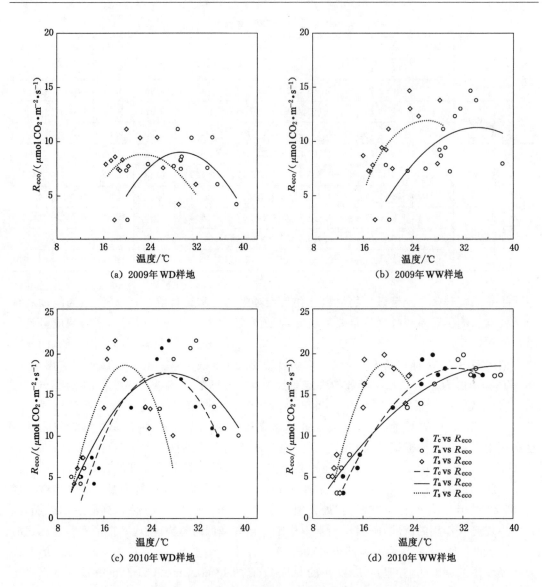

图 3-27　冬小麦季节尺度 R_{eco} 与温度的散点关系图

表 3-21　冬小麦季节尺度 R_{eco} 与温度拟合回归方程

年份	样地	温度	n	回归方程	R^2	F	P
2009	WD	T_a	14	$R_{eco}=-0.046\ 9T_a^2+2.744\ 7T_a-30.15$	0.52	5.89	0.018
	WW	T_a	14	$R_{eco}=0.387\ 9T_a-1.609\ 2$	0.39	7.76	0.016
			14	$R_{eco}=2.073\ 3e^{0.050\ 8\,T_a}$	0.40	8.02	0.015
			14	$R_{eco}=0.068\ 9T_a^{1.455\ 5}$	0.44	9.59	0.009
			14	$R_{eco}=-0.031\ 8T_a^2+2.179\ 8T_a-26.021$	0.50	5.45	0.023
		T_s	14	$R_{eco}=0.475T_s-0.427\ 5$	0.36	6.66	0.024
			14	$R_{eco}=2.927\ 1e^{0.053\ 1\,T_s}$	0.27	4.34	0.059
			14	$R_{eco}=0.252\ 8T_s^{1.177\ 2}$	0.28	4.64	0.052
			14	$R_{eco}=-0.064\ 8T_s^2+3.340\ 7T_s-31.041$	0.43	4.18	0.045

表 3-21（续）

年份	样地	温度	n	回归方程	R^2	F	P
2010	WD	T_c	13	$R_{eco}=0.402\ 3T_c+2.901\ 1$	0.31	4.81	0.051
			13	$R_{eco}=3.899\ 9e^{0.043\ 7T_c}$	0.43	8.26	0.015
			13	$R_{eco}=0.404\ 3T_c^{1.063\ 3}$	0.54	12.95	0.004
			13	$R_{eco}=10.087\ \ln T_c-18.896$	0.41	7.55	0.019
			13	$R_{eco}=-0.080\ 4T_c^2+4.163\ 4T_c-36.219$	0.82	22.82	0.000
		T_a	13	$R_{eco}=0.373\ 5T_a+3.024\ 6$	0.44	8.49	0.014
			13	$R_{eco}=4.155\ 1e^{0.038\ 6T_a}$	0.56	13.78	0.003
			13	$R_{eco}=0.672\ 0T_a^{0.893\ 6}$	0.66	21.55	0.001
			13	$R_{eco}=8.756\ 1\ \ln T_a-14.947$	0.53	12.50	0.005
			13	$R_{eco}=-0.049T_a^2+2.694\ 5T_a-19.41$	0.80	19.54	0.000
		T_s	13	$R_{eco}=0.378\ 7T_s+5.763\ 7$	0.13	1.58	0.234
			13	$R_{eco}=4.673\ 8e^{0.048\ 4T_s}$	0.25	3.59	0.085
			13	$R_{eco}=0.606\ 6T_s^{1.024\ 3}$	0.36	6.12	0.031
			13	$R_{eco}=8.641\ 2\ \ln T_s-11.992$	0.21	2.98	0.112
			13	$R_{eco}=-0.176\ 4T_s^2+6.958\ 5T_s-50.521$	0.77	16.76	0.001
	WW	T_c	13	$R_{eco}=0.697\ 5T_c-2.915\ 9$	0.80	44.00	0.000
			13	$R_{eco}=2.262\ 7e^{0.070\ 2T_c}$	0.77	36.00	0.000
			13	$R_{eco}=0.084\ 2T_c^{1.5916}$	0.86	65.81	0.000
			13	$R_{eco}=15.658\ 7\ \ln T_c-35.118$	0.88	77.87	0.000
			13	$R_{eco}=-0.045\ 1T_c^2+2.779\ 8T_c-24.545$	0.95	85.65	0.000
		T_a	13	$R_{eco}=0.551\ 7T_a-0.508\ 6$	0.89	92.98	0.000
			13	$R_{eco}=2.952\ 1e^{0.054\ 5T_a}$	0.83	52.74	0.000
			13	$R_{eco}=0.267\ 7T_a^{1.204\ 7}$	0.89	87.65	0.000
			13	$R_{eco}=12.032\ 1\ \ln T_a-24.308$	0.94	162.05	0.000
			13	$R_{eco}=-0.021\ 6T_a^2+1.574\ 7T_a-10.513$	0.96	107.90	0.000
		T_s	13	$R_{eco}=1.006\ 7T_s-3.818\ 0$	0.62	17.68	0.001
			13	$R_{eco}=2.048\ 4e^{0.101\ 8T_s}$	0.60	16.24	0.002
			13	$R_{eco}=0.082\ 6T_s^{1.765\ 4}$	0.66	21.41	0.001
			13	$R_{eco}=17.537\ 7\ \ln T_s-35.784$	0.69	24.34	0.000
			13	$R_{eco}=-0.187\ 8T_s^2+7.458\ 9T_s-55.589$	0.86	31.46	0.000

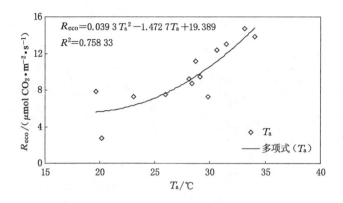

图 3-28　WW 样地去除 7 月 1 日测定的数据后 R_{eco} 与 T_a 的散点关系图

NEE 是生态系统光合作用碳吸收与呼吸作用碳排放间的收支差额,环境因子通过直接影响生态系统的光合和呼吸作用而间接地决定生态系统的净 CO_2 交换量。图 3-29 显示了冬小麦生态系统 NEE 对温度变化的响应。从图 3-29 可以看出,NEE 随温度的增加都呈二次曲线变化,即 NEE 随温度的升高而增加,并在达到最适温度时 NEE 最大,之后随着温度继续增加 NEE 又开始减小。这说明在温度适中的条件下冬小麦生态系统具有较大的碳吸收能力。温度偏低时 NEE 减小可能是因为在冬小麦生长季早期生长潜力较弱,而在温度高时 NEE 减小可能是因为太谷盆地冬小麦的光合能力在 5 月下旬的抽穗期达到最高,6 月份温度继续升高,此时冬小麦正处于灌浆期,光合能力已开始下降。表 3-22 为 NEE 与温度的二次拟合曲线的方程和方程的决定系数。2009 年 WD 样地和 WW 样地 NEE 的最适气温、土壤温度分别为:27.30 ℃和 20.40 ℃、27.54 ℃和 20.98 ℃;2010 年 WD 样地和 WW 样地的最适冠层辐射温度、气温和土壤温度 21.80 ℃、22.36 ℃和 15.67 ℃、22.26 ℃、23.30 ℃和 16.31 ℃。两年的 WD 样地的最适温度都略低于 WW 样地的,2009 年的最适温度都高于 2010 年的,2010 年 WD 样地和 WW 样地的最适冠层辐射温度和最适气温的差异不大,说明可以用 T_c 来替代 T_a 计算 NEE 的温度三参数。

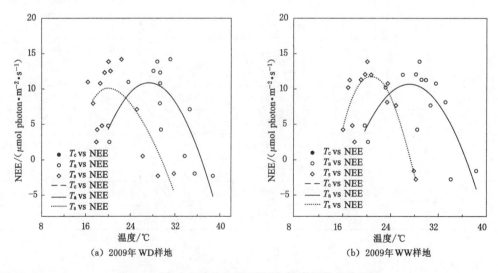

图 3-29　冬小麦季节尺度 NEE 与温度的散点关系图

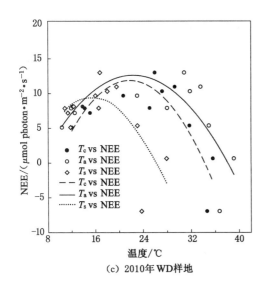

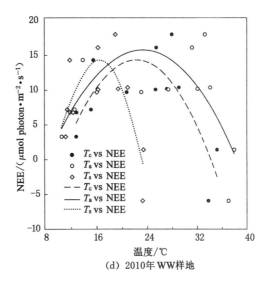

图 3-29 （续）

表 3-22　冬小麦季节尺度 NEE 与温度拟合回归方程

年份	样地	温度	n	回归方程	R^2	F	P	T_{opt}
2009	WD	T_a	14	$M_{NEE}=-0.122\ 2T_a^2+6.672\ 0T_a-80.2$	0.63	9.44	0.004	27.30
		T_s	14	$M_{NEE}=-0.112\ 4T_s^2+4.585\ 8T_s-37.337$	0.52	5.87	0.018	20.40
	WW	T_a	14	$M_{NEE}=-0.118\ 1T_a^2+6.404\ 2T_a-43.113$	0.60	8.12	0.007	27.11
		T_s	14	$M_{NEE}=-0.276\ 8T_s^2+11.616\ 4T_s-110.21$	0.74	15.75	0.001	20.98
2010	WD	T_c	12	$M_{NEE}=-0.076\ 2T_c^2+3.321\ 9T_c-24.325$	0.72	11.67	0.003	21.80
		T_a	12	$M_{NEE}=-0.051T_a^2+2.281T_a-12.882$	0.51	4.72	0.040	22.36
		T_s	12	$M_{NEE}=-0.084\ 4T_s^2+2.645\ 3T_s-11.612$	0.46	3.85	0.062	15.67
	WW	T_c	12	$M_{NEE}=-0.101\ 2T_c^2+4.505\ 5T_c-35.828$	0.62	7.25	0.013	22.26
		T_a	12	$M_{NEE}=-0.068\ 7T_a^2+3.201\ 7T_a-21.529$	0.45	3.66	0.069	23.30
		T_s	12	$M_{NEE}=-0.31T_s^2+10.112T_s-68.255$	0.64	7.95	0.010	16.31

七、灌浆期干旱处理对 CO_2 通量的影响

如前所述,2009 年 5 月 25 日 WW 样地充分灌溉,而 WD 样地没有进行灌溉,且在下雨天用遮雨棚进行遮盖;2010 年 6 月 1 日 WW 样地充分灌溉,而 WD 样地没有进行灌溉,与 2009 年不同的是 2010 年的 WD 样地在下雨天没有进行遮盖,有自然降雨进入,两年的水分处理旨在对比分析冬小麦灌浆期干旱胁迫对 CO_2 通量会造成什么样的影响。图 3-30 为两年水分处理期间 WD 和 WW 样地的 10 cm 深度的土壤水分对照图。从图中可以看出,2009 年水分处理后 WD 样地的土壤水分从 2009 年的 5 月 27 日的 7.72% 缓慢下降到测定末期的 4.50%;2010 年则由于有自然降水,WD 样地的土壤水分处于波动状态,最低值出现在 2010 年 6 月 20 日为 4.31%,之后由于 2010 年 6 月 25 日有 7.1 mm 的自然降水,土壤水分

至 6 月 27 日又升至 8.77 ％。配对 t 检验表明,两年处理期间 WD 样地和 WW 样地 10 cm 深度的土壤水分差异显著,2009 年和 2010 年 WD 样地和 WW 样地处理期间的土壤水分的平均值±标准差分别为:(5.84±1.19)％和(12.17±5.16)％($t=-3.446,P=0.026$)、(6.84±2.06)％和(14.39±4.50)％($t=-4.750,P=0.009$)。

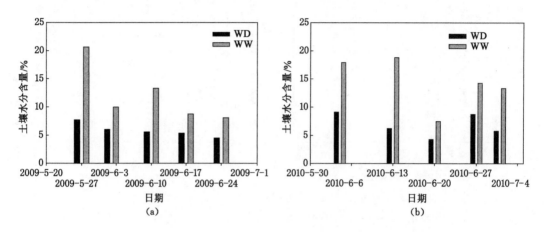

图 3-30　WD 样地和 WW 样地 10 cm 深度的土壤水分对照图

图 3-31 为水分处理后 WW 与 WD 样地的 GPP 和 R_{eco} 日变化的对照图,表 3-23 和表 3-24分别为 WD 样地和 WW 样地每日测定时环境因子和 CO_2 通量的配对 t 检验结果。从表 3-23 中可以看出,在处理前,WD 和 WW 样地的环境因子除 2010 年 4 月 26 日的 PAR 差异显著外(天气多云,PAR 波动起伏大),其余测定日差异均不显著;从表 3-24 可以看出,水分处理前,除 2010 年 4 月 26 日的 NEE 和 GPP(由于 PAR 波动大引起的)、2010 年 5 月 20 日的 NEE 差异显著外,其余均不显著,表明 2009 年和 2010 年所选的两块测定样地本底基本一致,可以用于灌浆期干旱胁迫的对比分析。在水分处理后,多数测定日 T_s 和 T_a 出现了显著差异,PAR 差异都不显著;2009 年 WD 和 WW 样地水分处理后的 GPP 和 R_{eco} 除 5 月 27 日差异不显著外(天气阴,PAR 波动范围极小引起的),其余都极显著,但 NEE 只在 6 月 10 日极显著;2010 年 WD 和 WW 样地水分处理后的 GPP 和 R_{eco} 除 7 月 1 日的差异不显著外(生长末期,光合都很低),其余测定日都显著,而 NEE 仅在 6 月 4 日和 6 月 13 日差异显著。从图 3-31 中也可以看出,水分处理后,除 2009 年 5 月 27 日外,WD 样地的 GPP 显著低于 WW 样地的 GPP,一天中随着 PAR 的增加差异增大,随着 PAR 的降低差异逐渐缩小;在灌浆初期差异较小(2009 年 6 月 2 日、2010 年 6 月 4 日),灌浆末期随着水分胁迫的增加差异增大(2009 年 6 月 10 日、2010 年 6 月 13 日),成熟期(2009 年 6 月 17 日和 6 月 24 日、2010 年 6 月 27 日和 7 月 1 日)差异又逐渐降小。2009 年 5 月 27 日 WD 和 WW 样地的水分差异很大,分别为 7.72％和 20.66％,但 GPP 和 R_{eco} 差异不显著,其原因是天气阴,温度和 PAR[0～500 μmol photon/(m^2 · s)]的波动范围极小,光合能力较低;水分处理后,WD 样地的 R_{eco} 也显著低于 WW 样地的 R_{eco},随着水分胁迫程度的增加,两个样地的数量差异增加,在成熟期早期(2009 年 6 月 17 日、2010 年 6 月 27 日)达到最大,成熟期末期(2009 年 6 月 24 日、2010 年 7 月 1 日)由于植物呼吸几乎为零,差异减小。

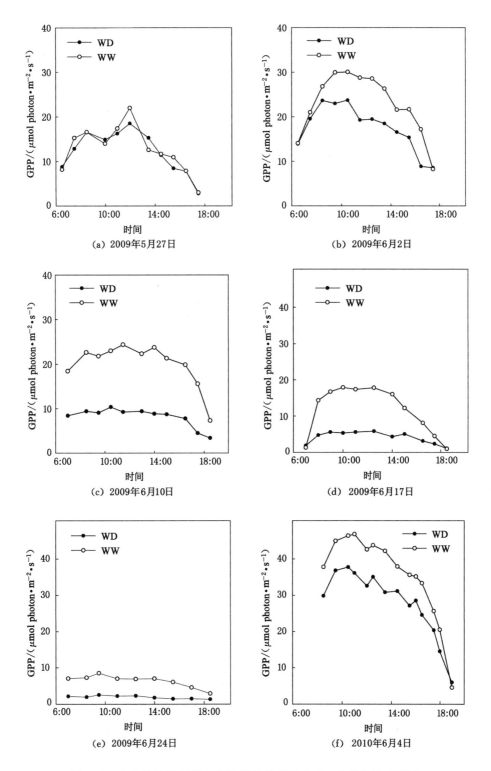

图 3-31 水分处理后 WW 与 WD 样地的 GPP 和 R_{eco} 日变化的对照图

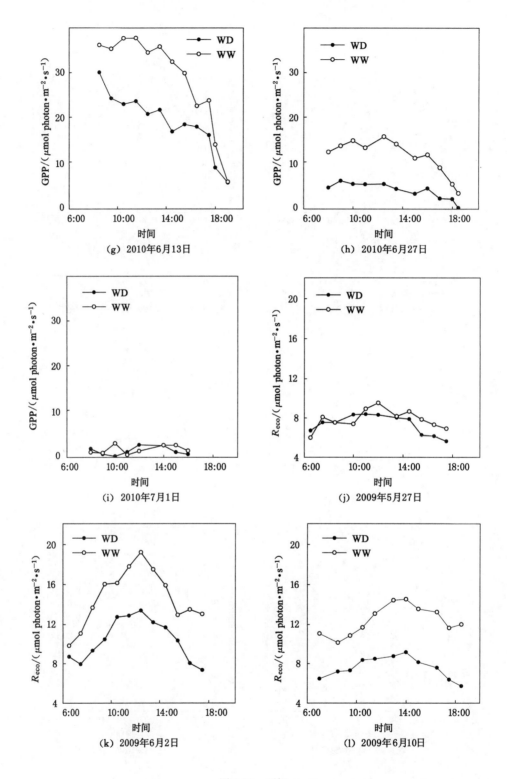

图 3-31 （续）

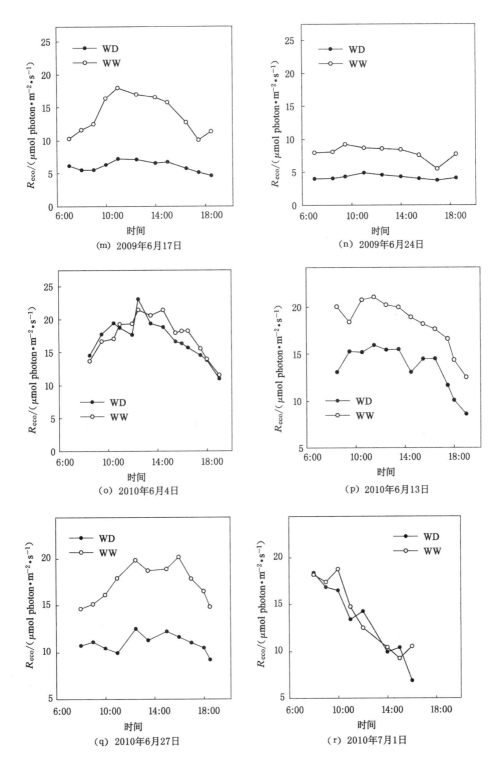

(m)　2009年6月17日

(n)　2009年6月24日

(o)　2010年6月4日

(p)　2010年6月13日

(q)　2010年6月27日

(r)　2010年7月1日

图 3-31　（续）

表 3-23　环境因子配对 t 检验结果

日期	样地	T_s 平均值±标准差	t	P	T_a 平均值±标准差	t	P	T_c 平均值±标准差	t	P	PAR 平均值±标准差	t	P
2009-4-8	WD	18.04±1.38	1.37	0.24	28.42±4.35	0.18	0.87	22.32±5.38	-2.15	0.10	1107.10±298.64	0.72	0.51
	WW	16.00±2.25			28.32±3.91			24.29±3.70			998.22±323.90		
2009-4-15	WD	17.31±1.74	0.78	0.46	17.23±2.53	0.77	0.46	—	—	—	798.13±454.99	1.88	0.09
	WW	17.10±1.43			16.84±3.07			—			755.48±449.96		
2009-4-22	WD	16.39±0.94	2.35	0.08	23.59±3.12	1.77	0.13	19.46±2.65	1.75	0.13	700.79±356.89	1.46	0.19
	WW	16.85±1.23			23.09±3.34			18.81±2.55			666.90±365.55		
2009-4-29	WD	20.37±1.93	-0.49	0.64	28.09±4.22	1.96	0.08	25.63±3.83	2.08	0.10	815.62±495.05	-0.38	0.71
	WW	20.66±2.70			25.96±3.70			24.13±3.31			831.73±482.38		
2009-5-6	WD	22.30±1.94	-2.13	0.06	31.10±4.47	-0.43	0.68	27.86±3.79	0.38	0.60	1010.31±613.99	0.40	0.70
	WW	23.46±2.81			31.52±5.01			26.44±3.02			1000.54±621.94		
2009-5-18	WD	19.34±1.79	-0.48	0.65	29.28±3.31	2.28	0.07	—	—	—	1030.91±555.68	-0.34	0.75
	WW	19.65±2.81			28.67±3.13			—			1055.10±578.73		
2009-5-27	WD	18.89±0.98	5.44	0.00	19.97±2.45	2.45	0.03	—	—	—	279.64±125.65	-0.81	0.44
	WW	17.54±1.09			19.61±2.21			—			291.65±135.70		
2009-6-2	WD	25.16±4.11	2.13	0.06	34.64±7.42	4.61	0.00	—	—	—	1118.02±624.34	0.08	0.94
	WW	23.37±5.37			33.15±6.69			—			1113.94±609.07		
2009-6-10	WD	26.95±2.73	4.40	0.001	33.79±4.57	4.16	0.00	33.20±4.81	7.03	0.00	1303.98±537.13	0.19	0.86
	WW	24.36±2.67			30.63±4.24			29.17±3.39			1296.80±519.56		
2009-6-17	WD	31.81±3.99	10.85	0.00	35.53±7.24	3.06	0.01	—	—	—	780.51±455.11	0.45	0.66
	WW	28.22±3.36			34.06±6.47			—			762.41±486.70		
2009-6-24	WD	28.90±3.74	1.22	0.26	38.76±7.78	0.99	0.35	40.29±8.07	2.91	0.02	1086.95±543.02	-0.40	0.70
	WW	27.87±4.61			38.29±7.06			38.26±6.30			1099.57±580.36		

表 3-23（续）

日期	样地	T_s 平均值±方差	t	P	T_a 平均值±方差	t	P	T_c 平均值±方差	t	P	PAR 平均值±方差	t	P
2010-4-12	WD	10.86±3.02	-1.56	0.17	11.93±4.52	0.13	0.90	13.29±5.71	1.50	0.19	741.01±311.38	-0.13	0.91
	WW	12.33±1.93			11.84±4.41			12.11±4.38			750.08±341.28		
2010-4-19	WD	15.83±1.25	0.48	0.66	24.35±3.69	1.38	0.24	24.05±3.94	0.87	0.44	464.19±269.90	0.55	0.61
	WW	15.71±1.23			22.94±2.66			23.22±3.30			417.62±268.27		
2010-4-26	WD	12.37±1.54	0.59	0.58	12.22±2.06	-2.49	0.06	13.86±2.35	-1.14	0.30	594.22±211.57	-3.85	0.01
	WW	11.80±2.33			13.84±1.79			14.80±2.18			904.20±152.84		
2010-5-6	WD	16.58±2.93	0.76	0.47	28.00±4.17	0.92	0.39	25.00±2.81	-0.50	0.63	1177.58±582.81	1.17	0.28
	WW	16.20±2.17			27.38±4.22			25.30±4.34			1080.12±676.57		
2010-5-20	WD	16.39±1.57	0.95	0.36	30.86±3.93	-0.65	0.53	25.96±3.03	1.76	0.11	1012.36±448.25	-0.6	0.56
	WW	16.27±1.64			31.17±4.38			25.42±2.95			1047.69±529.21		
2010-5-29	WD	18.01±1.63	-1.10	0.35	31.82±2.41	-0.174	0.87	27.19±1.77	0.11	0.92	992.55±646.46	0.29	0.79
	WW	18.37±1.41			32.05±4.22			27.10±2.90			975.56±685.48		
2010-6-4	WD	19.59±1.98	3.29	0.006	33.56±4.60	0.668	0.52	29.28±3.40	3.63	0.00	1181.58±580.68	1.66	0.12
	WW	18.92±1.57			33.23±4.33			28.19±2.91			1130.16±607.81		
2010-6-13	WD	23.09±2.14	6.55	0.00	34.95±4.21	1.73	0.11	31.72±2.97	5.84	0.00	947.69±504.41	0.83	0.42
	WW	20.89±1.26			34.07±3.79			29.09±2.96			894.36±549.34		
2010-6-20	WD	27.90±2.62	3.79	0.01	39.10±4.85	2.585	0.06	35.59±3.61	1.203	0.28	999.06±510.66	2.03	
	WW	23.25±1.66			37.41±4.75			34.78±4.62			770.04±440.55		
2010-6-27	WD	23.74±2.48	1.90	0.09	36.69±4.89	-0.83	0.42	34.61±4.32	2.13	0.06	855.49±506.37	-2.45	0.03
	WW	23.22±2.07			37.07±3.94			33.84±3.93			990.04±551.13		
2010-7-1	WD	23.94±0.14	25.162	0.00	25.58±1.90	2.892	0.02	25.66±1.57	3.48	0.01	264.13±223.02	1.54	0.17
	WW	22.74±0.10			25.24±1.76			25.15±1.68			193.77±110.91		

注：填充颜色为白色的区域为水分处理前，灰色的区域为水分处理后。

表 3-24 CO_2通量配对 t 检验结果

日期	样地	NEE			GPP			R_{eco}		
		平均值±标准差	t	P	平均值±标准差	t	P	平均值±标准差	t	P
2009-4-8	WD	4.24±1.22	0.00	1.00	12.84±1.64	−0.09	0.93	8.60±2.15	−0.09	0.94
	WW	4.24±1.03			12.94±2.55			8.68±2.89		
2009-4-15	WD	9.98±5.05	−1.55	0.16	17.89±6.82	−0.82	0.43	7.07±1.46	−0.38	0.72
	WW	10.70±5.66			18.51±7.34			7.15±1.42		
2009-4-22	WD	10.99±8.61	1.28	0.25	18.90±9.03	0.89	0.41	7.92±0.97	1.82	0.12
	WW	10.20±7.69			18.74±9.03			7.29±1.23		
2009-4-29	WD	12.54±7.79	0.50	0.63	20.27±8.63	0.62	0.55	7.73±1.39	1.16	0.28
	WW	12.00±8.00			19.51±8.65			7.50±1.02		
2009-5-6	WD	11.19±12.62	0.63	0.54	24.54±12.96	1.34	0.21	13.34±1.84	1.51	0.17
	WW	10.78±12.09			23.80±12.90			13.02±2.02		
2009-5-18	WD	12.32±5.98	0.25	0.81	20.64±6.48	−0.79	0.45	8.32±1.61	−2.23	0.06
	WW	12.06±7.49			21.29±8.04			9.23±1.41		
2009-5-27	WD	4.79±3.89	−0.07	0.95	12.11±4.77	−0.99	0.34	7.32±0.98	−2.03	0.07
	WW	4.82±4.55			12.64±5.24			7.82±0.97		
2009-6-2	WD	7.12±4.32	−1.18	0.26	17.50±5.15	−5.37	0.00	10.38±2.13	−10.08	0.00
	WW	8.15±5.33			22.83±6.92			14.68±2.85		
2009-6-10	WD	0.51±1.53	−6.58	0.00	8.08±2.16	−13.05	0.00	7.58±1.09	−14.58	0.00
	WW	7.69±4.80			20.02±4.92			12.33±1.47		
2009-6-17	WD	−1.96±1.29	0.28	0.79	4.09±1.70	−4.54	0.00	6.05±0.83	−11.34	0.00
	WW	−2.25±4.73			11.08±6.65			13.81±2.93		
2009-6-24	WD	−2.28±0.35	−1.90	0.09	1.93±0.42	−10.02	0.00	4.21±0.34	−13.28	0.00
	WW	−1.63±1.24			6.38±1.67			7.96±1.06		
2010-4-12	WD	7.86±1.78	1.87	0.11	12.11±2.88	1.72	0.14	7.86±1.78	4.64	0.00
	WW	6.77±1.35			10.75±3.44			6.77±1.35		
2010-4-19	WD	5.11±5.15	0.20	0.85	10.16±5.32	0.27	0.80	5.08±0.70	0.84	0.45
	WW	4.87±5.47			9.81±5.71			4.94±0.70		
2010-4-26	WD	8.12±3.13	−4.22	0.01	15.53±3.44	−3.43	0.02	7.40±1.77	−0.40	0.70
	WW	14.32±2.50			22.05±2.93			7.73±0.75		
2010-5-6	WD	10.90±10.40	0.74	0.48	27.27±11.49	0.58	0.58	16.37±2.98	0.09	0.93
	WW	10.08±12.16			26.40±13.16			16.32±2.00		
2010-5-20	WD	12.99±10.68	−2.70	0.02	33.68±12.12	−1.67	0.12	20.68±2.79	1.65	0.13
	WW	16.10±10.04			35.40±12.63			19.30±3.50		
2010-5-29	WD	10.32±13.59	0.04	0.97	31.92±15.44	0.86	0.45	21.60±2.11	1.48	0.24
	WW	10.18±13.71			30.05±15.59			19.86±3.15		

表 3-24(续)

日期	样地	NEE			GPP			R_{eco}		
		平均值±标准差	t	P	平均值±标准差	t	P	平均值±标准差	t	P
2010-6-4	WD	10.96±6.72	−7.50	0.00	27.88±9.05	−9.11	0.00	16.92±3.00	−1.31	0.21
	WW	17.99±9.79			35.46±11.73			17.46±2.98		
2010-6-13	WD	5.37±4.97	−3.69	0.00	18.93±6.60	−6.86	0.00	13.56±2.36	−14.21	0.00
	WW	10.38±7.58			28.60±10.11			18.23±2.63		
2010-6-20	WD	0.64±3.14	−0.93	0.40	10.72±4.49	−3.07	0.03	10.09±1.73	−4.57	0.006
	WW	2.08±5.63			18.31±8.33			16.22±4.22		
2010-6-27	WD	−6.95±1.65	−1.37	0.20	4.00±1.81	−10.49	0.00	10.96±0.97	−14.19	0.00
	WW	−5.92±3.73			11.41±3.95			17.33±1.99		
2010-7-1	WD	−11.94±4.12	0.53	0.61	1.38±0.92	−0.70	0.51	13.32±3.98	−1.03	0.34
	WW	−12.25±4.15			1.71±0.94			13.97±3.82		

注:填充颜色为白色的区域为水分处理前;灰色的区域为水分处理后。

将每天测定的 NEE、R_{eco} 及 GPP 与 10 cm、20 cm 和 30 cm 深度的土壤水分(W_{10}、W_{20}、W_{30})作曲线回归分析,结果表明 2009 年和 2010 年的 WD 样地的 GPP 和 NEE 分别与 10 cm 深度和 20 cm 深度的土壤水分呈显著的二次曲线特征(图 3-32,表 3-25),R_{eco} 则都不显著,表明土壤水分过低,水分亏缺引起气孔关闭,导致光合能力下降,土壤水分过高,也有抑制作物的光合能力,从而使 NEE 下降。

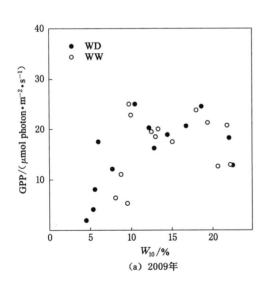
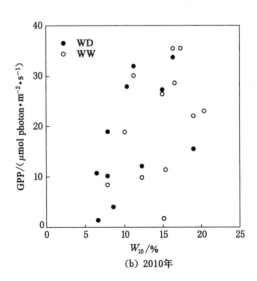

图 3-32 冬小麦 CO_2 通量与土壤水分的关系散点图

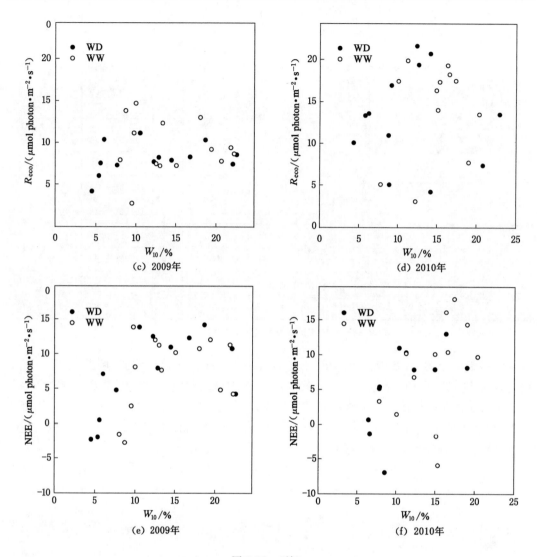

图 3-32 （续）

表 3-25　冬小麦 CO₂ 通量与土壤水分拟合回归方程

年份	样地	变量	样本数	回归方程	R^2	F	P
2009	WD	GPP	14	$F_{GPP} = -0.120\ 6W^2 + 3.893\ 2W - 10.496$	0.57	7.31	0.01
		R_{eco}	14	—			
		NEE	14	$M_{NEE} = -0.107\ 9W^2 + 3.433\ 4W14.968$	0.71	13.32	0.001
	WW	GPP	14	—			
		R_{eco}	12	—			
		NEE	12	$M_{NEE} = -0.182\ 2W^2 + 5.885\ 3W - 35.152$	0.49	5.26	0.025

表 3-25(续)

年份	样地	变量	样本数	回归方程	R^2	F	P
2010	WD	GPP	12	$F_{GPP}=-0.289\ 5W^2+8.735\ 4W-38.492$	0.51	4.64	0.04
		R_{eco}	12	—			
		NEE	12	$M_{NEE}=-0.120\ 2W^2+3.887\ 3W-20.668$	0.53	4.99	0.035
	WW	GPP	12	—			
		R_{eco}	12	—			
		NEE	12	—			

第六节　小　　结

本章采用箱式法对太谷盆地的 4 种人工草地及冬小麦生态系统的植被群体冠层辐射温度(T_c)、气温(T_a)、土壤温度(T_s)、土壤水分(W_{10}、W_{20}、W_{30})、光合有效辐射(PAR)和碳通量(NEE、GPP、R_{eco})的两年的同步测定,目的是对比分析不同土壤水分条件下日、季节尺度上利用遥感方式观测的 T_c 和 T_a、T_s 与 NEE、GPP、R_{eco} 的关系。

一、4 种人工草地

(1) 无论是日尺度还是季节尺度所有观测样地的 T_a 和 T_c 之间的泊松相关系数都在 0.90 以上,双尾显著性检验均为极显著水平,表明在日尺度和季节尺度上 T_c 与 T_a 的差异不大,可以用来代替 T_a 来研究温度对 GPP 及 R_{eco} 的影响。

(2) 4 种人工草地的 NEE 和 PAR 的关系无论是从日尺度还是从月尺度甚至季节尺度上均可以用直角双曲线模型进行很好的描述。

(3) 从日尺度上来看,4 种人工草地的 NEE、GPP 与 T_a、T_c 绝大多数测定日具有极显著的相关性,部分为显著相关,只有个别测定日为不显著。GPP 与 T_a 的线性回归方程的决定系数大部分小于 GPP 与 T_c 的决定系数。在研究 NEE 与 T_a、T_c 的关系时也发现了同样的结果,一般而言,NEE 与 T_a、T_c 的线性回归方程的决定系数都低于 GPP 与 T_a、T_c 的决定系数。4 种人工草地的 R_{eco} 的日变化与 T_a、T_c 的日变化都呈显著指数相关,并且与 T_a 和 T_c 的相关性无明显差异,而与 T_s 仅在个别测定日显著,决定系数也远远低于与 T_a 和 T_c 的决定系数。

(4) 从季节尺度上来看,HM 样地受土壤水分胁迫,GPP 与温度相关不显著,MX_w 样地与 T_a、T_c、T_s 的相关性都达到了显著水平,而 MX_m、MX_d 样地的 GPP 与 T_a、T_c、T_s 都相关不显著,当把 GPP 用 AGB 标准化后,发现 MX_w、MX_m、MX_d 样地的 GPP/AGB 与三种温度的相关性都达到了显著水平,而 HM 样地的 GPP 标准化后仍与三种温度相关不显著,GPP/AGB 与 T_s 的指数方程的决定系数 R^2 略低于与 T_a、T_c 的决定系数,而与 T_a 的决定系数与 T_c 的决定系数差异不大。HM 样地由于受到水分胁迫的影响,R_{eco} 与 3 种温度都相关不显著。苜蓿的三个样地除 MX_m 样地与 T_s 相关不显著外,其余都达到了显著或极显著水平。利用基于 T_s、T_a、T_c 拟合的指数方程的系数 b 计算出来的 Q_{10} 都在 1~2 之间,且差异不显著。表明季节尺度上冠层辐射温度可以用来模拟 GPP 和 R_{eco} 的变化。

二、冬小麦

（1）日尺度上冬小麦干旱处理样地（WD）和灌溉样地（WW）的 T_a 和 T_c 之间的泊松相关系数都在 0.90 以上，双尾显著性检验均为极显著水平；季节尺度上两年测定的 WD 和 WW 样地的 T_a 和 T_c 之间的泊松相关系数分别为 0.90、0.96（2009 年）和 0.99、0.98（2010 年），双尾显著性检验均为极显著水平，表明在日、季节尺度上 T_c 与 T_a 的具有较好的一致性，可以用来代替 T_a 来研究温度对 GPP 及 R_{eco} 的影响。

（2）2009 年和 2010 年冬小麦的 WD 和 WW 样地不同生育期的 NEE 和 PAR 均可以用 Michaelis-Menten 方程模型进行很好的描述，PAR 变化对 NEE 的影响在冬小麦生育前期和后期小于生育中期。

（3）日变化尺度上 WW 和 WD 样地的 NEE、GPP、R_{eco} 与 T_s 的相关系数绝大部分都低于与 T_a 和 T_c 的相关系数，而与 T_a 和 T_c 的相关系数差异不大，表明在日尺度上 T_c 可以代替 T_a 来研究温度与碳通量的关系，可以用来计算温度对光合作用的调节系数。

（4）季节尺度上 2009 年和 2010 年的 WD 和 WW 样地的 GPP、NEE 和 R_{eco} 与温度都呈显著的二次抛物线关系。WW 样地的 GPP 和 NEE 的最适温度高于 WD 样地的 GPP 和 NEE 的最适温度。T_c 的最适温度略低于 T_a 的最适温度，但差异不大在 1 ℃左右，说明在群体尺度上 T_c 可以用来代替 T_a 来计算光合作用的温度三参数，但计算时需要结合水分状况分别确定。两年 4 块样地的 R_{eco} 与 T_a 的关系均好于与 T_s 的。R_{eco} 与 T_c、T_a 关系的决定系数差异不大（0.82～0.80，0.95～0.96），表明对冬小麦生态系统而言可以用 T_c 来模拟 R_{eco} 的季节变化及年总量。

（5）水分处理后 WD 样地的 NEE、GPP、R_{eco} 显著低于 WW 样地的 NEE、GPP、R_{eco}，两年 WD 样地的 GPP 和 NEE 分别与 10 cm 深度和 20 cm 深度的土壤水分呈显著的二次曲线特征，R_{eco} 则都不显著，表明土壤水分过低，水分亏缺引起气孔关闭，导致光合能力下降，土壤水分过高，也抑制作物的光合能力，从而使 NEE 下降。

第四章　生态系统尺度植被辐射温度和光合作用的关系研究

目前,涡度相关通量技术已经被广泛应用于生态系统的 CO_2、H_2O 和能量通量的测定,获得的净生态系统碳交换数据 NEE 为研究生态系统总初级生产力 GPP 和生态系统呼吸 R_{eco} 提供了重要的信息(Falge et al.,2002)。尽管利用涡度相关通量观测系统所测定的数据可以用来代表整个生态系统与大气间的碳交换状况,但是,并不是所有的生态系统都可以利用涡度相关通量观测系统进行观测,进而导致很多地方没有观测数据(Running et al.,1999)。遥感能在瞬时获取地表"面状"分布的技术手段渐渐受到生态学家的日益关注,基于定量遥感提取植被指数和反演的叶面积指数已经被广泛用于陆地生态系统过程模型的碳估算中(Sellers et al.,1995;Schimal,1995;Chen et al.,1999;Cao et al.,1998a,1998b)。遥感还因为其具备不同空间分辨率为碳循环从"点"尺度的过程模型向区域尺度扩展研究和应用提供了可能。可以说,基于遥感的碳循环研究已经成为目前碳循环研究的重要方法。

很多卫星遥感研究基于 PEM 模型(光能利用率模型)开展对区域总初级生产力 GPP 的模拟,例如 CASA 模型(Potter et al.,1993)、VPM 模型(Xiao et al.,2004a)、GLO-PEM 模型(Goetz et al.,1999)等。在 PEM 模型中,GPP 被表达成植被冠层光合有效辐射吸收比例 FPAR、到达冠层顶部的光合有效辐射 PAR 以及光能利用率 ε_g 的乘积。

在常见的 PEM 模型中,ε_g 通常被表示为受温度、土壤水分、水汽压差等环境因子限制的最大光能利用率 ε_0 的函数。很多模型中所用的温度是近地面 1.5 m 高处的气温(T_a)。然而,标准气象站观测的 T_a 只能提供观测站点的时间变化而不能正确地表征大区域气温的分布,通过有限气象站点观测结果利用插值获得的区域气温分布代表性存在问题。T_a 的这些问题会通过对最大光能利用率的限制而将误差传递并累计在 GPP 估算结果中。与 T_a 相比,叶片和植物的生理活动与它们的本体温度的关系更为密切,在植被盖度较高的样地,植被冠层上方叶子的生理活动与陆地表面辐射温度(LST)的关系极为密切(Sims et al.,2008)。而对于稠密的植被而言,陆地表面辐射温度就是植被群体的冠层辐射温度(T_c)。另一方面,与气温相比,卫星遥感能瞬时获取大区域和连续分布的植被温度,弥补了气温的不足。

在本章中,我们利用千烟洲人工针叶林生态站通量观测数据和遥感数据 MOD09A1 深入分析:① 通量塔观测的气温 T_a 和冠层辐射温度 T_c 与千烟洲人工针叶林涡度相关碳通量数据之间的关系;② 分析基于 T_c 温度限制函数的 PEM 模型模拟中亚热带人工针叶林 GPP 的有效性和可靠性,探讨用 T_c 替代 T_a 来计算光能利用率调节系数的可能性。在此基础上,在第五章中,我们利用两个森林站,两个草地站得通量观测数据和 MODIS 的地表反射率产品数据 MOD09A1 和陆地表面辐射温度产品数据 MOD11A2 对比分析基于插值的气温的温度限制函数和陆地表面辐射温度限制函数的 PEM 模型模拟 GPP 的有效性和准确性,探讨用卫星遥感观测的陆地表面辐射温度来替代插值的气温模拟 GPP 的可能性。

第一节　材料和方法

一、研究站点

千烟洲人工针叶林通量观测站($26°44'$N，$115°03'$E，海拔 102 m)位于中国生态研究网络的千烟洲红壤丘陵农业综合开发试验站内，站内林分主要为 1985 年前后营造的人工针叶混交林。该区具有典型的亚热带季风气候特征，气候温暖湿润，受季风影响明显，年平均气温为 18.6 ℃，最高温（7 月）平均气温 29.7 ℃，最低温（1 月）平均气温 6.6 ℃，无霜期为 290 d，多年平均降雨量为 1 389.3 mm，但降雨季节分配不均，水热不完全同步，3～6 月多雨，7～10 月干燥。微气象观测塔建立于 2002 年 8 月，站点下垫面坡度在 $2.8°$～$13.5°$之间，观测塔四周的森林覆盖率在 90% 以上。西面是成片的湿地松，东南以马尾松为主，东北以杉木为主，平均树高为 12 m，树龄多为 20 年左右。

二、通量和气候观测数据

2005—2006 年碳通量和气候观测数据由中国陆地生态系统通量观测研究网络的工作者提供，具体包括日累计的 NEE、日累计的 R_{eco}、日平均的气温 T_a、日平均的冠层辐射温度 T_c、日累计的光合有效辐射 PAR、降雨量。仪器装置及试点具体信息请参照文献（Wen et al.，2006；Zhang et al.，2006）。冠层辐射温度 T_c 用美国产 SI-212 红外温度探测仪测定，为了尽可能减小土壤背景的影响，该红外温度仪与水平面呈 $30°$角悬挂在铁塔 41 m 处，数据间隔半小时自动记录。

为了与 MODIS 的 8 天合成图像相一致，我们把千烟洲通量塔站点的 CO_2 通量数据及微气象数据做了相应的处理，具体包括对 PAR 和 CO_2 通量数据求 8 天的和，对 T_c 和 T_a 求 8 d 的平均值。

三、MODIS 数据

美国国家航空航天局地球观测系统 Terra 卫星搭载的 MODIS 传感器共有 36 个光谱波段，其中 7 个用于地表和植被的研究。MODIS 陆地科学小组提供给用户 8 天合成的陆地表面反射率产品 MOD09A1，空间分辨率为 500 m，包括上述 7 个波段的反射率数据。我们从美国国家航空航天局网站下载了千烟洲人工针叶林通量观测站点 2005—2007 年的地表反照率产品，并使用蓝（459～479 nm）、红（620～670 nm）、近红外（841～875 nm）和短波红外（1 628～1 652 nm）4 个波段的数据进行植被指数和水分指数的计算。

研究表明，使用单个像元和使用 3×3、5×5 像元进行反照率数据提取对于计算常绿针叶林的植被指数的影响差异不显著（Xiao et al.，2005a）。因此，基于研究站点的经纬度信息（Xiao et al.，2004a，b；Xiao et al.，2005a，2005b），从 MOD09A1 产品中提取通量塔所在的单个像元（500 m×500 m）的反射率数值按照以下公式对植被指数 NDVI，EVI 和 LSWI（陆地表面水分指数）进行计算（Tucker，1979；Huete et al.，2002；Xiao et al.，2004a）：

$$C_{NDVI} = \frac{\rho_{NIR} - \rho_{red}}{\rho_{NIR} + \rho_{red}} \qquad (4\text{-}1)$$

$$C_{EVI} = 2.5 \times \frac{\rho_{NIR} - \rho_{red}}{\rho_{NIR} + 1 + 6.0 \times \rho_{red} + 7.5 \times \rho_{blue}} \qquad (4\text{-}2)$$

$$c_{LSWI} = \frac{\rho_{NIR} - \rho_{SWIR}}{\rho_{NIR} + \rho_{SWIR}} \qquad (4\text{-}3)$$

式中，ρ_{NIR}、ρ_{red}、ρ_{blue}、ρ_{SWIR} 分别表示近红外、红、蓝和短波红外波段的地表反照率。

第二节　模型及参数算法

一、植被光合模型的提出

光能利用率模型参数相对较少，而且参数可以应用遥感数据与方法进行反演，时空分辨率高，实时性强，可以完成大面积甚至全球尺度的 NPP 和 GPP 估算，因而在大尺上成为目前 NPP 和 GPP 模型开发和应用的一个主要发展方向。光能利用率模型的模式一般为：

$$F_{GPP} = \varepsilon_g \times N_{FPAR} \times N_{PAR} \qquad (4\text{-}4)$$

$$F_{NPP} = \varepsilon_n \times N_{FPAR} \times N_{PAR} \qquad (4\text{-}5)$$

式中：ε_g、ε_n 分别是植被将所吸收的光合有效辐射转化为 GPP 或 NPP 的效率，$\mu mol\ CO_2\ \mu mol$ $Photon^{-1}$；N_{FPAR} 为冠层的光合有效辐射吸收比例；N_{PAR} 为光合有效辐射，$\mu mol\ Photon\ m^{-2}s^{-1}$。

在 PEM 模型中，ε_g 和 ε_n 通常被看作是一个随温度、土壤湿度或水汽压差和大气中 CO_2 浓度等光合作用限制因子变化而变化的函数（Field et al.，1995；Prince et al.，1995），即

$$\varepsilon = \varepsilon_0 \times f(T) \times f(W) \times f(CO_2) \qquad (4\text{-}6)$$

式中：ε_0 是最佳环境下的最大光能利用率，$f(T)$、$f(W)$ 和 $f(CO_2)$ 分别是光合作用中的温度、水分和大气 CO_2 浓度的限制函数。

由于 FPAR 与归一化植被指数 NDVI 具有很强的相关关系，在遥感分析中，FPAR 通常被表示为 NDVI 的线性或非线性方程（Ruimy et al.，1994；Prince et al.，1995）：

$$N_{FPAR} = a \times C_{NDVI} + b \qquad (4\text{-}7)$$

式中，a、b 是根据 PEM 模型中 NDVI 确定的参数。

研究表明，FPAR 与叶面积指数 LAI 也具有较强的相关性。许多全球 NPP 的过程模型并不直接计算 FPAR，而是利用叶面积指数和消光系数 k 计算 FPAR：

$$N_{FPAR} = 0.95(1 - e^{-k \times C_{LAI}}) \qquad (4\text{-}8)$$

然而，很多研究表明，由于 NDVI 对大气条件、土壤背景的敏感性，并在多层和封闭冠层中 NDVI 会出现饱和现象，从而使 NDVI 的应用受到限制。另外，在冠层水平，植被冠层通常由光合有效植被（PAV）和非光合有效植被（NPV）组成。在冠层水平非光合植被对FPAR 有很强的影响，如在 LAI<3 的森林生态系统，NPV 可以增加 10%～40% 的 FPAR（Asner et al.，1998）。由于只有被 PAV 吸收的 PAR 才被用于光合，因此在模型中 FPAR 应该被分解成光合冠层的光合有效辐射吸收比例（FPAR$_{PAV}$）和非光合冠层的光合有效辐射吸收比例（FPAR$_{NAV}$）两个部分：

$$N_{FPAR} = N_{FPAR_{PAV}} + N_{FPAR_{NPV}} \qquad (4\text{-}9)$$

Xiao 等（2004a）认为在植被生产力模型中引入 NPV 和 PAV 的概念将有助于改善植

被 PAV 对 PAR 吸收的估算和光能利用率的定量化,使用改进的遥感植被指数将有利于表征地表植被的结构特征,并基于此观点提出了基于植被光合原理的植被光合模型(VPM 模型)。

二、植被光合模型的描述

植被光合模型是一个基于植被光合原理,以涡度相关碳通量观测资料为基础,以遥感数据为驱动变量,模拟 GPP 的参数模型。模型中使用了增强植被指数 EVI 和陆地表面水分指数 LSWI 来反映植被光合冠层 PAV 吸收的有效辐射和叶子的年龄,对以往的遥感模型进行了改进。

VPM 模型的表达式如下:

$$F_{GPP} = \varepsilon_g \times N_{FPAR_{chl}} \times N_{PAR} \tag{4-10}$$

$$\varepsilon_g = \varepsilon_0 \times T_{scalar} \times W_{scalar} \times P_{scalar} \tag{4-11}$$

式中:N_{PAR} 为光合有效辐射,$\mu mol\ Photon/(m^2 \cdot s)$;$N_{FPAR_{chl}}$ 表示被叶绿素所吸收的光合有效辐射比例;ε_g 是植被将所吸收的光合有效辐射转化为 GPP 的效率,$\mu mol\ CO_2/\mu mol\ Photon$;$\varepsilon_0$ 为表观量子效率或最大光能利用率,$\mu mol\ CO_2/\mu mol\ Photon$;$T_{scalar}$ 表示温度对最大光能利用率的影响函数;W_{scalar} 表示植被冠层水分蒸腾状况对最大光能利用率的影响函数;P_{scalar} 表示物候对最大光能利用率的影响函数。

温度对光能利用率的影响,VPM 模型直接引用 TEM 模型(Terrestrial Ecosystem Model)(Raich et al.,1991)的气温限制函数,T_{scalar} 可以表示为:

$$T_{scalar} = \frac{(T - T_{min})(T - T_{max})}{(T - T_{min})(T - T_{max}) - (T - T_{opt})^2} \tag{4-12}$$

式中,T_{min}、T_{opt}、T_{max} 分别表示植被进行光合作用的最低、最适和最高温度。T_{scalar} 的取值范围在 0~1 之间,当温度达到最适温度时,T_{scalar} 为 1,随着温度的升高和降低而减小。当温度低于植被进行光合作用的最低温度时,T_{scalar} 为 0。

由于叶片蒸腾和光合作用都利用气孔作为流通的通道,一般用水分蒸腾状况来描述水分对光合作用的影响。CASA 模型利用含有土壤结构、土壤深度、降水等参数的单层土壤水分模型(Malmström et al.,1997)估算得到的土壤水分状况来描述水分对光合作用的影响。Glo-PEM 模型利用 NOAA/AVHRR 数据获得的近地表水汽压差来获得实际蒸散状况(Prince et al.,1995)。另外从遥感角度来看,还可以利用近红外波段与参考波段的差异来反映植被水分状况,如水分胁迫指数(Hunt et al.,1989),陆地表面水分指数 LSWI(Xiao, et al.,2002),全球植被水分指数 GVMI(Ceccato et al.,2002a, b)以及归一化水分指数 NDWI(Gao,1996)。在 VPM 模型中,使用 LSWI 来计算水分对光合作用的影响:

$$W_{scalar} = \frac{1 + C_{LSWI}}{1 + C_{LSWI_{max}}} \tag{4-13}$$

$$C_{LSWI} = \frac{\rho_{nir} - \rho_{swir}}{\rho_{nir} + \rho_{swir}} \tag{4-14}$$

式中,C_{LSWI} 表示陆地表面水分指数,$C_{LSWI_{max}}$ 为单个像元尺度上植被生长季的最大陆地表面水分指数。对于 MODIS 数据,ρ_{nir},ρ_{swir} 分别是近红外(841~875 nm)和(1 628~1 652 nm)

波段反射率。

P_{scalar} 表示叶片物候状况(叶片的年龄)对光合作用的影响。在 VPM 模型中，P_{scalar} 的计算取决于叶片的寿命(落叶、常绿)。在落叶林，试验证明叶片物候能够影响光合潜力和生态系统碳交换的季节模式(Wilson et al.，2001)。因此对于一年生落叶林来说，从发芽到叶子全部展开，P_{scalar} 的计算公式如下：

$$P_{scalar} = \frac{1 + C_{LSWI}}{2} \tag{4-15}$$

在叶子全部扩展后 P_{scalar} 取值为 1。对于常绿林，P_{scalar} 的取值为 1。

在 VPM 模型中，$N_{FPAR_{chl}}$ 为 C_{EVI} 的线性函数，系数 a 被设置成 1(Xiao et al.，2004a，2004b；Xiao et al.，2005a，2005b)：

$$N_{FPAR_{chl}} = a \times C_{EVI} \tag{4-16}$$

近年来，研究人员利用改进的光能利用率模型——"植被光合模型(VPM)"已经成功地模拟了森林(Xiao et al.，2004a，2004b；Xiao et al.，2005a，2005b；Wu et al.，2009)、高寒草地(Li et al.，2007；Fu et al.，2010)、温带草原(Wu et al.，2008)生态系统的 GPP。但模型中温度对光合作用的限制函数仍沿用实验站点观测的气温，由于受下列因素的限制，气温的台站观测数据往往满足不了模型尺度外推至区域乃至全球的需要：① 受自然条件的限制，气象观测站的设置往往呈散点分布。在自然条件险恶的山区或高原，不仅气象台站稀少，而且这些台站多分布在峡谷或平原等离城镇比较近的地方，严格来讲，这些台站所观测的气温数据并不能反映山区或高原的实际气温分布。② 现有的内插方法，不能保证气温在区域上的分布精度。一般来讲，区域上的气温数据都是通过气象台站的观测数据在一系列内插方法的支持下获得的，但现有的内插技术和方法通常只能保证离台站较近的区域的内插精度和准确性，远离气象台站区域的内插精度通常无法保证。

所以，针对利用气温评价对最大光能利用率的限制中存在的客观问题，我们提出是否有更好的温度形式来替代气温？由于卫星遥感探测的温度是陆地表面辐射温度，对植被冠层来说正好是植被表层辐射温度。与气温相比这个温度更能反映光合作用的植被本体温度。而且，卫星遥感能瞬时获取大区域和连续分布的植被温度，弥补了气温在区域尺度上的不足。

因此，本章力图探讨样地直接观测的冠层辐射温度替代气温模拟 GPP 的可能性。在第五章将探讨利用卫星观测反演的陆地表面辐射温度替代插值的气温模拟 GPP 的可靠性。

三、模型参数化

(一)最大光能利用率的确定

光能利用率模型估算 GPP/NPP 不确定性的来源，除了植被吸收的光合有效辐射外，光能利用率的误差是主要的误差来源(Ruimy et al.，1994)，光能利用率的确定在很大程度上影响着 GPP/NPP 的估算精度。光能利用率的确定方法主要有 3 种(赵育民等，2007)：① 生物量调查法。这种方法最为传统，应用最为广泛，所需仪器、设备简单，但工作量大，会对植被有所破坏。② 用光量子效率推算光能利用率。光能利用率的理论最大值可以由光量子效率推出。影响光量子效率的内部因素主要是植物光合碳代谢途径，C_4 植物光量子效率比 C_3 低 30% 左右，这是因为 C_4 植物与 C_3 植物相比多一个 C_4 循环途径，每固定 1 分子

CO_2要比C_3植物多消耗2分子三磷酸腺苷。C_3植物具有较强的光呼吸作用。③ 基于涡度相关技术的光能利用率估算。涡度相关技术是目前直接测定植被冠层与大气间的CO_2和水热交换量的唯一方法,为研究生态系统尺度的光合特征参数提供了途径;不仅为估计APAR和GPP提供了机会,使得有可能从冠层到景观水平估计光能利用率,并且其估算的时空尺度可以与基于卫星遥感的尺度转换相关联(Ruimy et al. , 1994)。

最大光能利用率因植被类型不同而差异显著。在光能利用率模型中常用表观量子效率作为最大光能利用率。因此,对于特定植被类型的最大光能利用率用 Michaelis-Menten 方程对白天净生态系统碳通量 NEE 与光合有效辐射 PAR 的关系拟合得到:

$$M_{\text{NEE}} = \frac{\alpha \times N_{\text{PAR}} \times M_{\text{NEF}_{\max}}}{\alpha \times N_{\text{PAR}} + M_{\text{NEF}_{\max}}} - R_c \tag{4-17}$$

式中:M_{NEE}为白天净生态系统交换量,$\mu\text{mol CO}_2/(\text{m}^2 \cdot \text{s})$;$\alpha$为表观量子产额(表观初始光能利用率),表征光合作用中的最大光能利用率,$\mu\text{mol CO}_2/\mu\text{mol photon}$;$M_{\text{NEE}_{\max}}$为表观最大光合速率,即光饱和时的净生态系统交换(PAR→∞时净生态系统交换的渐近值),$\mu\text{mol CO}_2/(\text{m}^2 \cdot \text{s})$;$R_e$为表观暗呼吸速率($N_{\text{PAR}}$→0 时净生态系统交换值),$\mu\text{mol CO}_2/(\text{m}^2 \cdot \text{s})$;$N_{\text{PAR}}$为光合有效辐射,$\mu\text{mol photon}/(\text{m}^2 \cdot \text{s})$。

本文参考相关文献,确定了千烟洲人工针叶林生态系统的最大光能利用率的值为1.59 g C/MJ(Zhang et al. , 2006)。

(二)T_{scalar}与 $\text{LSWI}_{\max}$ 的确定

不同植被类型的 $T_{\min}$、T_{opt}、$T_{\max}$ 的取值不同(Raich et al. , 1991;Aber et al. , 1992)。通过参考相关文献和参数调试,确定了千烟洲站光合作用的气温和冠层辐射温度的三个温度参数分别为-8 ℃、20 ℃、40 ℃和-6 ℃、18 ℃、40 ℃(Aber et al. ,1992;Zhang et al. , 2006)。

对于单个像元而言,最大陆地表面水分指数($\text{LSWI}_{\max}$)是指在生长季期间陆地表面水分指数(LSWI)的最大值。选择每一年生长季最大的 LSWI 作为 $\text{LSWI}_{\max}$。不同年份对应不同的参数。

具体的技术路线图参见图4-1。

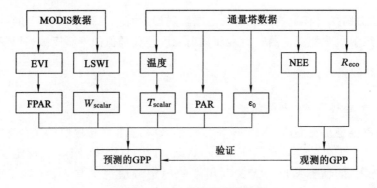

图 4-1 GPP 估算技术路线图

第三节　冠层辐射温度和气温的季节动态

通量塔观测的冠层辐射温度 T_c 与气温 T_a 的季节变化趋势和数量都有较好的一致性,如图 4-2 所示。冬季的 T_c 和 T_a 都在 10 ℃ 以下,从三月下旬开始急剧升高,夏季达到最高值,然后急剧下降,到冬季达到最低值。2005 年、2006 年 T_c 和 T_a 的波动范围分别为 $-3.6\sim30.5$ ℃、$-0.07\sim31.5$ ℃ 和 $-1.3\sim31.4$ ℃、$-2.5\sim32.5$ ℃。2005 年 T_c 和 T_a 的年平均值分别为 (16.9 ± 9.08) ℃ 和 (17.6 ± 9.04) ℃;2006 年分别为 (18.36 ± 8.36) ℃ 和 (17.95 ± 7.92) ℃,两年的 T_c 和 T_a 的平均值分别为 (17.62 ± 8.71) ℃ 和 (17.78 ± 8.48) ℃。两年的冠层辐射温度和气温差异不显著$(P>0.05)$,且二者间有极显著的线性函数关系$(R^2=0.99,P<0.01)$,如图 4-3 所示。

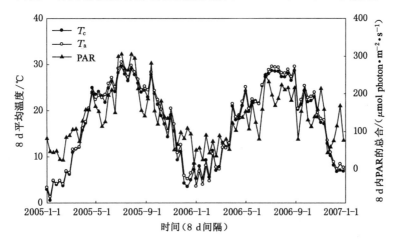

图 4-2　千烟洲通量站 2005 年、2006 年光合有效辐射(PAR)和冠层辐射温度(T_c)、气温 (T_a)的季节动态

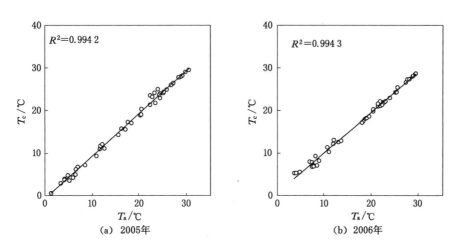

图 4-3　千烟洲站气温和冠层辐射温度的线性关系

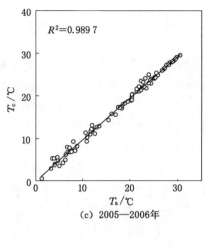

(c) 2005—2006年

图 4-3 （续）

第四节　总初级生产力、生态系统呼吸的季节动态

从图 4-4 中可以看出，GPP 的季节变化趋势明显，图中 GPP_{pred-c} 是利用冠层辐射温度作为输入变量模拟的 GPP；GPP_{pred-a} 是利用气温作为输入变量模拟的 GPP；GPP_{obs} 是实际观测值。冬季由于气温较低，GPP 值也低于 $2~g/(m^2 \cdot d)$，随着气温的上升，4 月下旬 GPP 开始增加，最高值出现在 6 月底至 8 月初，然后急剧下降，到 1 月份达到最低值。GPP 的季节变化趋势与 T_c、T_a 和 PAR 的变化趋势相一致。

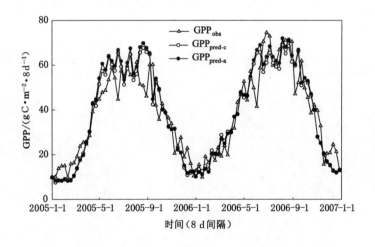

图 4-4　2005、2006 年千烟洲 GPP 的季节动态

图 4-5 为千烟洲 R_{eco} 的季节动态，从图中可以看出，R_{eco} 的季节变化趋势呈现单峰曲线。一年中，由于冬季温度较低，R_{eco} 也较低，维持在 $2~g~C/(m^2 \cdot d)$，4 月后，随着气温的上升，R_{eco} 上升的速度加快，峰值出现在 6 月初至 8 月底，受土壤水分状况、水汽压亏缺等环境因子

的波动,这期间的 R_{eco} 也上下来回波动,9 月后随着气温的降低,R_{eco} 也开始下降,到 1 月份达到最低值。R_{eco} 的峰值每年出现的时间不完全相同,取决于水热状况两个方面。

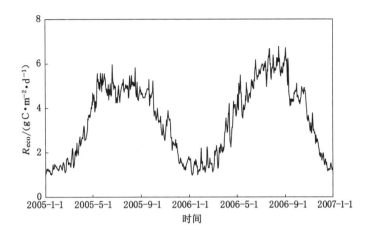

图 4-5 2005、2006 年千烟洲 R_{eco} 的季节动态

第五节 温度与总初级生产力的相关性

通量塔观测的 GPP 的季节变化动态无论与 T_c 还是 T_a 都高度指数相关,且与冠层辐射温度指数回归方程的决定系数和气温的决定系数都没有显著差异,如图 4-6 和表 4-1 所示,T_c 和 T_a 都能解释 90% 以上的 GPP 季节变化。这个相关结果从某种程度上支持了在光能利用率模型中冠层辐射温度可以用来替代气温来计算温度对最大光能利用率的影响的假设。

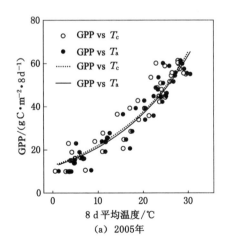
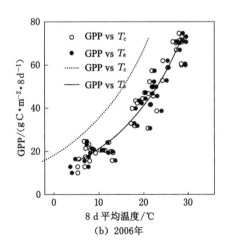

图 4-6 千烟洲通量塔观测的 GPP 与 T_c、T_a 的数量关系

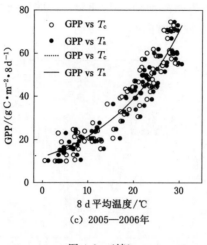

(c) 2005—2006年

图 4-6 (续)

表 4-1 T_a 和 T_c 与 GPP 指数方程的拟合系数 (a,b)

年份	变量	n	a	b	R^2
2005	T_a	46	10.650	0.060 8	0.90
	T_c	46	11.233	0.060 2	0.90
2006	T_a	46	10.091	0.069 3	0.90
	T_c	46	10.439	0.066 0	0.91
2005—2006	T_a	92	10.455	0.064 6	0.89
	T_c	92	10.870	0.063 0	0.90

注：$F_{GPP} = ae^{bT}$。

第六节 温度与生态系统呼吸的相关性

生态系统呼吸是自养呼吸（根、叶和茎呼吸）和异养呼吸（微生物分解土壤有机质）的和。通常认为生态系统呼吸及其组分对温度的响应呈指数增长规律，在一定温度范围内，呼吸随温度的增加呈指数增长，当温度达到 45～50 ℃时呼吸速率达到最大值；超过一定的温度界限，酶的分解速率将下降，呼吸将会受到抑制（Lloyd et al.，1994；Fang et al.，2001）。

图 4-7 是千烟洲人工针叶林的 R_{eco} 与 T_a、T_c 关系的散点图，表 4-2 是 T_a 和 T_c 与生态系统呼吸指数方程（$R_{eco} = ae^{bT}$）的拟合系数（a，b）及 Q_{10} 和 R_{10} 值。从图 4-7 可以看出，在气温和冠层辐射温度较低时，生态系统呼吸的变化幅度较小，而当温度大于 10 ℃时，生态系统呼吸的变化幅度明显增加。表 4-2 中，生态系统呼吸与 T_a、T_c 的相关性分析表明，R_{eco} 的季节变化与 T_a、T_c 季节变化之间都存在显著的指数关系，2005 年和 2006 年拟合方程的决定系数 R^2 没有显著差异（$P > 0.05$），分别为 0.903、0.891 和 0.897、0.902。用两年的全部数据计算得 R^2 值分别为 0.891、0.893。这表明 T_c 可以替代 T_a 用于针叶林生态系统呼吸的模拟。Q_{10} 是 R_{eco} 的一个重要参数，它能够反映呼吸通量对温度的敏感性。从表 4-2 可以看出，T_c 和 T_a 在 2005、2006 年的 Q_{10} 值分别为 1.70、1.85 和 1.72、1.91，用两年全部测定数据计

算得 Q_{10} 值分别为 1.77、1.80，表明用 T_a 和 T_c 计算得到的 Q_{10} 值差异不显著。进一步表明应用热红外遥感技术模拟生态系统呼吸的可行性。

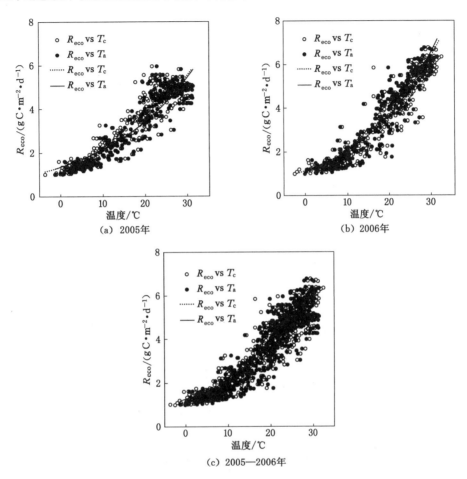

（a）2005年　　（b）2006年

（c）2005—2006年

图 4-7　千烟洲通量塔观测的 R_{eco} 与 T_c、T_a 的关系散点图

表 4-2　气温和冠层辐射温度与生态系统呼吸指数方程的拟合系数 (a,b) 及 Q_{10} 和 R_{10} 值

时间	变量	n	a	b	R^2	Q_{10}	R_{10}
2005	T_a	365	1.122 8	0.054 3	0.903	1.72	1.93
	T_c	365	1.179 6	0.053	0.891	1.70	2.00
2006	T_a	365	0.973 6	0.064 8	0.897	1.91	1.86
	T_c	365	1.003 6	0.061 7	0.902	1.85	1.86
2005—2006	T_a	730	1.057	0.059	0.891	1.80	1.91
	T_c	730	1.098 5	0.057 3	0.893	1.77	1.95

注：$R_{eco}=ae^{bT}$。

第七节 总初级生产力的模拟

根据 Xiao 等(2004a)对 VPM 模型的定义,在 8 天时间尺度上,分别基于样地观测的气温 T_a 计算的温度调节系数和基于样地观测的冠层辐射温度 T_c 计算的调节系数对千烟洲站的 2005—2006 年 GPP 的季节动态和年际动态进行了遥感模拟。模型的输入包括基于样地直接观测的 T_a 和 T_c 分别计算的 T_{scalar}、利用 LSWI 计算的 W_{scalar} 和 P_{scalar}、利用 EVI 确定的 FPAR 及样地观测的 PAR。

模拟结果表明,总体来看无论是基于 T_c 还是基于 T_a 模拟得到的 GPP 都与观测值具有很好的一致性,但也存在夏季模拟结果偏高,冬季模拟结果偏低的现象,如图 4-8。图 4-8 的线性回归分析表明,通量塔观测的 GPP_{obs} 与基于冠层辐射温度模拟得到的 GPP_{pred-c} 及利用气温模拟得到的 GPP_{pred-a} 的决定系数没有显著差异,R^2 分别为 85% 和 86%。从表 4-3 可以看出,在研究时间段内,模拟的 GPP_{pred-c} 和 GPP_{pred-a} 与观测值之间的相对误差绝对值都小于 6%,表明模拟结果具有较高的可靠性。这个结果表明在光能利用率模型中冠层辐射温度可以用来替代气温来表达温度对光合作用的影响,至少在一些盖度较高的植被生态系统。

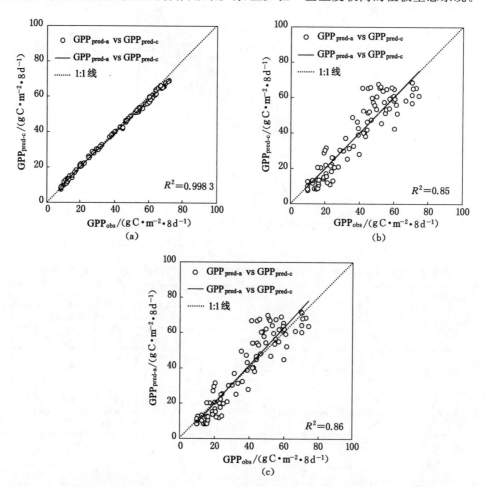

图 4-8 千烟洲通量塔观测的 GPP 和利用光能利用率模型模拟得到的 GPP 的线性回归

表 4-3　千烟洲通量塔观测的 GPP 与用 T_c、T_a 模拟的年 GPP 总量比较

单位:$g\ C \cdot m^{-2}$

时间	GPP_{pred-c}	GPP_{pred-a}	GPP_{obs}
2005	1 693.60(2.84%)	1 737.85 (5.53%)	1 646.81
2006	1 844.38(1.23%)	1 872.25 (0.26)	1 867.43
全部数据	3 537.98(0.68%)	3 610.10 (2.73)	3 514.24

第八节　小　　结

本章分别基于通量塔观测的气温 T_a 和冠层辐射温度 T_c 的限制函数和利用 VPM 模型模拟了千烟洲亚热带人工常绿针叶林 QYZ 通量观测站的 GPP 的季节变化动态,并与涡度相关通量观测的 GPP(GPP_{obs})做了对比研究,表明了利用遥感方式观测的冠层辐射温度替代样地直接观测的气温计算温度对光合作用的调节系数的可能性。

(1)通量塔观测的 T_c 与 T_a 的季节变化趋势和数量都有较好的一致性。两年的 T_c 和 T_a 差异不显著($P>0.05$),且二者间有极显著的线性函数关系($R^2=0.99,P<0.01$)。

(2)通量塔观测的 GPP 的季节变化动态无论与 T_c 还是 T_a 都高度指数相关,且与 T_c 指数回归方程的决定系数和 T_a 的决定系数都没有显著差异,T_c 和 T_a 都能解释 90% 以上的 GPP 季节变化 90% 以上。这个相关结果从某种程度上支持了在光能利用率模型中冠层辐射温度可以用来替代气温来计算温度对最大光能利用率的影响的假设。

(3)R_{eco} 与 T_a、T_c 的相关性分析表明,R_{eco} 的季节变化与 T_a、T_c 都呈显著指数相关,拟合方程的决定系数 R^2 没有显著差异($P>0.05$),这表明 T_c 可以替代 T_a 用于针叶林生态系统呼吸的模拟。用 T_a 和 T_c 计算得到的 Q_{10} 值差异不显著。进一步表明应用热红外遥感技术模拟生态系统呼吸的可行性。

(4)利用光能利用率模型模拟 GPP 的结果表明,总体来看无论是基于 T_c 还是基于 T_a 模拟得到的 GPP 都与观测值具有很好的一致性,但也存在夏季模拟结果偏高,冬季模拟结果偏低的现象。线性回归分析表明,通量塔观测的 GPP_{obs} 与基于冠层辐射温度模拟得到的 GPP_{pred-c} 及利用气温模拟得到的 GPP_{pred-a} 的决定系数没有显著差异,分别为 85% 和 86%。这个结果表明对亚热带针叶林生态系统而言,在光能利用率模型中冠层辐射温度可以用来替代气温来表达温度对光合作用的影响。

第五章　利用卫星探测的辐射温度对 GPP 遥感估算的检验与精度评价

目前人们还无法在大尺度上对陆地生态系统的生产力进行直接和全面的测量,在区域尺度的陆地生态系统生产力的估算和评价中,模型已成为一种重要而广为接受的研究方法。当前提出的生产力估算模型很多,有统计模型、过程模型和参数模型,参数模型由于需要的参数少,计算效率高,时空分辨率高,实时性强,而且可以直接使用遥感数据与方法完成大面积甚至全球尺度的 NPP 估算,因而成为目前 NPP 模型开发和应用的一个主要发展方向。VPM 模型是基于植被光合原理提出的估算生态系统 GPP 的植被光合模型,是其中的一种参数模型,它与经验模型相比融合了遥感观测数据,与过程模型相比简化了模型参数。近年来,研究人员利用改进的光能利用率模型 VPM 模型已经成功地模拟了森林(Xiao et al.,2004a,2004b;Xiao et al.,2005a,2005b;Wu et al.,2009)、高寒草地(Li et al.,2007;Fu et al.,2010)、温带草原(Wu et al.,2008)生态系统的 GPP。但模型中温度对光合作用的限制函数仍沿用试验站点观测的 T_a,而 T_a 的区域代表性较差,在第四章中我们使用千烟洲人工针叶林通量观测站直接观测的 T_c 限制函数对 GPP 进行了模拟,结果表明利用样地直接观测的 T_c 可以用来代替 T_a 来表达温度对光合作用的影响。在本章中,我们利用长白山温带针阔混交林(简称 CBS)、千烟洲亚热带人工常绿针叶林(简称 QYZ)、内蒙古锡林郭勒温带草原(简称 NM)和海北高寒草甸(简称 HB)4 个通量观测站碳通量观测的数据,MODIS 的地表反射率产品(MOD09A1)、陆地表面辐射温度产品(MOD11A2、MYD11A2)以及插值的气温(T_{insert})、光合有效辐射(PAR)数据进行深入分析。首先分析了 T_{insert}、陆地表面辐射温度(LST)与 4 个通量观测站涡度相关碳通量数据之间的关系,其次分析基于 LST 温度限制函数的 VPM 模型模拟 4 个通量观测站 GPP 的有效性和可靠性,探讨用 LST 产品替代 T_{insert} 来计算光能利用率调节系数的可能性。

第一节　材料和方法

一、研究站点

本研究选择中国通量观测研究网络中的长白山温带针阔混交林(CBS)、千烟洲亚热带人工常绿针叶林(QYZ)、内蒙古温带草原(NM)和海北高寒草甸(HB)4 个站点为研究对象。下面分别简要介绍各观测站点环境和生物信息的基本情况。

长白山温带针阔混交林通量观测站位于中国科学院长白山森林生态系统定位站一号标准地阔叶红松林内。该站位于吉林省东南部,地势平坦,属温带大陆性季风气候,春季风大干燥,夏季温暖多雨而短暂,秋季凉爽多雾,冬季寒冷而漫长。年平均气温为 3.6 ℃,1982—

2000 年的多年平均降水量 713 mm,多集中在夏季,6—9 月降水量占全年降水量的 80% 以上。年相对湿度在 70% 左右。土壤类型主要为山地暗棕色森林土,土壤质地较粗,有机质含量丰富。植被类型为温带阔叶红松林,为成熟原始林,林龄大约 200 年。主要优势种为红松、紫椴、水曲柳、蒙古栎和色木槭(关德新等,2006;赵晓松等,2006)。根据 2003—2004 年的调查资料,观测地点附近的植被平均株高 26 m,最大叶面积指数(LAI)为 5.7,总蓄积量 380 m^3/hm^2。

　　千烟洲亚热带人工常绿针叶林通量观测站地处江西省,位于中国的东南部。详细情况参见第四章第一节。

　　内蒙古锡林郭勒温带草原通量观测站位于内蒙古自治区锡林郭勒盟,该区海拔 1 189 m,多年平均降水 350.9 mm,多年平均气温为 −0.4 ℃。土壤类型为栗钙土,有机质含量为 3%。主要植物种属温带半干旱草原生态系统,为温带季节性草种,以大针茅和羊草群落为主,对欧亚大陆温带草原植被具有广泛代表性。

　　海北高寒草甸通量观测站设在中科院海北高寒草甸生态系统定位研究站,该站地处青藏高原东北隅的祁连山谷地,海拔 3 200 m。具有明显的高原大陆性气候,冬季漫长而寒冷,夏季短暂而气温稍高,年平均气温为 −1.7 ℃,极端高温为 27.6 ℃,极端低温为 −37.1 ℃;最暖月(7 月)和最冷月(1 月)平均气温分别为 9.8 ℃ 和 −14.8 ℃。多年均降水量约为 600 mm,主要集中于 5~9 月,约占年总降水量的 80% 左右(徐世晓等,2004)。在平缓滩地或山地阳坡土壤类型为草毡寒冻雏形土,在山地阴坡为暗沃寒冻雏形土,沼泽地为有机寒冻潜育土,土壤发育年轻,土层浅薄,有机质含量丰富。主要生态系统类型为高寒草甸、高寒灌丛和沼泽化湿地,分别以艾蒿草、金露梅和藏嵩草为建群种。

二、通量和气候观测数据

　　2005—2007 年 4 个通量站的 GPP 数据由中国陆地生态系统通量观测研究网络的工作者提供。区域光合有效辐射数据以中国国家气象局气象观测站点太阳辐射数据为基础,计算各气象观测站点 8 d 平均太阳总辐射,然后利用薄板样条插值方法对区域站点气象观测数据进行空间化插值获得区域 8 d 尺度平均太阳总辐射数据。区域温度数据以中国国家气象局观测站点温度观测数据为基础,通过计算各气象观测站点 8 d 平均温度,利用薄板样条插值方法对区域站点气象观测数据进行空间化插值获得。

　　由于本章旨在对比分析基于插值的气温 T_{insert} 限制函数与基于遥感观测的陆地表面辐射温度 LST 的限制函数模拟 GPP 的精确性,因此,基于各研究站点的经纬度信息提取通量塔所在的单个像元的太阳辐射数据和气温数据,利用站点光合有效系数计算各站点的光合有效辐射。

三、MODIS 数据

　　我们从美国国家航空航天局(NASA)网站下载了 4 个观测站点 2005—2007 年的地表反射率产品(MOD09A1),用于植被指数和水分指数的计算。计算方法参见第四章第一节。

　　另外,下载了 MODIS Terra 卫星和 Aqua 卫星的全球 1 km 陆地表面辐射温度/发射率 8 d 合成产品(MOD11A2 和 MYD11A2),时间为 2000—2008 年(Terra 卫星从 2000 年 1 月至 2008 年末,Aqua 卫星从 2002 年 7 月至 2008 年末)。其中 2005 年 1 月—2007 年 12 月的

陆地表面辐射温度数据经过计算后参与模拟 GPP。2005 年 1 月－2007 年 12 月的缺失数据由其他年份 Terra 和 Aqua 的温度值的回归方程来填补。

由于 Aqua 卫星在下午 13:30 左右和在夜间 1:30 左右过境,此时陆地表面辐射温度分别接近日最高值和最低值,Terra 卫星在上午 10:30 左右和晚上 22:30 左右过境,分别处于地表升温和降温过程。分析时,首先将 8 d 间隔的 Terra 和 Aqua 卫星白天和夜间陆地表面辐射温度的值进行平均,获得 8 d 间隔的平均陆地表面辐射温度值,用于计算温度对最大光能利用率的限制系数。

第二节　模型及参数算法

一、植被光合模型(VPM 模型)

模型的表达式及计算方法详见第四章第二节。

二、模型参数化

(1) 最大光能利用率的确定

最大光能利用率因植被类型不同差异显著。对于特定植被类型,可以通过文献调查或者利用瞬时 NEE 和光合光量子通量密度(photosynthetic photon flux density,PPFD)数据进行分析(Xiao et al.,2004a;Gilmanov et al.,2003)。本研究通过参考相关文献,确定了长白山站最大光能利用率的值为 2.53 g C/MJ(Wu et al.,2009),千烟洲站为 1.59 g C/MJ(Zhang et al.,2006),内蒙古站 2005 年的为 0.298 g C/MJ(Wu et al.,2008),2006 年和 2007 年的为 0.92 g C/MJ(Wu et al.,2008),海北站的为 1.881 8 g C/MJ(Li et al.,2007)。

(2) T_{scalar} 的确定

本章主要探讨遥感观测的陆地表面辐射温度(LST)是否可以代替 T_{insert} 计算光合作用的温度调节系数。因此,需要分别确定 T_{insert} 和 LST 的 T_{min}、T_{opt}、T_{max}。不同植被类型的 T_{min}、T_{opt}、T_{max} 的取值不同(Raich et al.,1991;Aber et al.,1992)。通过参考相关文献和参数调试,确定了各研究站点光合作用的三个温度参数,见表5-1。

表 5-1　4 个研究站点光合作用的三个温度参数

研究站点	T_{insert}			LST		
	T_{min}/℃	T_{opt}/℃	T_{max}/℃	T_{min}/℃	T_{opt}/℃	T_{max}/℃
CBS	−8	20	35	−8	20	35
QYZ	−8	20	40	−6	18	40
NM	6	17	40	10	20	40
HB	0	20	35	2	26	35

三、LSWI$_{max}$ 的确定

最大陆地表面水分指数(LSWI$_{max}$)确定方法详见第四章第二节。

四、P_{scalar} 的确定

P_{scalar} 表示叶片物候状况(叶片的年龄)对光合作用的影响。长白山站从发芽到叶子全部展开,P_{scalar} 的计算公式如下:

$$P_{scalar} = \frac{1 + C_{LSWI}}{2} \tag{5-1}$$

在叶子全部扩展后 P_{scalar} 取值为 1(Wu et al.,2009)。

由于千烟洲站为常绿林,P_{scalar} 的取值为 1(Xiao et al.,2004a;Xiao et al.,2005a)。内蒙古站由于在整个生长季中不断有新的叶片长出,所以 P_{scalar} 被设置为 1(Wu et al.,2008)。海北站由于高寒草甸、高寒灌丛和沼泽化湿地三种生态系统涉及的植被类型都是低矮的植被,不存在枝干吸收光合有效辐射的现象,故 P_{scalar} 被设置为 1(Li et al.,2007)。

第三节　温度对总初级生产力的影响

图 5-1 为 4 个站点 8 d 平均插值气温(T_{insert})和陆地表面辐射温度(LST)的季节变化特征(左)及 T_{insert} 与 LST 的关系散点图(右)。从图中可以看出,4 个研究站点的 T_{insert} 与 LST 季节变化趋势相一致,冬季最低,夏季最高。从数量上来看,T_{insert} 与 LST 的关系在不同的站点表现不是很一致,CBS 站的 T_{insert} 与 LST 拟合的线性方程为:$T_{LST} = 1.008\,8T_{insert} + 0.567\,9$,$R^2 = 0.98$,拟合线(图 5-1 右图中黑实线)与 1:1 线(图 5-1 右图中虚线)几乎重合,表明长白山站 T_{insert} 与 LST 在数量上较为一致;QYZ 站的拟合线性方程为:$T_{LST} = 0.856\,9T_{insert} + 2.481\,6$,$R^2 = 0.94$,低温段拟合线高于 1:1 线、高温段拟合线低于 1:1 线,表明千烟洲站 T_{insert} 与 LST 在数量上存在一定的差异,低温时 LST 高于 T_{insert},高温时 LST 低于 T_{insert}。NM 站的拟合线性方程 $T_{LST} = 1.254\,6T_{insert} + 1.637\,7$,$R^2 = 0.98$,与千烟洲相反,低温段拟合线低于 1:1 线、高温段高于 1:1 线,表明内蒙古站低温时 LST 低于 T_{insert},高温时 LST 高于 T_{insert},与 Sims 等(2008)的研究结果相一致,表明该样地可能受干旱胁迫;HB 站拟合的线性方程分别为:$T_{LST} = 0.921\,9T_{insert} + 3.675\,4$,$R^2 = 0.92$,一年中拟合线均高于 1:1 线,表明一年中 LST 均高于 T_{insert}。造成这些差异的原因可能是卫星遥感观测的 LST 为地表植被与土壤背景的混合温度,当植被盖度不高时,陆地表面辐射温度高于气温,当植被盖度较高时,二者间数量差异会逐渐缩小,另一方面,当地表是稠密的植被时,在水分充足的情况下由于植物的蒸腾制冷作用也会导致陆地表面辐射温度低于气温,而干旱时植物蒸腾减弱甚至停止,植被本体温度上升甚至高于气温。独立样本 t 检验表明,除海北站的气温与陆地表面辐射温度均值差异极显著外,其余三个站点的差异都不显著。2005—2007 年 CBS、QYZ、NM 和 HB 站气温、陆地表面辐射温度的平均值分别为:(3.61±12.80)℃、(4.20±13.03)℃($t = -0.39$,$P = 0.70$);(19.03±8.37)℃、(18.78±7.41)℃($t = 0.253$,$P = 0.80$);(2.33±14.16)℃、(4.56±17.91)℃($t = -1.15$,$P = 0.25$);(−0.48±8.93)℃、(3.23±8.59)℃($t = -3.52$,$P = 0.001$)。

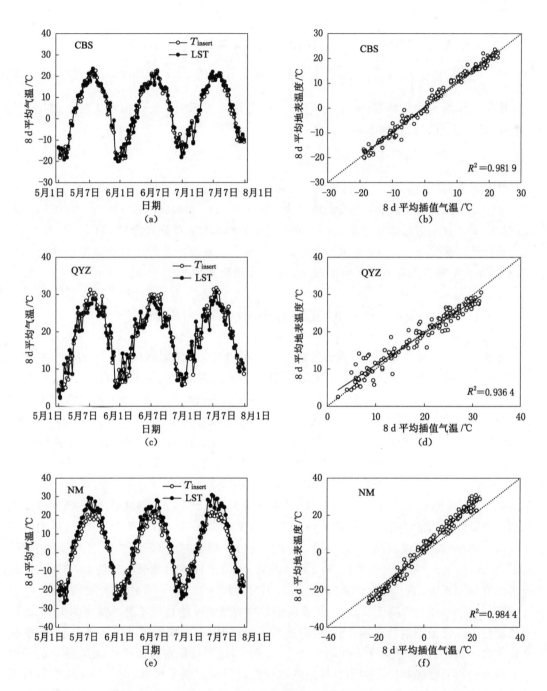

图 5-1　4 个站点 8 d 平均插值气温（T_{insert}）和陆地表面辐射温度（LST）的季节变化特征

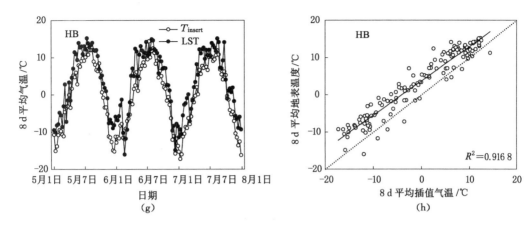

图 5-1　（续）

　　气温对光合作用的影响已有共识，在利用 VPM 模型模拟 GPP 时，需要计算温度对 GPP 的调节系数，考虑到 T_{insert} 与 LST 在数量上的差异，在确定最高、最低、最适温度时，采用参考相关文献和参数调试二者相结合的方法，如表 5-1 和图 5-2 所示。确定了 4 个研究站点 T_{insert} 与 LST 的三个温度参数，计算了温度的调节系数。基于 T_{insert} 与 LST 计算的温度限制函数 T_{scalar} 的季节变化趋势和数量都有较好的一致性。独立样本 t 检验表明，4 个研究站点基于 T_{insert} 与 LST 的温度限制函数 T_{scalar} 均差异不显著。

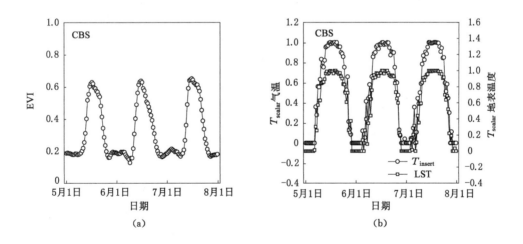

图 5-2　4 个站点 8 d 平均的增强植被指数（EVI）、温度调节系数（T_{scalar}）、
水分调节系数（W_{scalar}）的季节变化特征

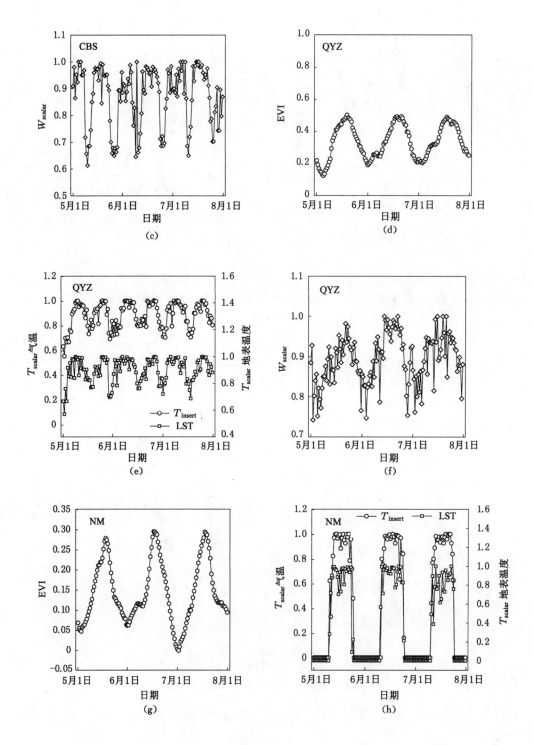

图 5-2 （续）

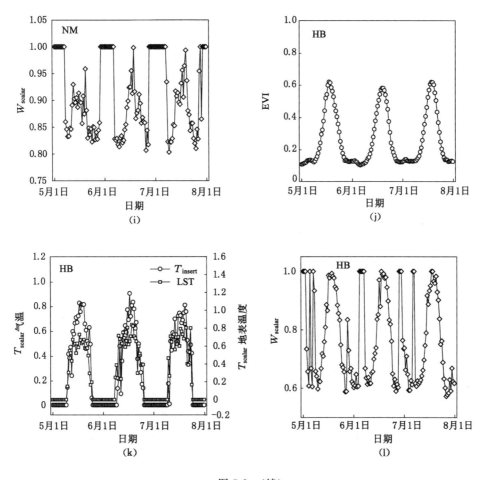

图 5-2　（续）

如图 5-3 所示,温度与通量塔观测的 GPP 的季节变化动态的相关性分析表明,4 个研究站点的 T_{insert}、LST 都与 GPP 呈极显著指数相关,其中两个森林站回归方程的决定系数高于两个草地站的,CBS、QYZ、NM、HB 站的决定系数依次为 0.87 和 0.85、0.88 和 0.80、0.66 和 0.64、0.72 和 0.47,NM 站的决定系数较低,可能是因为 NM 站的干旱胁迫减低了 GPP 对温度的敏感性所致(郝彦宾等,2010)。除 HB 站外,其余 3 个研究站点的 LST 与 GPP 的决定系数都略低于与 T_{insert} 的,这可能是 3 个变量计算的时间间隔不同所致,8 d T_{insert} 的平均值是利用每天间隔半小时的测定值算出每日的平均值而后再算出 8 d 的平均值,这与 8 d 的 GPP 观测时间的间隔是一样的。而本章中所用的 LST 是 MODIS 的 Terra 和 Aqua 卫星 1 d 4 次过境时瞬时温度的平均值,严格意义上说并不能代表每日的平均值。LST 与 GPP 极显著指数相关,间接证明了 LST 可以替代 T_{insert} 计算温度对光合作用的限制函数并用来模拟 GPP 的季节动态和年际动态。

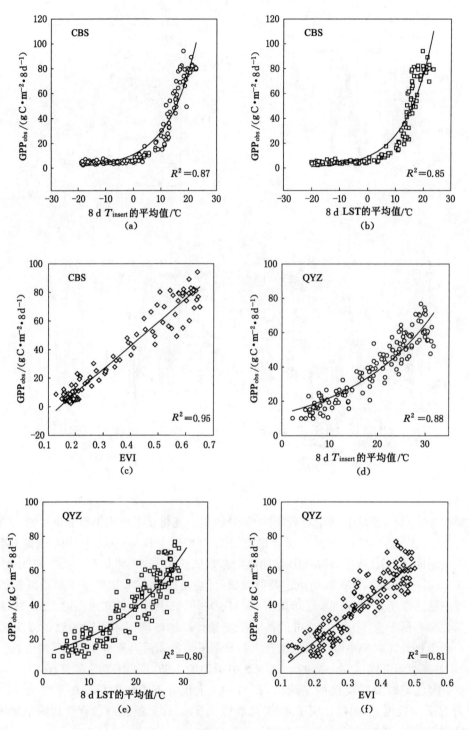

图 5-3   4 个站点温度(T_{insert}，LST)、
增强植被指数(EVI)与涡度相关通量观测的总初级生产力(GPP)之间的关系散点图

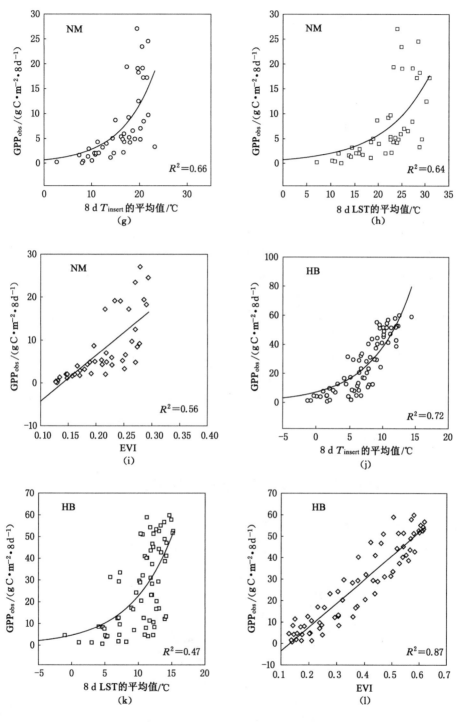

图 5-3 （续）

第四节　EVI 与总初级生产力的相关性

利用 MODIS 地表反射率产品 MOD09A1 提取了 4 个研究站点地表反射率数据,根据式(4-2)、(4-3)分别计算了增强植被指数 EVI 和陆地表面水分指数 LSWI。

与 GPP 的季节变化趋势相一致,4 种生态系统的 EVI 都具有明显的季节变化趋势,冬季最低,夏季最高,与植物的生长节律相一致。从图 5-2 中可以看出,CBS、QYZ、NM、HB 站 EVI 的最大值分别为 0.63(2005 年)、0.64(2006 年)、0.65(2007 年);0.50(2005 年)、0.49(2006 年)、0.48(2007 年);0.28(2005 年)、0.29(2006 年)、0.29(2007 年);0.62(2005 年)、0.58(2006 年)、0.62(2007 年)。每个研究站点 EVI 每年最大值出现的时间略有不同,随着纬度的增加 EVI 的最大值出现时间略有提前,CBS 站 EVI 的最大值大约出现在 6 月底、7 月初,NM 站的出现在 7 月中旬或下旬,HB 站的最大值出现在 7 月底、8 月初,而 QYZ 站的则出现在 7 月底至 8 月底,表明温度是影响植物生长的重要因素之一。

研究表明,森林生态系统(Xiao et al.,2004a,2004b;Xiao et al.,2005a,2005b;Wu et al.,2009)、高寒草地生态系统(Li et al.,2007;Fu et al.,2010)、温带草原生态系统(Wu et al.,2008)生长季的 EVI 与 GPP 的相关系数均高于 NDVI 与 GPP 的相关系数,一方面是由于 EVI 的计算中增加了蓝光波段,根据蓝光和红光波段的反射值对气溶胶散射存在差异的原理,使得大气气溶胶减少了对 EVI 的影响;另一方面由于 EVI 也考虑了土壤背景值对植被指数计算的影响,因此与 NDVI 相比,EVI 更能有效地表征地表植被的特征。本研究未能比较 NDVI、EVI 与 GPP 的关系,只分析了 EVI 与 GPP 的关系。结果表明 4 个研究站点的 EVI 与 GPP 都呈极显著的线性关系,CBS 站的决定系数最大为 0.95,NM 站的最小为 0.56,QYZ 站和 HB 站的分别为 0.81 和 0.87,与上述的研究结果相一致。

第五节　温度与生态系统呼吸的相关性

图 5-4 是 QYZ 站的生态系统呼吸与插值气温(T_{insert})、陆地表面辐射温度(LST)的关系散点图。从图 5-4 可以看出,在气温(冠层辐射温度)较低时,生态系统呼吸的变化幅度较

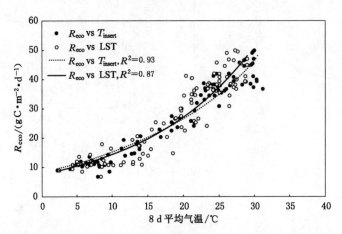

图 5-4　2005—2006 年千烟洲通量塔观测的 R_{eco} 与 T_{insert}、LST 的关系散点图

小,而当温度大于 10 ℃时,生态系统呼吸的变化幅度明显增加。生态系统呼吸与 T_{insert}、LST 的相关性分析表明,生态系统呼吸的季节变化与 T_{insert}、LST 的季节变化之间都存在显著的指数关系,拟合方程的决定系数 R^2 没有显著差异($P>0.05$),分别为 0.93、0.87。这表明 LST 可以替代 T_{insert} 用于针叶林生态系统呼吸的模拟。

第六节　基于 VPM 模型的总初级生产力的模拟

根据 Xiao 等(2004a)对 VPM 模型的定义,在 8 天时间尺度上,分别基于 T_{insert} 计算的温度调节系数和基于 LST 计算的调节系数对 4 个研究站点的 2005—2007 年 GPP 的季节动态和年际动态进行了遥感模拟。模型的输入包括基于插值方法获得 T_{insert} 和 LST 分别计算的 T_{scalar}、利用 LSWI 计算的 W_{scalar} 和 P_{scalar}、利用 EVI 确定的 FPAR、及利用插值方法获得的观测站点的 PAR。

图 5-5 可以看出,利用基于 T_{insert} 限制函数的 VPM 模型模拟的 GPP(用 GPP_{air} 表示)和基于 LST 模拟的 GPP(用 GPP_{LST} 表示)的季节变化趋势和涡度相关通量观测的 GPP(用 GPP_{obs} 表示)的季节变化趋势基本一致。4 个研究站点模拟的 GPP_{air} 和 GPP_{LST} 与观测的 GPP_{obs} 都高度相关,长白山站、千烟洲站、内蒙古站、海北站模拟的 GPP_{air} 和 GPP_{LST} 与观测的 GPP_{obs} 线性回归方程的决定系数分别为 0.96 和 0.96、0.84 和 0.85、0.83 和 0.84、0.93 和 0.89,可以看出,基于 T_{insert} 与基于 LST 计算的温度调节系数模拟的 GPP 差异不大,与观测的 GPP 的决定系数都达到了极显著水平,4 个站点中,只有海北站的差异较大,决定系数相差 4%。从模拟的季节动态变化与观测的 GPP 的动态变化和拟合线与 1∶1 线的关系对比来看,不同的站点一致性有差异,同一站点不同年份一致性也稍有差异。长白山站 GPP_{air} 和 GPP_{LST} 与 GPP_{obs} 的线性拟合线在高值区高于 1∶1 线,而千烟洲站和内蒙古站则低于 1∶1 线;海北站 GPP_{air} 与 GPP_{obs} 的线性拟合线在高值区高于 1∶1 线,GPP_{LST} 与 GPP_{obs} 的线性拟合线在高值区低于 1∶1 线。而且两个森林站 GPP_{air} 和 GPP_{LST} 与 GPP_{obs} 的线性拟合线基本重合,两个草地站的两条拟合线有明显差异,这可能是由于森林站气温与 LST 差异不大,而草地站差异较大引起的。不同年份模拟效果也是有差异的,千烟洲站和内蒙古站 2006 年都出现了高值区低估的现象。如表 5-2 所示,在研究时间段内,模拟的 GPP_{air} 和 GPP_{LST} 与观测值之间的相对误差绝对值都小于 13%,表明模拟结果具有较高的可靠性。因此,利用基于 MODIS 陆地表面辐射温度产品来替代气温计算光能利用率的温度限制函数具有良好的可行性,这为缺乏气象台站的偏远地区准确地模拟 GPP 的季节动态及年总量的估算提供了一种更为可靠的方法。

总体来说,不管是基于 T_{insert} 还是基于 LST 的温度限制函数模拟的 GPP 与通量塔观测结果在季节变化趋势上和数量上都有较好的一致性。但在某些时间段,仍存在一定的差异,这主要源于以下几个原因:

第一,光合作用温度三参数的设置不当产生的误差,T_{min},T_{opt} 和 T_{max} 对于 T_{scalar} 有较大的影响,虽然本研究中考虑到各研究站点 T_{insert} 和 LST 在数量上存在着差异,确定温度三参数时也区别对待,但一年中不同的时间段二者数量上的差异不是一定的,取决于水分状况和植被盖度的高低,加上目前基于遥感方式观测的陆地表面辐射温度对 GPP 光合作用的影响鲜有报道,陆地表面辐射温度三参数的确定无据可依,即使是气温,温度的三个参数在不同的年份也不同。如刘允芬等(2006)研究表明千烟洲亚热带常绿针叶林 2003 年光合作用的

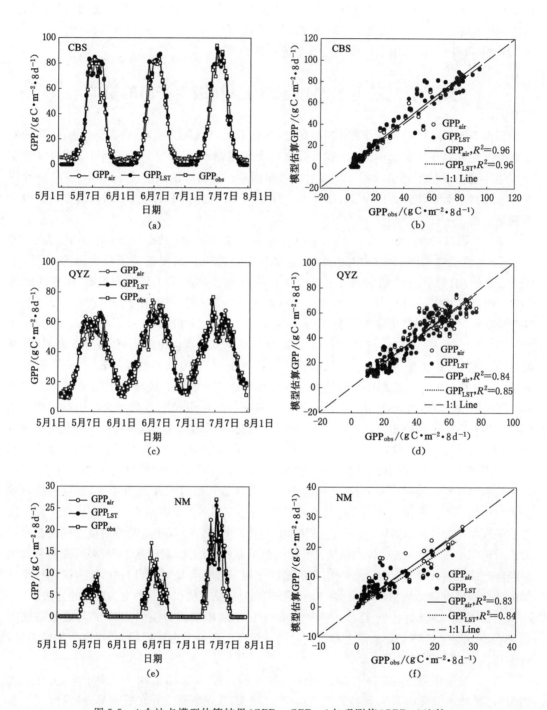

图 5-5　4 个站点模型估算结果(GPP$_{air}$,GPP$_{LST}$)与观测值(GPP$_{obs}$)比较

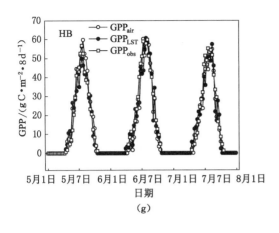

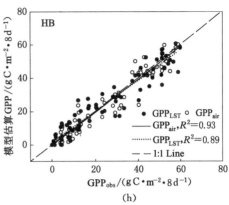

图 5-5　（续）

表 5-2　4 个研究站点 GPP 的模拟值与观测值的对比分析

单位：$(g\ C \cdot m^{-2})$

生态系统类型	GPP_{air}	GPP_{LST}	GPP_{obs}
CBS	3 997.53(0.43%)	4 063.06(2.08%)	3 980.41
QYZ	5 428.41(0.16%)	5 453.75(0.63%)	5 419.76
NM	535.76(12.65%)	493.52(3.77%)	475.58
HB	1 903.23(2.61%)	1 900.44(2.76%)	1 954.30

适宜范围为 24～28 ℃，而 2004 年生态系统光合作用的适宜温度范围为 20～32 ℃，他们认为干旱胁迫造成 2003 年生态系统光合作用的适宜温度范围明显缩小。因此我们利用模型进行模拟时对不同的年份设置相同的温度参数可能会造成不同年份模拟效果的差异。

第二，水分状况的年际差异。内蒙古站 2006 年出现了低估的现象，而 2005 年和 2007 年则没有出现这种现象，主要是因为 2005、2006、2007 年内蒙古站的年降水量存在着明显差异，分别为 123.7 mm、200.9 mm 和 150.6 mm，而遥感反演的 LSWI 虽然可以反映空间上的水分差异，对年际间的差异却没有明显的响应，从而使不同年份间估算存在一定差异。

第三，最大光能利用率的确定存在误差。本研究采用参考相关文献法确定各研究站点的最大光能利用率，但实际上不同的文献由于所研究的时段不同，计算得到的最大光能利用率也是有差异的。如伍卫星等（2008）研究表明内蒙古温带草原的表观量子效率 2003、2004、2005 年分别为 0.016 7、0.024 8 和 0.005 4 $\mu mol\ CO_2 / \mu mol\ photon$。

第四，遥感植被指数计算的误差。由于利用 MODIS 光谱波段表面反射率值计算植被指数时，没有使用双向反射分配函数 BRDF 对图像进行校正或归一化处理，因此可能由于表面反射的几何特性给植被指数的计算引入了误差（Li et al., 2007）。

第五，基于通量塔观测资料计算得总初级生产力 GPP_{obs} 也存在一定误差。由于涡度相关观测系统仅能直接观测生态系统 CO_2 净交换量 NEE，GPP_{obs} 是利用 NEE 与生态系统呼吸计算获得的。在 NEE 缺失数据插补过程和白天的生态系统呼吸的估算过程中，都会引入总初级生产力的计算误差（Falge et al., 2001）。

第七节 小 结

在认识和分析大尺度陆地生态系统生产力的空间分布格局及其季节动态变化趋势时,研究者常常借助模型的手段。本章基于插值的气温(T_{insert})的限制函数和基于 MODIS 的陆地表面辐射温度产品(LST)的温度限制函数利用 VPM 模型模拟了长白山温带针阔混交林(CBS)、千烟洲亚热带人工常绿针叶林(QYZ)、内蒙古温带草原(NM)和海北高寒草甸(HB)4 个通量观测站的 GPP 的季节变化动态,并与涡度相关通量观测的 GPP(GPP_{obs})做了对比研究,评价了利用遥感方式观测的陆地表面辐射温度替代插值的气温计算温度对光合作用的调节系数的可能性。

(1) 8 天平均的 T_{insert} 和利用 8 天间隔的 MODIS 的 Terra 和 Aqua 卫星一天 4 次过境时瞬时温度计算的平均值(LST)季节变化趋势较为一致,但数量上存在差异。长白山站 T_{insert} 与 LST 在数量上较为一致;千烟洲站低温时 LST 高于 T_{insert},高温时 LST 低于 T_{insert};内蒙古站低温时 LST 低于 T_{insert},高温时 LST 高于 T_{insert};海北站一年中 LST 均高于 T_{insert}。4 个研究站点的 T_{insert}、LST 都与 GPP 呈极显著指数相关,其中两个森林站的决定系数高于两个草地站的,除海北站外,其余三个研究站点的 LST 与 GPP 的决定系数都略低于与 T_{insert} 的决定系数。LST 与 GPP 极显著指数相关,间接证明了 LST 可以替代 T_{insert} 计算温度对光合速率的调节系数用来模拟 GPP 的季节动态和年际动态。

(2) 与 GPP 的季节变化趋势相一致,4 种生态系统的 EVI 都具有明显的季节变化趋势,冬季最低,夏季最高,与植物的生长节律相一致。每个研究站点 EVI 每年最大值出现的时间略有不同,随着纬度的增加 EVI 的最大值出现时间略有提前,表明温度是影响植物生长的重要因素之一。4 个研究站点的 EVI 与 GPP 都呈极显著的线性关系,长白山站的决定系数最大为 0.95,内蒙古站的最小为 0.56,千烟洲站和海北站的分别为 0.81、0.87。

(3) 对千烟洲常绿针叶林 2005 年至 2006 年的生态系统呼吸与 T_{insert}、LST 的相关性分析表明,生态系统呼吸的季节变化与 T_{insert}、LST 的季节变化都存在显著的指数关系,拟合方程的决定系数 R^2 没有显著差异($P > 0.05$),表明可以用 LST 代替 T_{insert} 来模拟生态系统呼吸的季节变化动态和估算年总量。

(4) 利用基于 T_{insert} 限制函数的 VPM 模型模拟的 GPP_{air} 和基于 LST 模拟的 GPP_{LST} 的季节变化趋势和涡度相关通量观测的 GPP_{obs} 的季节变化趋势基本一致。4 个研究站点模拟的 GPP_{air} 和 GPP_{LST} 与观测的 GPP_{obs} 都高度相关,基于 T_{insert} 与基于 LST 计算的温度调节系数模拟的 GPP 差异不大,与观测的 GPP 的决定系数都达到了极显著水平,4 个站点中,只有海北站的差异较大,决定系数相差 4%。在研究时间段内,模拟的 GPP_{air} 和 GPP_{LST} 与观测值之间的相对误差绝对值都小于 13%,表明模拟结果具有较高的可靠性。因此,利用基于 MODIS 陆地表面辐射温度产品来替代气温计算光能利用率的温度调节系数具有良好的可行性,这为缺乏气象台站的偏远地区准确地模拟 GPP 的季节动态及年总量的估算提供了一种更为可靠的方法。

然而由于缺乏其他生态系统涡度相关观测的 CO_2 通量数据,对于利用 LST 代替 T_{insert} 计算温度对光合的调节系数模拟 GPP 在其他生态系统的有效性和可靠性需要进一步的分析和验证。

第六章　陆地表面辐射温度对土壤呼吸速率季节变化的影响

　　土壤呼吸速率严格意义上是指未受扰动的土壤中产生 CO_2 的所有代谢作用,包括 3 个生物学过程(植物根系过程、土壤微生物呼吸及土壤动物呼吸)和 1 个非生物学过程(即含碳矿物质的化学氧化作用等)(Singh et al.,1977)。在太阳辐射的作用下,温度成为陆地生态系统生物地球化学过程中最为活跃的因素之一,也是决定陆地生态系统碳循环过程的关键因素。因此,温度对土壤呼吸速率的影响一直是科学家们研究的内容(Raich et al.,1992;Lloyd et al.,1994;Kirschbaum,1995;Fang et al.,2001;Melling et al.,2005)。目前有许多计算模型均基于土壤温度变化来计算和预测土壤呼吸速率,如线性模型(O'Connell et al.,2003;Chimner,2004)、指数模型(Buchmann,2000;Sánchez et al.,2003),Arrhenius 模型(Lloyd et al.,1994;Thierron et al.,1996)、幂函数模型(Fang et al.,2001)和逻辑斯缔模型(Jenkinson,1990;Rodeghiero et al.,2005)。其中指数模型(也称 Q_{10} 模型)最为常见,它表示温度每升高 10 ℃土壤呼吸速率增加的倍数,土壤呼吸速率作用的温度敏感性(Q_{10})成为大气碳平衡估算中的一个关键参数(Raich et al.,1992)。然而,土壤温度并不是一个气象台站常规观测的变量,利用土壤温度把土壤呼吸速率的科学模拟从点尺度外推到更大空间时,都存在一个空间插值的问题,这将会把误差传递到区域呼吸量的估算中,从而增加了呼吸估算的不确定性。很多研究表明土壤呼吸速率与陆地表面辐射温度有着显著的相关关系(孙步功等,2007;李东等,2005;张金霞等,2001;Huang et al.,2015;Liang et al.,2019),甚至有文献报道土壤呼吸速率与陆地表面辐射温度的关系强于和深层土壤温度的关系(Pavelka et al.,2007;张宪洲等,2004)。因此,基于遥感的陆地表面辐射温度或许会成为土壤呼吸速率空间尺度拓展的一个桥梁(Yan et al.,2020)。与土壤温度相比,陆地表面辐射温度是一个相对容易获取的变量,这个温度是由土壤-植物-大气连通体内的热量和水汽流决定的,取决于环境因子和植物本身因素,反映植物冠层的能量平衡状况以及植物和大气之间的能量交换;而且,卫星遥感能瞬时获取大区域和连续分布的陆地表面辐射温度,弥补了在区域尺度上利用土壤温度预测土壤呼吸速率的不足,在应用上具有方便的区域扩展能力,使得它在区域尺度上更具有优势。

　　因此,针对利用土壤温度估算土壤呼吸速率量时存在的客观问题,本章拟利用在山西庞泉沟国家级自然保护区对 11 个不同植被生态系统的样地 4 年的土壤呼吸速率和环境因子的测定数据及遥感观测的数据(陆地表面辐射温度和植被指数),对比分析日、季节尺度的土壤呼吸速率与陆地表面辐射温度和土壤温度的关系,构建不同生态系统类型陆地表面辐射温度、土壤温度与土壤呼吸速率的关系模型;探讨植被指数对土壤呼吸速率的影响,并构建响应的模型。旨在为全球碳平衡预算和全球变化潜在效应估计提供最为基本的数据,为土壤呼吸速率的空间尺度扩展提供一种新的思路。

第一节　试验设计

一、试验区概况

试验区位于山西省吕梁山中麓的交城、方山、娄烦等县交界处的庞泉沟自然保护区（111°22′～111°33′E,37°45′～37°55′N）。区内气候属暖温带半湿润大陆性季风气候，夏季凉爽多雨，冬季寒冷干燥，年均温 3～4 ℃，7 月均温 16.1 ℃，1 月均温 −10.6 ℃，相对湿度 56 ％，无霜期 92 d，日均温 ≥ 10 ℃ 的积温 2 100 ℃。据文峪河上游师庄水文站 1956—2008 年的降水量资料分析，平均降水量为（636.5±155.3）mm（平均值±标准差，下同）。年最大降水量出现在 1967 年为 935 mm，年最小降水量出现在 1997 年为 358 mm。最大月平均降水量在 7 月份，6—9 月份占全年降水量的 72％。最小降水量出现在 1 月和 12 月，两个月的降水量总和仅占全年降水量的 1.1％。而降水量的变异系数的最大值出现在 1 月和 12 月份，最小值出现在 7 月份（图 6-1）。土壤类型从山麓到山顶依次为褐土、山地褐土、山地淋溶褐土、山地棕壤、亚高山草甸土。植被的垂直分异明显，从山麓到山顶依次为落叶阔叶林带（1 200～1 750 m）、针阔叶混交林带（1 750～2 200 m）、寒温性针叶林带（2 200～2 600 m）和亚高山灌丛草甸带（2 600～2 659 m）（上官铁梁等，1991）。

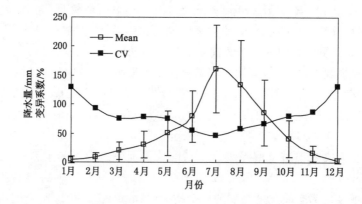

图 6-1　师庄站 1958—2008 年降水量月分布及变异系数

二、试验样地

在海拔高度 1 700～2 700 m 的梯度内，根据地形地貌和植被分布状况，共选择了 11 个试验样地进行测定（图 6-2）。各样地的概况如表 6-1 所示。

样地 1(1#)。针阔叶混交林。海拔 2 163 m，地理位置 37°53′08.4″N,111°25′56.6″E。位于吕梁山山脊汾河支流文峪河发源地与三川河支流北川河支流的分水岭地段。以云杉、华北落叶松、桦树为主。平均胸径为（16.1±10.2）cm，树高约 15 m，林木密度 725 株/ha。土壤为山地棕壤，土层厚度为 10～30 cm。试验区坡度在 10°～15°，林下枯枝落叶层明显，厚 2～4 cm，腐殖质层厚 1～3 cm，平均（0.8±0.6）cm。林下植物有小卫矛、披针苔草、中亚苔草等。

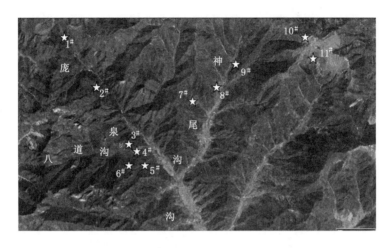

图 6-2　庞泉沟地势以及试验样地分布示意图

表 6-1　土壤呼吸速率测定样地的自然、土地利用概况

样地	海拔/m	纬度	经度	土壤质地	土层/cm	土地利用类型	优势种
1#	2 163	N37°53′08.4″	E111°25′56.6″	风化土	10～30	针阔叶混交林	落叶松、桦树、云杉
2#	1 986	N37°52′34.4″	E111°26′31.0″	风化土	10～15	云杉林	云杉、落叶松
3#	1 795	N37°50′52.6″	E111°28′08.6″	黄土	15～30	人工落叶松林	落叶松
4#	1 794	N37°50′49.8″	E111°28′09.8″	黄土	>50	退耕还林地	芦苇、黄花苜蓿
5#	1 791	N37°50′50.2″	E111°28′14.6″	黄土	>50	针阔叶混交林	桦树、落叶松、山杨
6#	1 796	N37°50′50.2″	E111°28′14.2″	黄土	>50	沙棘灌丛	沙棘
7#	2 105	N37°53′03.4″	E111°30′34.5″	风化土	10～20	落叶松	落叶松
8#	2 264	N37°53′24.3″	E111°30′15.1″	风化土	10～20	落叶松	落叶松
9#	2 387	N37°53′33.7″	E111°31′05.0″	风化土	10～20	落叶松	落叶松
10#	2 621	N37°52′59.7″	E111°32′28.8″	草甸土	20～30	草甸	鬼见愁
11#	2 700	N37°53′08.5″	E111°32′38.0″	草甸土	20～30	草甸	中亚苔草、车前草

　　样地 2(2#)。云杉林。海拔 1 986 m。地理位置 37°52′34.4″N,111°26′31″E。坡度在 3°～5°左右,森林郁闭度约 80%,林分中云杉占 90%,落叶松占 10%。林木胸径为(23.4±9.2) cm,树高约 15 m。林下凋落物比较明显,厚度约 0.5 cm,没有明显的腐殖质层。林下植物有东方草莓、披针苔草等。

　　样地 3(3#)。华北落叶松林。海拔 1 795 m。地理位置 37°50′52.6″N,111°28′08.6″E。20 世纪 70 年代末人工种植的华北落叶松林。林龄约 20～30 a。胸径为(11.1±3.7) cm。密度 1 666 株/ha。林下有明显的凋落物层和枯枝落叶,厚 2～3 cm,但无明显腐殖质层,林下无明显草本植物或灌木。

　　样地 4(4#)。退耕地。海拔 1 794 m。地理坐标 37°50′49.8″N,111°28′09.8″E。20 世纪 70 年代由针阔叶林地开荒而成,2005 年以前为农耕地,2005 年退耕后植被自然恢复,2008 年在部分区域人工种植华北落叶松幼苗(高 30～50 cm),大部分区域仍为荒草地。2011 年人工种植的落叶松高度(163±75) cm。主要植物有芦苇、黄花苜蓿、狗尾草等。

样地 5(5#)。针阔叶混交林。海拔 1 791 m。地理位置 37°50′50.2″N,111°28′14.6″E。主要由桦树、山杨和落叶松组成,为天然次生林,林下植物有美蔷薇、刺栗、灰栒子、东方草莓、披针苔草等。

样地 6(6#)。沙棘灌木群落。位于八道沟口东南约 200 m。海拔 1 796 m。地理位置 37°50′50.2″N,111°28′14.2″E。坡度平缓。试验所用沙棘灌丛为天然次生,面积约 2 ha。沙棘丛生不明显,株高可达 2~2.5 m。盖度可达 95% 以上。灌丛下枯落物比较明显,厚 1~2 cm,土壤没有明显的腐殖质层。主要草本植物为东方苔草、披针苔草。

样地 7(7#)。落叶松。海拔 2 105 m。地理位置 37°53′03.4″N,111°30′34.5″E。坡度 1°~3°,坡向 SE。植被以华北落叶松为主,占 90% 以上。胸径为(19.8±10.0) cm,树高为 (25.5±5.6) m。灌木层盖度约 10%~15%,以美蔷薇、金银路、金露梅为主,林下枯枝落叶层明显,厚 2~3 cm;腐殖质层 1~2.5 cm,平均 1.8±0.5 cm。

样地 8(8#)。落叶松。海拔 2 264 m。地理位置 37°53′24.3″N,111°30′15.1″E。坡度 29°,坡向 SW246°。胸径为(23.4±9.2) cm,树高为(23.4±5.8) m。密度 950 株/ha。华北落叶松占 95% 以上。林下灌木较少,以金露梅、美蔷薇为主。草本以披针苔草、东方草莓、刺栗蛇莓为主。郁闭度 60% 左右,灌木层盖度约 10%~15%。林下枯枝落叶层明显,厚 3~5 cm,腐殖质层 1~3 cm,平均(2.1±1.3) cm。

样地 9(9#)。落叶松。海拔 2387 m。地理位置 37°53′33.7″N,111°31′05″E。坡向西南,坡度 SW225°。树高为(16.88±4.99) m,胸径为(16.7±9.2) cm。林木密度 450 株/ha。林下枯枝落叶层明显,厚 1~3 cm,腐殖质层厚 1~2.5 cm,平均(1.3±0.9) cm。草本有披针苔草、东方草莓、蛇莓等。

样地 10(10#)。亚高山草甸。鬼箭锦鸡儿灌丛群落。海拔 2 621 m。地理位置 37°52′59.7″N,111°32′28.8″E。草本植物有鬼见愁紫羊茅、蒲公英、小蒿草、黄花苜蓿等。

样地 11(11#)。亚高山草甸。海拔 2 700 m 左右。地理位置 37°53′08.5″N,111°32′38″E。主要植被群落有蒿草和蒲公英、披针苔草和车前群落、蒿草和羊茅、披针苔草和蒿草、披针苔草和蒲公英(李素清等,2007)。草甸的成土母质主要是岩石风化的残积物和坡积物。受气候条件的影响,土壤表层形成 5~10 cm 厚且富有弹性的草皮层,土壤有机质含量 10%~15%。近年来由于人为破坏,植被明显退化。

综上所述,研究共选择 11 个样地,其中 4 个华北落叶松林样地(3#、7#、8#、9#)、2 个针阔叶混交林样地(1#、5#)、1 个云杉林样地(2#)、2 个亚高山草甸样地(10#、11#)、1 个沙棘灌丛样地(6#)和 1 个退耕地样地(4#)。样地 7#、8#、9#、10#、11# 位于一个小流域内。样地 1#、2#、3#、4#、5#、6# 位于另一小流域内。

三、土壤呼吸速率及其环境因子测定

(一)土壤呼吸速率的测定方法

用 Li-Cor 6400 便携式光合作用系统连接 6400-09 标准气室测定土壤呼吸速率。测定前一天,在测定区域随机选取 9 个固定点,间距约 2~3 m,放置 9 个 PVC(聚氯乙烯)环测定土壤呼吸速率,PVC 环插入深度为 3 cm 左右,安放时最大限度减少对土体的扰动,并将圈内的植物齐地面剪掉,以避免植物光合作用对土壤呼吸速率的影响。每个 PVC 环测定 1 次,3 个循环,共 60 个数据,取其平均值作为当次测定的土壤呼吸速率值。

土壤呼吸速率季节变化测定从 2007 年 8 月开始,每月(4~10 月,部分年份为 5~11 月)测定一次,每次测定分 2 天完成,第一天测定 1#~6#,第二天测定 7#~11#。2010 年对亚高山草甸进行了 24 小时日变化测定,测定于 2010 年 7 月 21 日下午 4:00 开始,间隔 1 小时测定一次,7 月 22 日下午 6:00 结束,共测定 25 次。

(二)环境因子测定

土壤温度测定。用 Li-Cor 6400 系统自带的土壤温度探针同步测定 PVC 环附近 10 cm 深度的土壤温度,用 T_{10} 表示,作为测定环下土壤的温度,其值系统自动记录。土壤呼吸速率测定完成后,加测 5 和 15 cm 深度的土壤温度,分别用 T_5 和 T_{15} 表示,人工记录。

土壤水分用土钻测定。计算公式见式(3-2)。

2010 年 7 月测定日变化时陆地表面辐射温度(T_c)用德国产 OptrisCT02(光学分辨率为 2:1,视场角为 28°)红外温度探测仪测定,数据由笔记本电脑以 10 s 的间隔同步记录,共记录 9 个数据,取平均值作为每次测定的陆地表面辐射温度值。

土壤密度用环刀法测定。土壤有机碳、氮测定由山西省农业科学院资源环境与研究所国家重点实验室的工作人员测定。样地的生物因子调查 2008 年和 2011 年各进行 2 次,包括树高、胸径、根系生物量、凋落物厚度、凋落物量等。

(三)MODIS 数据获取

我们从美国国家航空航天局网站下载了庞泉沟自然保护区的 2007—2011 年的 MODIS Terra 卫星和 Aqua 卫星的全球 1 km 陆地表面辐射温度/发射率 8 d 合成产品(MOD11A2 和 MYD11A2)和 MODIS Terra 卫星的 16 d 最大值合成的植被指数产品(MOD13A1 产品),用于陆地表面辐射温度和植被指数的提取。数据产品的时间范围为 2007 年 8 月—2011 年 10 月,MOD11A2 和 MYD11A2 的空间分辨率和时间分辨率分别为 1 km 和 8 d,MOD13A1 的空间分辨率和时间分辨率分别为 250 m 和 16 d。基于各样地的经纬度信息,从 MOD11A2 和 MYD11A2 产品中提取了各样地所在的单个像元的陆地表面辐射温度值(Terra 和 Aqua 卫星过境时的瞬时温度(LST_{td}(10:30)、LST_{tn}(22:30)和 LST_{ad}(13:30)、LST_{an}(1:30)),从 MOD13A1 产品中提取了各样地的归一化植被指数(NDVI)和增强植被指数(EVI)。提取的陆地表面辐射温度值和植被指数用于分析与土壤呼吸速率的关系。

第二节　数据处理

简单方差分析用于分析 11 个样地之间、不同年份之间的土壤呼吸速率、土壤温度和土壤水分的差异。变异系数 CV 用于分析 11 个样地之间、同一样地内的空间变异程度。用线性和非线性方程分析土壤呼吸速率 R_s 和土壤温度 T_s、土壤水分 W_s 的单因子关系:

$$R_s = a e^{bT_s} \tag{6-1}$$

$$Q_{10} = e^{10b} \tag{6-2}$$

$$R_s = a + bW_s \tag{6-3}$$

$$R_s = a W_s^b \tag{6-4}$$

方程中 a,b 均为拟合参数,Q_{10} 是土壤呼吸速率的温度敏感性指数,指某一温度时的土壤呼吸速率值与低于该温度 10 ℃ 以下的土壤呼吸速率值之比(无量纲)。

第三节　土壤温度、土壤水分和土壤呼吸速率的季节变化

受气候因素的影响,测定期间土壤温度、土壤水分以及土壤呼吸速率均表现出明显的季节变化特征,但是他们的变化规律并不一致。如图 6-3 所示,总体来看,5 年测定期间土壤温度的季节变化规律比较一致,年际变化规律基本为比较对称的"铃"型,最低温度出现在生长季开始的 4 月和生长季结束后的 10~11 月。春季土壤温度较低,之后随着气温的上升土壤温度也随之升高,到 6 月底或 7 月上旬土壤温度达到最高值,此后由于气温比较稳定,土壤温度也基本维持在最高值,之后土壤温度随气温降低开始下降。但是 11 个样地间,由于海拔高度、植被类型的不同,土壤温度也存在差异。测定期间平均温度 4# 最高为 17.3 ℃,9# 的平均温度最低为 7.8 ℃,相差 2 倍以上(图 6-4)。在海拔高度相同的 4 个样地间(3#、4#、5#、6#),退耕地的土壤温度明显高于其他样地(图 6-4,4#),可能与退耕地的植被覆盖度较低有关。鬼见愁(10#)和亚高山草甸(11#)的海拔最高但是土壤温度并非 11 个样地中最低的,由此说明,植被的盖度及种类是影响土壤温度的主要因素。

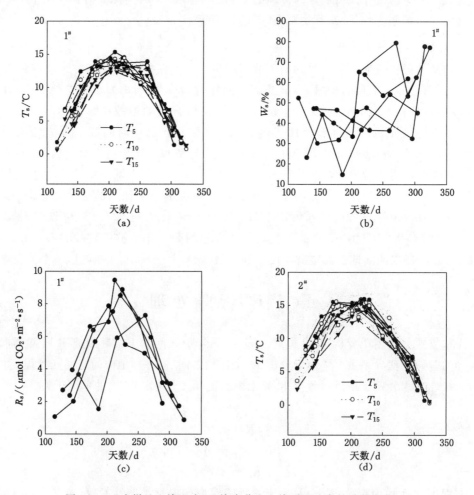

图 6-3　11 个样地土壤温度、土壤水分和土壤呼吸速率的季节变化

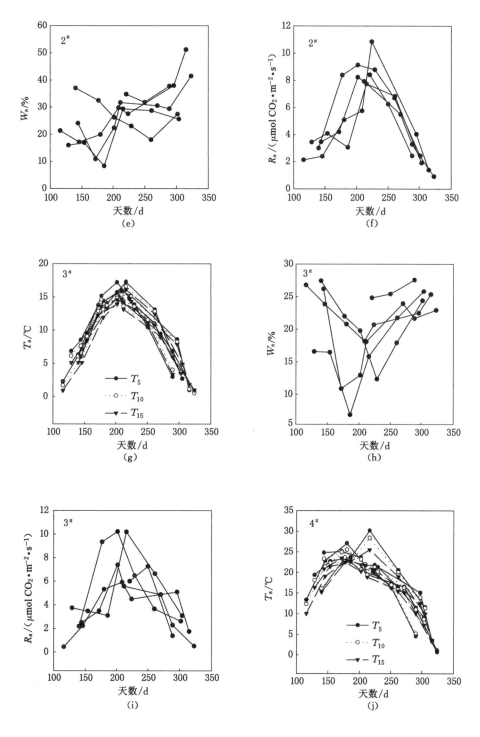

图 6-3　（续）

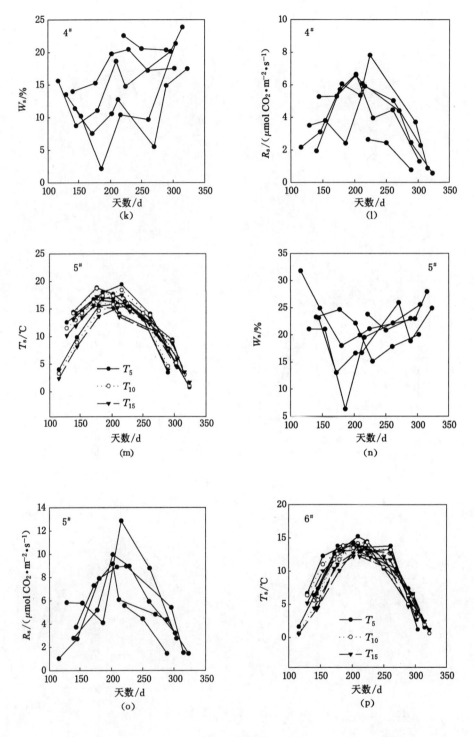

图 6-3 （续）

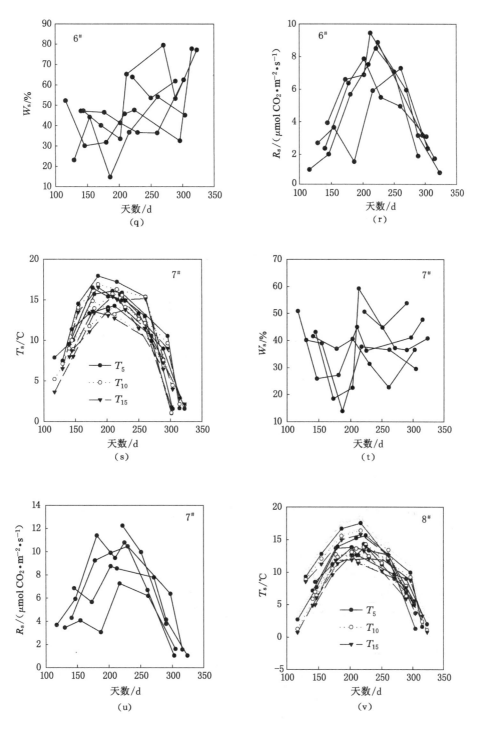

图 6-3 （续）

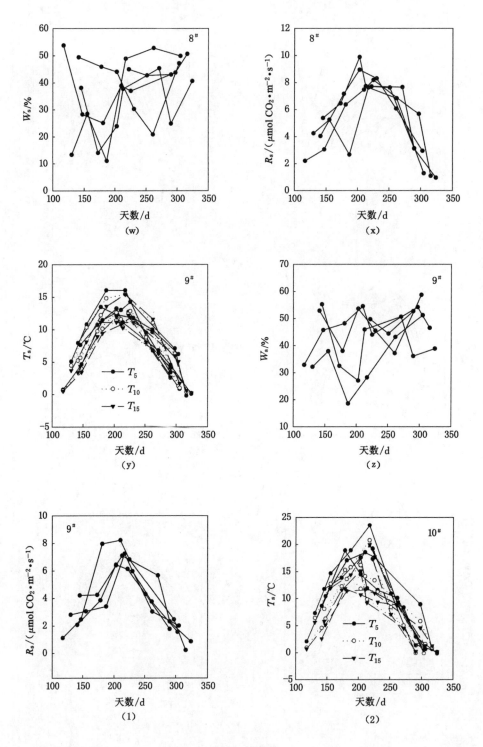

图 6-3 （续）

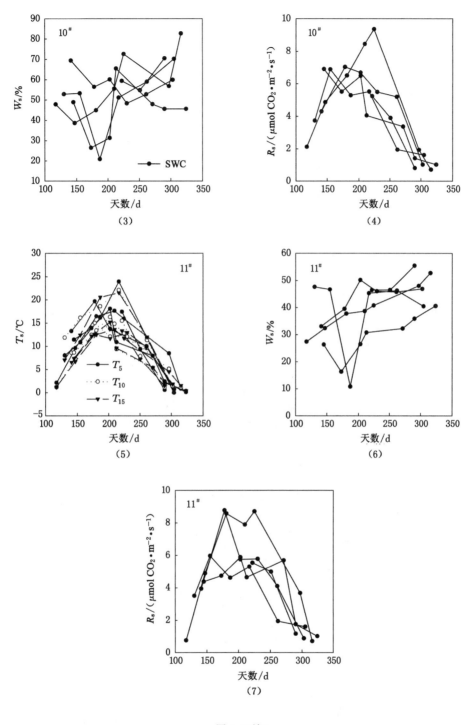

图 6-3(续)

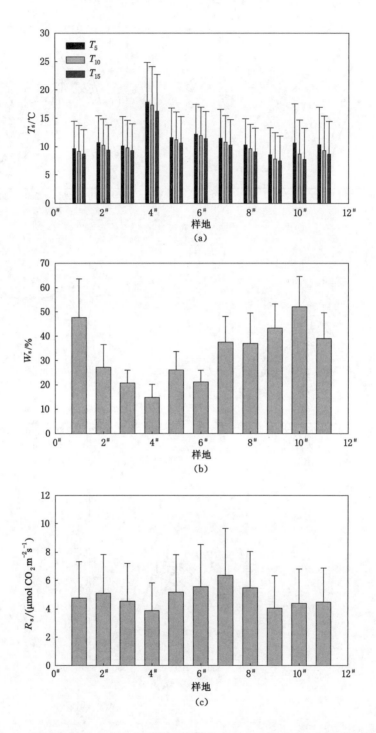

图 6-4　测定期间 11 个样地的土壤温度、土壤水分和土壤呼吸速率的平均值

土壤水分的季节变化主要受降水量及其分布和气温引起的土壤蒸发以及植物蒸腾的共同影响。与土壤温度的季节变化相比,整个测定期内各样地土壤水分含量的年际变化表现为波动状态,呈高、低交替变化趋势(图 6-3)。降水以后土壤水分迅速增加,降水停止,由于水分下渗、土壤蒸发和植物蒸腾作用,土壤含水量开始减低,直到下一次降水发生。由于本区海拔较高,土壤蒸发相对较小,土壤水分相对较好。11 个样地的土壤水分平均值从 14.7%(4#)到 52%(10#),相差 3 倍以上(图 6-4)。测定期间除 2009 年 7 月出现比较明显的干旱外,基本没有土壤干旱发生。总体来讲,土壤水分总的变化趋势为:春末、夏初较低,仲夏、秋季、冬初土壤水分较高。受自然因素如坡度、坡向、土壤及植被类型、地上凋落物、海拔高度等因素的影响,测定期间土壤水分的变化程度和变化幅度有较大不同。总体来看,林地的土壤水分大于灌木和其他地类,但是,鬼见愁群落和亚高山草甸由于海拔较高、蒸散较低,土壤水分亦较高。测定期间土壤水分平均值的排序为 10#,其次是 1#、11#、9#,土壤水分最低的为 4#、3# 和灌木 6#。

受土壤温度和土壤水分的共同影响,本区的土壤呼吸速率表现出比较明显的季节变化特征(图 6-3)。生长期早期呼吸较低为 $1 \sim 2 \ \mu mol \ CO_2/(m^2 \cdot s)$,随后由于气温升高、土壤温度增加,土壤呼吸速率作用增强到 $7 \sim 8 \ \mu mol \ CO_2/(m^2 \cdot s)$,最大可达 $10 \ \mu mol \ CO_2/(m^2 \cdot s)$。总体看来,土壤呼吸速率的季节变化主要受土壤温度的作用,除 2009 年 7 月外没有非常明显的水分对呼吸的抑制作用发生。

第四节　土壤温度、陆地表面辐射温度和土壤呼吸速率的日变化

图 6-5 为 2010 年 7 月 21 日亚高山草甸的环境因子、土壤呼吸速率的日变化图。从图中可以看出亚高山草甸 T_5、T_{10}、T_{15} 及 T_c 都具有明显的日变化特点,一天中这些温度的最低值出现在早晨 6:00 左右,最高值出现在下午 2:00 左右。T_5、T_{10}、T_{15} 及 T_c 的平均值分别为 (15.34±2.75)℃(平均值±标准差)、(14.72±1.99)℃、(14.03±1.15)℃ 和 (16.64± 6.56)℃,测定深度越深,温度越低。T_5、T_{10}、T_{15} 及 T_c 的变异系数依次为 18.3%、13.8%、8.3%、40.1%,随测定深度增加,变异系数减低。一天中,与 T_5、T_{10}、T_{15} 相比,T_c 的最低值低于 T_5、T_{10}、T_{15},最高值高于 T_5、T_{10}、T_{15}。简单相关性分析表明,T_c 与 T_5 和 T_{10} 显著相关,与 T_{15} 相关不显著(表 6-2),而 T_5、T_{10}、T_{15} 之间的关系都极显著。与温度的日变化趋势相一致,R_s 的日变化曲线呈单峰形式,最大值出现在 13:00 到 16:00 之间,最低值出现在凌晨 4:00 到 6:00 之间。与 24 小时测定的平均值相比较(图 6-6),21:00 至凌晨 8:00 之间土壤呼吸速率值低于日平均值,早上 9:00 至晚上 9:00 的呼吸值大于平均值,误差在 ±10% 以内的时段为 8:00 至 11:00 和 19:00 至 21:00。

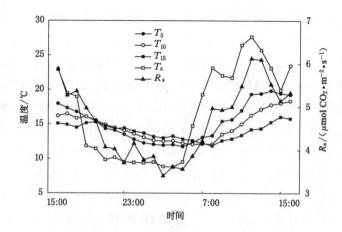

图 6-5　亚高山草甸土壤呼吸速率及其环境因子的日变化

表 6-2　温度间的相关系数

	T_5	T_{10}	T_{15}	T_c
T_5	1	0.93＊＊	0.68＊＊	0.77＊＊
T_{10}	0.93＊＊	1	0.89＊＊	0.51＊＊
T_{15}	0.68＊＊	0.89＊＊	1	0.09
T_c	0.77＊＊	0.51＊＊	0.09	1

注:"＊＊"表示 $P<0.01$。

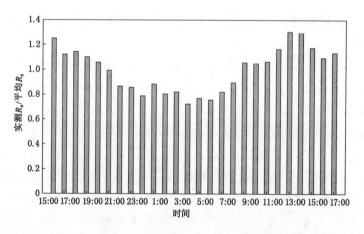

图 6-6　土壤呼吸速率日变化实测值与 24 h 平均值的比率的日变化

第五节　陆地表面辐射温度对土壤呼吸速率季节变化的影响

在大多数情况下,温度是土壤呼吸速率的关键限制因子,其随温度变化的指数方程能够解释土壤呼吸速率日变化和季节变化的大部分变异(Fang et al.,2001)。对不同测定深度的土壤温度与土壤呼吸速率的关系分析表明(图 6-7、表 6-3),11 个样地土壤呼吸速率的季节变化与不同测定深度的土壤温度的关系都呈极显著指数相关,深度为 5、10、15 cm 的方程决定系数 R^2 的值分别为 0.66～0.77、0.61～0.78 和 0.53～0.77 之间。从表 6-3 可以看出,$7^{\#}$、$9^{\#}$、$10^{\#}$、$11^{\#}$样地指数方程的决定系数随温度测定深度的增加而降低,T_5的决定系数最高,T_{15}的最低,这种现象在两个亚高山草甸较为明显,随着土壤温度测定深度的增加$10^{\#}$和$11^{\#}$决定系数分别从$0.77\sim0.58$和$0.71\sim0.53$,下降了20%左右,表明亚高山草甸的土壤呼吸速率受土壤浅层温度的变化影响更大;而其他样地土壤呼吸速率与T_5、T_{10}和T_{15}的决定系数差异不大,均能很好地解释土壤呼吸速率的季节变化。

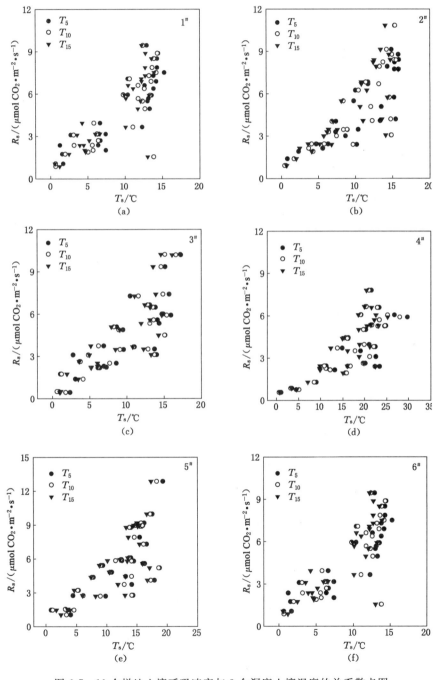

图 6-7 11个样地土壤呼吸速率与3个深度土壤温度的关系散点图

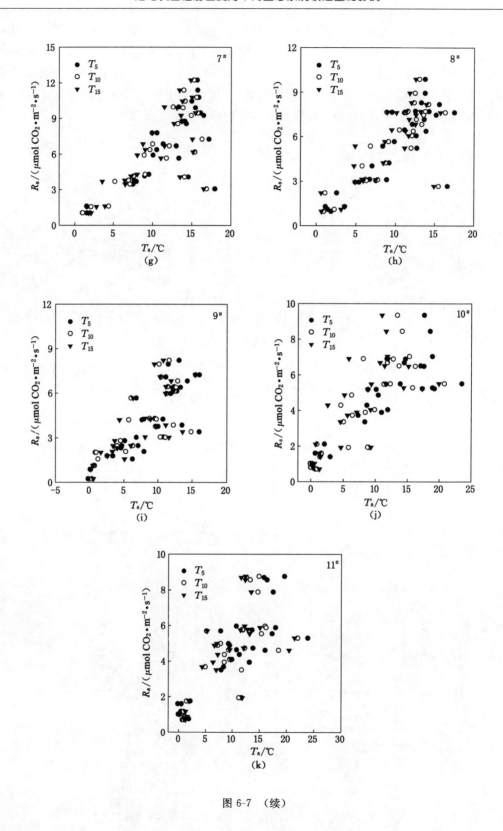

图 6-7 （续）

表 6-3　土壤呼吸速率与土壤温度的指数回归方程

样地	深度/cm	剔除前		剔除后	
		关系方程	R^2	关系方程	R^2
1#	5	$y=1.341\,7e^{0.112\,1x}$	0.66	$y=1.288\,3e^{0.121\,7x}$	0.81
	10	$y=1.335\,7e^{0.119\,5x}$	0.68	$y=1.251\,4e^{0.132\,6x}$	0.86
	15	$y=1.295e^{0.128\,5x}$	0.69	$y=1.216\,4e^{0.142\,2x}$	0.87
2#	5	$y=1.268\,5e^{0.114\,4x}$	0.75	$y=1.230\,6e^{0.12x}$	0.81
	10	$y=1.291\,3e^{0.117\,8x}$	0.76	$y=1.238e^{0.125\,1x}$	0.83
	15	$y=1.352\,9e^{0.123\,5x}$	0.76	$y=1.293\,5e^{0.131\,9x}$	0.85
3#	5	$y=1.042\,3e^{0.123\,4x}$	0.69	$y=1.062\,4e^{0.122\,4x}$	0.71
	10	$y=0.975\,4e^{0.134\,5x}$	0.73	$y=0.958\,8e^{0.138\,8x}$	0.76
	15	$y=0.999\,7e^{0.138\,8x}$	0.73	$y=0.981\,2e^{0.143\,7x}$	0.76
4#	5	$y=0.719\,1e^{0.084\,4x}$	0.75	$y=0.697\,8e^{0.087\,7x}$	0.80
	10	$y=0.703e^{0.088\,2x}$	0.77	$y=0.684\,8e^{0.091\,3x}$	0.81
	15	$y=0.733\,4e^{0.091\,4x}$	0.75	$y=0.699\,6e^{0.096\,3x}$	0.81
5#	5	$y=1.390\,7e^{0.100\,3x}$	0.77	$y=1.313e^{0.108\,5x}$	0.88
	10	$y=1.321\,5e^{0.108\,2x}$	0.78	$y=1.250\,4e^{0.116\,4x}$	0.89
	15	$y=1.347\,4e^{0.112\,2x}$	0.77	$y=1.268\,7e^{0.121\,4x}$	0.88
6#	5	$y=1.331e^{0.102\,9x}$	0.69	$y=1.274\,5e^{0.108\,7x}$	0.74
	10	$y=1.281\,4e^{0.108\,2x}$	0.69	$y=1.226\,4e^{0.114\,2x}$	0.74
	15	$y=1.258\,8e^{0.115x}$	0.72	$y=1.198\,5e^{0.121\,7x}$	0.77
7#	5	$y=1.374e^{0.117\,5x}$	0.72	$y=1.242\,9e^{0.130\,6x}$	0.86
	10	$y=1.391\,6e^{0.123\,8x}$	0.68	$y=1.249e^{0.138\,4x}$	0.81
	15	$y=1.471\,3e^{0.124\,6x}$	0.63	$y=1.305\,8e^{0.141\,3x}$	0.77
8#	5	$y=1.411e^{0.116\,2x}$	0.68	$y=1.265\,1e^{0.131\,6x}$	0.84
	10	$y=1.452\,9e^{0.121\,4x}$	0.66	$y=1.307\,9e^{0.137\,5x}$	0.81
	15	$y=1.258\,8e^{0.115x}$	0.72	$y=1.396\,3e^{0.138\,4x}$	0.76
9#	5	$y=1.025\,7e^{0.134\,6x}$	0.66	$y=0.953\,1e^{0.147\,6x}$	0.73
	10	$y=1.146\,2e^{0.133\,4x}$	0.63	$y=1.083\,8e^{0.145x}$	0.68
	15	$y=1.125\,2e^{0.141\,4x}$	0.62	$y=1.074\,1e^{0.151\,7x}$	0.66
10#	5	$y=1.260\,9e^{0.096\,4x}$	0.77	$y=1.243\,8e^{0.09\,9x}$	0.78
	10	$y=1.413e^{0.106\,1x}$	0.68	$y=1.396\,6e^{0.109\,2x}$	0.68
	15	$y=1.567\,6e^{0.104\,5x}$	0.58	$y=1.554\,5e^{0.107x}$	0.58
11#	5	$y=1.224\,2e^{0.100\,9x}$	0.71	$y=1.218\,2e^{0.102\,4x}$	0.71
	10	$y=1.380\,3e^{0.1x}$	0.61	$y=1.327\,5e^{0.106\,8x}$	0.63
	15	$y=1.492\,6e^{0.098\,4x}$	0.53	$y=1.363\,1e^{0.112\,8x}$	0.59

　　基于遥感的陆地表面辐射温度对土壤呼吸速率作用的影响,一些学者也进行了探索性的研究,发现基于遥感的陆地表面辐射温度能够在一定程度上解释生态系统呼吸(Coops et al.,2007;Yamaji et al.,2008;Kitamoto et al.,2007;Rahman et al.,2005;Sims et al.,2008)、土壤呼吸速率(Wang et al.,2004;付刚等,2011;Crabbe et al.,2019)及土壤异养呼吸(Inoue et al.,2004)。如 Wang 等(2004)对河北省曲周农业生态试验站冬小麦 5 天次的土壤呼吸速率和冠层辐射温度的观测表明,冠层热红外温度在模拟土壤呼吸速率方面能

够得到令人满意的结果,应用热红外遥感技术模拟土壤呼吸速率具有可行性。Inoue 等 (2004)发现裸土的土壤表面 CO_2 通量与土壤表面辐射温度相关性最强,而与气温的相关性位居第二,与土壤温度和土壤水分弱相关。这一结果说明土壤表面温度对土壤微生物呼吸和土壤-大气界面的 CO_2 气体传输的物理过程起着控制作用。进一步证明了用热红外遥感对土壤呼吸速率进行模拟的可行性。

本节中我们分别用 MODIS 的 Terra 和 Aqua 卫星过境时的瞬时温度 LST_{td}(10:30)、LST_{tn}(22:30) 和 LST_{ad}(13:30)、LST_{an}(1:30)为自变量,用土壤呼吸速率作为因变量,分析陆地表面辐射温度与土壤呼吸速率的关系(图 6-8、表 6-4)。结果表明,MODIS 的两个卫星过境时的瞬时温度与土壤呼吸速率都呈极显著的指数函数关系。LST_{td}、LST_{tn}、LST_{ad} 和 LST_{an} 分别可以解释土壤呼吸速率季节变化的 15%~66%、44%~82%、24%~75% 和 51% ~78%。总体来看,土壤呼吸速率与 LST_{tn} 和 LST_{an} 的关系好于与 LST_{td} 和 LST_{ad} 的关系,与土壤呼吸速率关系的决定系数从小到大依次是 $LST_{td}<LST_{ad}<LST_{tn}<LST_{an}$。方程的决定系数 R^2 与海拔高度的回归分析表明,二者呈显著线性相关,表明随着海拔高度的增高,温度对土壤呼吸速率的影响程度增加。

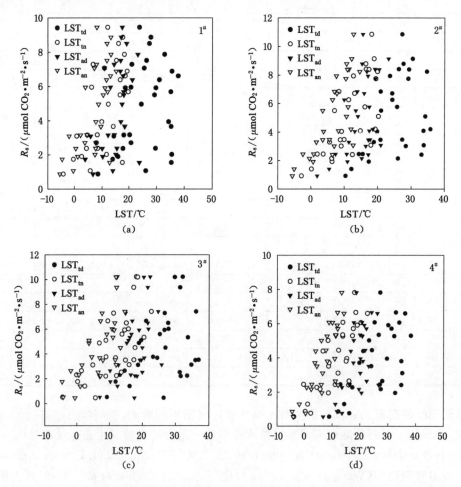

图 6-8　土壤呼吸速率与陆地表面辐射温度的关系散点图

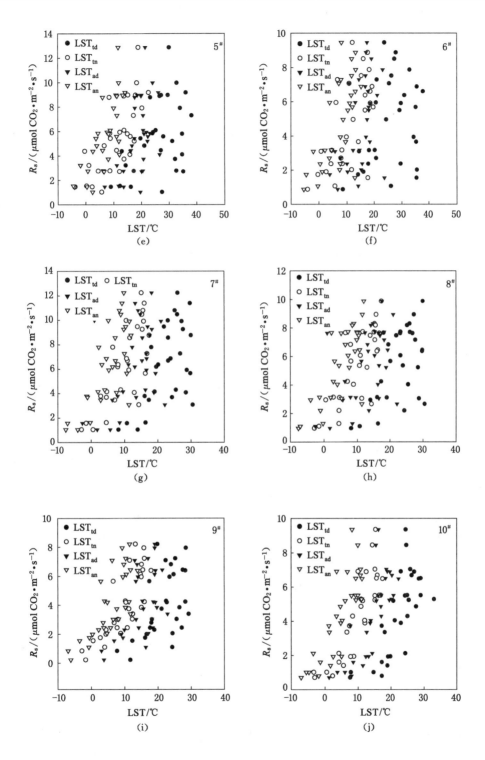

图 6-8　（续）

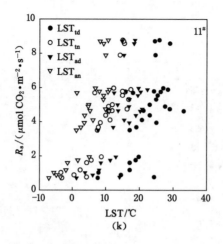

图 6-8 （续）

表 6-4 土壤呼吸速率与陆地表面辐射温度的关系方程

	LST$_{td}$		LST$_{tn}$	
	回归方程	R^2	回归方程	R^2
1#	$y=1.651\,8e^{0.033\,5x}$	0.15	$y=1.917\,5e^{0.066\,3x}$	0.44
2#	$y=1.310\,5e^{0.047\,6x}$	0.28	$y=1.782e^{0.075\,7x}$	0.60
3#	$y=1.207\,7e^{0.042\,8x}$	0.19	$y=1.488\,6e^{0.079\,8x}$	0.51
4#	$y=0.721\,6e^{0.057\,5x}$	0.45	$y=1.296\,9e^{0.082\,2x}$	0.68
5#	$y=1.521\,1e^{0.041\,1x}$	0.30	$y=2.060\,4e^{0.069\,1x}$	0.64
6#	$y=1.636\,6e^{0.040\,2x}$	0.24	$y=2.120\,8e^{0.070\,9x}$	0.56
7#	$y=0.826\,8e^{0.081\,6x}$	0.48	$y=1.954\,5e^{0.099\,4x}$	0.67
8#	$y=0.974\,4e^{0.068\,9x}$	0.40	$y=1.899\,3e^{0.089\,8x}$	0.64
9#	$y=0.46e^{0.089\,9x}$	0.40	$y=1.026\,3e^{0.118\,2x}$	0.73
10#	$y=0.354\,6e^{0.103\,2x}$	0.66	$y=1.114\,2e^{0.117x}$	0.82
11#	$y=0.461\,9e^{0.091\,7x}$	0.51	$y=1.121\,9e^{0.116\,4x}$	0.79
	LST$_{ad}$		LST$_{an}$	
	回归方程	R^2	回归方程	R^2
1#	$y=1.452\,5e^{0.066\,7x}$	0.24	$y=2.180\,4e^{0.084\,4x}$	0.51
2#	$y=1.195\,8e^{0.085\,8x}$	0.42	$y=2.368\,4e^{0.093\,2x}$	0.68
3#	$y=0.665\,7e^{0.095\,8x}$	0.29	$y=1.778\,6e^{0.105\,3x}$	0.56
4#	$y=0.421\,3e^{0.107\,7x}$	0.49	$y=1.540\,9e^{0.109\,9x}$	0.69
5#	$y=0.954\,7e^{0.081\,3x}$	0.37	$y=2.382\,3e^{0.092\,4x}$	0.65
6#	$y=0.985e^{0.082\,2x}$	0.32	$y=2.412\,7e^{0.097\,8x}$	0.61
7#	$y=2.260\,8e^{0.064\,9x}$	0.32	$y=3.117\,8e^{0.102\,8x}$	0.65
8#	$y=2.115\,5e^{0.060\,5x}$	0.33	$y=2.856\,8e^{0.095\,6x}$	0.66
9#	$y=0.653\,6e^{0.107\,1x}$	0.46	$y=1.661\,1e^{0.119\,3x}$	0.70
10#	$y=0.611e^{0.121\,2x}$	0.75	$y=2.034\,2e^{0.122\,3x}$	0.77
11#	$y=0.74e^{0.108\,4x}$	0.57	$y=2.001\,9e^{0.125\,3x}$	0.78

Q_{10} 值是土壤呼吸速率对温度变化的敏感程度,即温度每升高 10 ℃,土壤呼吸速率增加的倍数,是一个无量纲的值。R_{10} 值是土壤温度 10 ℃时的土壤呼吸速率,又称为基础土壤呼吸速率,是一个有量纲的单位,广泛应用于不同生态系统土壤呼吸速率之间的比较(Soegaard et al.,2003)以及土壤呼吸速率的建模应用当中。根据土壤呼吸速率和温度之间的指数方程的拟合系数(a、b)可以得出基于不同深度的土壤温度和陆地表面辐射温度的 Q_{10} 和 R_{10} 值(表 6-5、表 6-6)。表 6-5 为剔除土壤水分胁迫数据前、后的结果,可以看出剔除前 11 个样地基于 T_5、T_{10}、T_{15} 计算的 Q_{10} 值的变化范围分别为 2.33~3.84、2.42~3.84、2.49~4.11,11 个样地平均的 Q_{10} 值分别为 3.01、3.18 和 3.28;基于 LST_{td}、LST_{tn}、LST_{ad} 和 LST_{an} 计算的 Q_{10} 值的变化范围分别为 1.40~2.81、1.94~3.26、1.95~3.36、2.33~3.50,11 个样地平均的 Q_{10} 值分别为 1.94、2.49、2.49、2.86;表明 Q_{10} 随着测定温度的土层深度的增加而增加,而且土壤表层的 Q_{10} 比下层土壤的 Q_{10} 小,这主要是因为地温在一定的土壤层深度内随着土壤深度增加而减小造成的。从表 6-5 可以看出,剔除前 11 个样地基于 T_5、T_{10}、T_{15} 计算的 R_{10} 值的变化范围分别为 1.67~4.51 $\mu mol\ CO_2/(m^2 \cdot s)$、1.70~4.89 $\mu mol\ CO_2/(m^2 \cdot s)$、1.83~5.22 $\mu mol\ CO_2/(m^2 \cdot s)$,11 个样地平均的 R_{10} 值分别为 3.68、3.96 和 4.23 $\mu mol\ CO_2/(m^2 \cdot s)$;基于 LST_{td}、LST_{tn}、LST_{ad} 和 LST_{an} 计算的 R_{10} 值的变化范围分别为 0.99~2.45 $\mu mol\ CO_2/(m^2 \cdot s)$、2.95~5.28 $\mu mol\ CO_2/(m^2 \cdot s)$、1.24~4.33 $\mu mol\ CO_2/(m^2 \cdot s)$、4.62~8.72 $\mu mol\ CO_2/(m^2 \cdot s)$,11 个样地平均的 R_{10} 值分别为 1.76、3.88、2.49、6.25 $\mu mol\ CO_2/(m^2 \cdot s)$(表 6-6)。

表 6-5 基于土壤温度的 Q_{10} 和 R_{10} 值

样地	剔除前						剔除后					
	T_5		T_{10}		T_{15}		T_5		T_{10}		T_{15}	
	Q_{10}	R_{10}	Q_{10}	R_{10}	Q_{10}	R_{10}	Q_{10}	R_{10}	Q_{10}	R_{10}	Q_{10}	R_{10}
1#	3.07	4.12	3.30	4.41	3.61	4.68	3.38	4.35	3.77	4.71	4.15	5.04
2#	3.14	3.98	3.25	4.19	3.44	4.65	3.32	4.09	3.49	4.33	3.74	4.84
3#	3.43	3.58	3.84	3.74	3.84	3.84	3.40	3.61	4.01	3.84	4.21	4.13
4#	2.33	1.67	2.42	1.70	2.49	1.83	2.40	1.68	2.49	1.71	2.62	1.83
5#	2.73	3.79	2.95	3.90	3.07	4.14	2.96	3.89	3.20	4.00	3.37	4.27
6#	2.80	3.72	2.95	3.78	3.16	3.98	2.97	3.78	3.13	3.84	3.37	4.27
7#	3.24	4.45	3.45	4.80	3.48	5.11	3.69	4.59	3.99	4.98	3.38	4.05
8#	3.20	4.51	3.37	4.89	3.36	5.22	3.73	4.72	3.96	5.17	3.99	5.57
9#	3.84	3.94	3.80	4.35	4.11	4.63	4.38	4.17	4.26	4.62	4.56	4.90
10#	2.62	3.31	2.89	4.08	2.84	4.46	2.69	3.35	2.98	4.16	2.92	4.53
11#	2.74	3.36	2.72	3.75	2.68	3.99	2.78	3.39	2.91	3.86	3.09	4.21
平均	3.01	3.68	3.18	3.96	3.28	4.23	3.25	3.78	3.47	4.11	3.58	4.33

注:Q_{10} 无量纲,R_{10} 单位为 $\mu mol\ CO_2/(m^2 \cdot s)$。

表 6-6　基于陆地表面辐射温度的 Q_{10} 和 R_{10} 值

样地	LST$_{td}$		LST$_{tn}$		LST$_{ad}$		LST$_{an}$	
	Q_{10}	R_{10}	Q_{10}	R_{10}	Q_{10}	R_{10}	Q_{10}	R_{10}
1#	1.40	2.31	1.94	3.72	1.95	2.83	2.33	5.07
2#	1.61	2.11	2.13	3.80	2.36	2.82	2.54	6.01
3#	1.53	1.85	2.22	3.31	2.61	1.74	2.87	5.10
4#	1.78	1.28	2.28	2.95	2.94	1.24	3.00	4.62
5#	1.51	2.29	2.00	4.11	2.25	2.15	2.52	6.00
6#	1.49	2.45	2.03	4.31	2.28	2.24	2.66	6.42
7#	2.26	1.87	2.70	5.28	1.91	4.33	2.80	8.72
8#	1.99	1.94	2.45	4.66	1.83	3.87	2.60	7.43
9#	2.46	1.13	3.26	3.35	2.92	1.91	3.30	5.48
10#	2.81	0.99	3.22	3.59	3.36	2.05	3.40	6.91
11#	2.50	1.16	3.20	3.59	2.96	2.19	3.50	7.01
平均	1.94	1.76	2.49	3.88	2.49	2.49	2.86	6.25

注：Q_{10}无量纲，R_{10}单位为 $\mu mol\ CO_2/(m^2 \cdot s)$。

虽然温度对土壤呼吸速率的影响得到研究者的一致认可，但是由于温度的表现形式不同，如有的学者用气温表示、有的学者则用土壤温度表示，此外，由于土壤温度测定的深度不同（陆地表面辐射温度、5、10、15 cm 深度，甚至更深），所计算的土壤呼吸速率的 Q_{10}、R_{10} 值也常常不同。在同一生态系统内，土壤温度的测定深度不同会对 Q_{10}、R_{10} 值产生很大影响（Pavelka et al.，2007）。这些差异使得不同地区之间 Q_{10} 和 R_{10} 值的比较变得困难（Borken et al.，2002）。如 Khomik 等（2006）报道，根据不同深度的土壤呼吸速率值测定的 Q_{10} 值在3.6～12.7 之间。同样由于分析方法的不同或者使用模型的不同也可能得到不同的 Q_{10} 和 R_{10} 值（Fang et al.，2001）。因此，在进行不同区域、不同植被之间的 Q_{10}、R_{10} 值比较时，应当注意土壤温度的观测深度以及研究者所使用的关系模型。

第六节　土壤水分对土壤呼吸速率季节变化的影响

水分参与生命物质代谢，是生物化学循环过程的主要因素之一。土壤水分通过影响根系生长、土壤微生物活力以及土壤代谢活力，进而对土壤呼吸速率产生影响。与温度相比，土壤呼吸速率与水分的关系相对复杂，他们之间的关系充满不确定性，这是因为不同阶段的土壤呼吸速率对水分的响应不同（Raich et al.，1995）。土壤相对较干时，土壤的生物化学代谢活动随水分增加而增强；土壤水分达到土壤饱和含水量的 50％～80％时，土壤生物化学代谢活动达到最大，土壤呼吸速率也最大；之后土壤水分继续增加时，引起土壤中氧缺乏阻滞需氧呼吸。由于这些原因，可能对土壤呼吸速率产生不同的结果。如，在一定土壤水分范围内，土壤呼吸速率与土壤水分的关系正相关，而当土壤水分超过一定范围，随土壤水分的增加土壤呼吸速率降低（Xu et al.，2001a；Davidson et al.，2000）。此外，土壤呼吸速率与水分复杂关系的主要原因是由于土壤水分的表示方法亦较多，如质量含水量、体积含水量、相对含水量、土壤水势、地下水位等，由于取样标准的不统一所造成的差异。如前所述，土壤水分对土壤呼吸速率的影响只有在土壤受到胁迫和超过一定范围后才起作用（Flanagan et al.，2005）。

降水和干旱会对土壤呼吸速率和水分的关系产生影响。降水通过改变土壤水分影响土壤呼吸速率，干旱条件下降水会使土壤呼吸速率增加，湿润条件下的降水能使土壤呼吸速率减少。降水后土壤呼吸速率增加的现象称为"Birch effect"（Birch，1958）或"Drying and re-wetting effect"（Borken et al.，1999；Davidson et al.，2000；Lee et al.，2002）。干旱对呼吸的限制作用非常明显，因为干旱条件下的土壤微生物活动受到严重限制、植物的光合作用也可能受到影响。与正常年份相比，极端干旱能使土壤呼吸速率减少 50%（Epron et al.，2004）。

本章所用数据为我们在庞泉沟自然保护区对 11 个样地的测定结果，测定期间的土壤含水量由于以下原因大多处于高含量状态：样地的海拔高度较高、从 1 700～2 700 m；大部分测定样地的植被盖度较大；降水量较多，据文峪河上游师庄水文站 1956—2008 年的降水量资料分析，平均降水量为（636.5±155.3）mm。因此，我们测定期间基本不存在土壤水分的不足对呼吸的胁迫影响。相关分析表明，11 个样地的土壤呼吸速率与水分的关系均不显著（图 6-9）。测定期间观测到的土壤水分对呼吸的影响主要发生在 2009 年 7 月，以 4# 样地（退耕地）为例，2009 年 7 月 5 日的 T_5、W_s、R_s 分别为 23.38 ℃、2.14% 和 2.40 $\mu mol\ CO_2/(m^2 \cdot s)$，2008 年 6 月 26 日的分别为 23.33 ℃、15.25% 和 5.70 $\mu mol\ CO_2/(m^2 \cdot s)$，可以看出，这两次测定时 T_5 基本没有差异，土壤水分差异较大相差 13.11%，而 2009 年 7 月 5 日的土壤呼吸速率比 2008 年 6 月 26 日的减少了 58%，表明 2009 年 7 月测定时的土壤呼吸速率受到了水分胁迫的抑制。为了分析干旱对土壤呼吸速率的影响，我们对该次数据进行剔除后，分析土壤呼吸速率与温度的关系。结果表明（表 6-7、表 6-8），剔除后土壤温度和土壤呼吸速率关系的决定系数均有一定程度的提高，表明在分析土壤温度和土壤呼吸速率的关系时需要对土壤水分加以考虑，否则结果会有一定程度的偏差。与土壤呼吸速率和土壤温度的关系一样，Q_{10}、R_{10} 值同样受到土壤水分的影响，随土壤水分的降低而下降，随土壤水分的升高而增加（Borken et al.，2002；Janssens et al.，2003）。当我们剔除水分胁迫的数据后，也发现 Q_{10}、R_{10} 值均有一定程度的增加（表 6-5、表 6-8）。

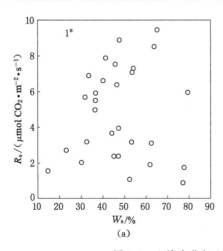
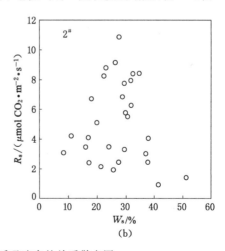

图 6-9　土壤水分与土壤呼吸速率的关系散点图

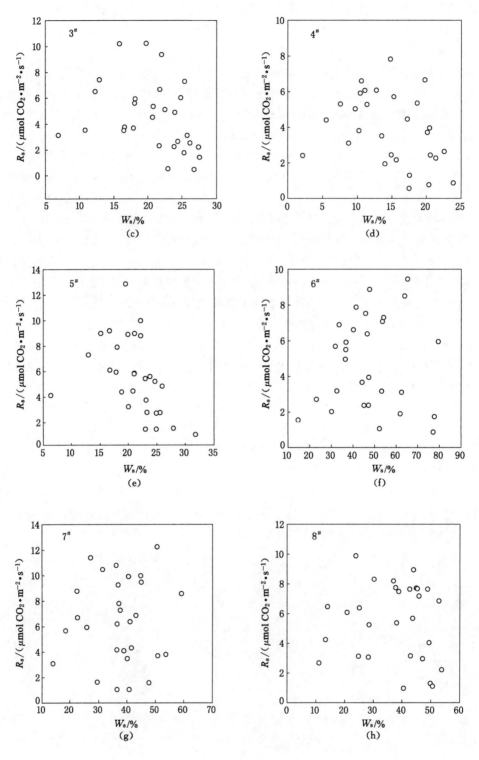

图 6-9 （续）

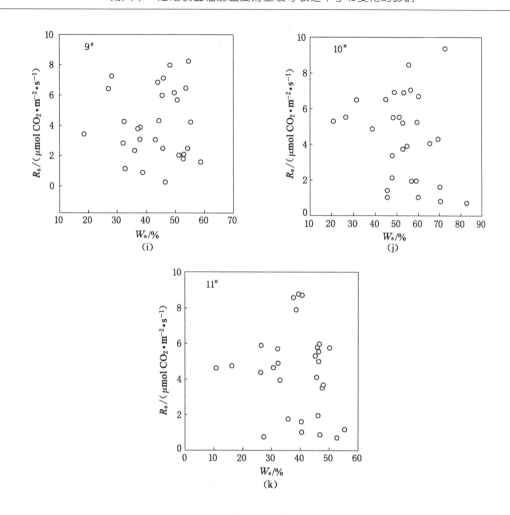

图 6-9 （续）

表 6-7 剔除水分胁迫数据后拟合的土壤呼吸速率与陆地表面辐射温度的关系方程

	LST_{td}		LST_{tn}	
	回归方程	R^2	回归方程	R^2
1#	$y = 1.421\ 3e^{0.041\ 1x}$	0.24	$y = 1.847\ 8e^{0.074\ 4x}$	0.57
2#	$y = 1.18e^{0.052\ 9x}$	0.33	$y = 1.736\ 6e^{0.080\ 5x}$	0.67
3#	$y = 1.138\ 2e^{0.045\ 9x}$	0.21	$y = 1.483\ 3e^{0.081\ 8x}$	0.52
4#	$y = 0.666\ 5e^{0.061\ 6x}$	0.50	$y = 1.291\ 8e^{0.084\ 8x}$	0.72
5#	$y = 1.406\ 2e^{0.045\ 2x}$	0.36	$y = 2.051\ 5e^{0.072x}$	0.69
6#	$y = 1.560\ 3e^{0.042\ 7x}$	0.26	$y = 2.115\ 1e^{0.072\ 7x}$	0.58
7#	$y = 0.684\ 3e^{0.091\ 8x}$	0.58	$y = 1.932\ 2e^{0.104x}$	0.73
8#	$y = 0.817e^{0.078\ 4x}$	0.50	$y = 1.878\ 1e^{0.094\ 3x}$	0.72
9#	$y = 0.412\ 2e^{0.096\ 1x}$	0.43	$y = 1.027\ 8e^{0.119\ 1x}$	0.73
10#	$y = 0.295\ 7e^{0.112\ 7x}$	0.70	$y = 1.106\ 4e^{0.116\ 7x}$	0.83
11#	$y = 0.382\ 3e^{0.101\ 5x}$	0.55	$y = 1.117\ 4e^{0.116\ 2x}$	0.79

表 6-7(续)

	LST_{ad}		LST_{an}	
	回归方程	R^2	回归方程	R^2
1#	$y=1.096\,3e^{0.089\,5x}$	0.42	$y=2.143\,4e^{0.094\,4x}$	0.67
2#	$y=1.077\,2e^{0.094\,9x}$	0.49	$y=2.338\,5e^{0.100\,6x}$	0.76
3#	$y=0.507\,4e^{0.113\,3x}$	0.35	$y=1.767e^{0.110\,1x}$	0.59
4#	$y=0.312\,2e^{0.125\,9x}$	0.60	$y=1.520\,8e^{0.116\,7x}$	0.76
5#	$y=0.720\,9e^{0.098\,3x}$	0.49	$y=2.349\,8e^{0.099\,6x}$	0.74
6#	$y=0.803\,9e^{0.094\,5x}$	0.38	$y=2.389\,4e^{0.102\,9x}$	0.65
7#	$y=2.045\,2e^{0.075\,9x}$	0.41	$y=3.105\,5e^{0.112\,2x}$	0.75
8#	$y=1.917\,8e^{0.071\,3x}$	0.43	$y=2.845\,7e^{0.104\,8x}$	0.78
9#	$y=0.577\,9e^{0.117\,5x}$	0.51	$y=1.654e^{0.124\,5x}$	0.73
10#	$y=0.597\,7e^{0.123\,5x}$	0.75	$y=2.033\,3e^{0.125\,6x}$	0.78
11#	$y=0.719\,6e^{0.111\,2x}$	0.58	$y=1.999\,6e^{0.130\,1x}$	0.80

表 6-8　剔除水分胁迫后基于陆地表面辐射温度的 Q_{10} 和 R_{10} 值

样地	LST_{td}		LST_{tn}		LST_{ad}		LST_{an}	
	Q_{10}	R_{10}	Q_{10}	R_{10}	Q_{10}	R_{10}	Q_{10}	R_{10}
1#	1.51	2.14	2.10	3.89	2.45	2.68	2.57	5.51
2#	1.70	2.00	2.24	3.88	2.58	2.78	2.73	6.39
3#	1.58	1.80	2.27	3.36	3.10	1.58	3.01	5.31
4#	1.85	1.23	2.33	3.02	3.52	1.10	3.21	4.89
5#	1.57	2.21	2.05	4.21	2.67	1.93	2.71	6.36
6#	1.53	2.39	2.07	4.38	2.57	2.07	2.80	6.69
7#	2.50	1.71	2.83	5.47	2.14	4.37	3.07	9.54
8#	2.19	1.79	2.57	4.82	2.04	3.91	2.85	8.12
9#	2.61	1.08	3.29	3.38	3.24	1.87	3.47	5.74
10#	3.09	0.91	3.21	3.55	3.44	2.06	3.51	7.14
11#	2.76	1.05	3.20	3.57	3.04	2.19	3.67	7.34
平均	2.08	1.67	2.56	3.96	2.80	2.41	3.06	6.64

注：Q_{10} 无量纲，R_{10} 单位为 $\mu mol\ CO_2/(m^2 \cdot s)$。

第七节　生物因子对土壤呼吸速率季节变化的影响

生物因子是影响土壤呼吸速率作用时空动态变化的主要因素之一。然而，目前所使用的土壤呼吸速率经验模型通常利用土壤温度、土壤湿度或者两者的交互作用模拟土壤呼吸速率作用动态变化，没有考虑生物因子的影响，这可能会导致明显的偏差和错误。在多种植被因子中，LAI 相对容易测定和模拟，可作为表征植被生长状况的特征变量。Frank(2002)发现，日平均土壤 CO_2 通量与叶面积指数和生物量的年变化趋势一致，而且有很好的正相关关系。叶面积指数的季节性变化会导致土壤 CO_2 通量模式的变化。Sims

等(2008)选取 20 天的日平均土壤 CO_2 通量值和同时测量的叶面积指数值进行线性回归后发现有显著的相关性。

植被指数由多光谱数据经线性和非线性组合而构成的对植被有一定指示意义的各种数值,它定量地表明了植被活力,能够相当精确地反映植被绿度、光合作用强度、植被代谢强度及其季节和年际变化,因此在全球或各大陆等大尺度的植被动态监测、植被分类、全球和区域土地覆被分类及其变化、作物长势检测和物候监测等方面得到广泛应用(Xiao et al.,2002;Nemani et al.,2003;Ratana et al.,2005;Defries et al.,1994)。NDVI 是应用最广泛的植被指数,它在使用遥感影像进行植被研究以及植被物候研究中得到了广泛应用,它是植物生长状态及植被空间分布密度的最佳指示因子,与植物分布密度呈线性关系,因此又可称之为生物量指标(陈述彭等,1990)。因此,植被指数也是影响土壤呼吸速率的重要生物因子之一。当我们对土壤呼吸速率与归一化植被指数(NDVI)和增强植被指数(EVI)进行回归分析,结果表明土壤呼吸速率与植被指数呈显著指数关系,且与 NDVI 的决定系数都高于与 EVI 的(图 6-10,表 6-9),土壤呼吸速率与 NDVI 和 EVI 的决定系数分别在 0.53～0.74 和 0.39～0.71 之间。当剔除土壤胁迫后的测定数据显示土壤呼吸速率与 NDVI 和 EVI 方程的决定系数分别提高为 0.54～0.75 和 0.51～0.73。

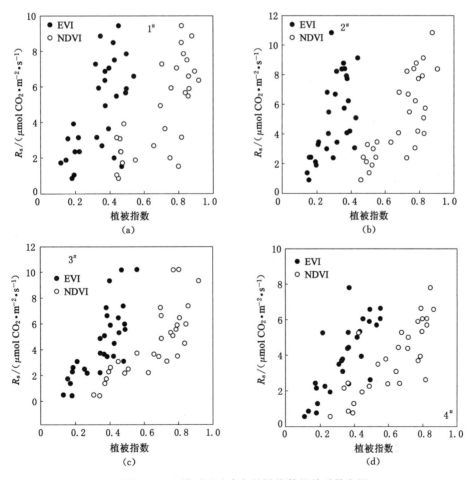

图 6-10　土壤呼吸速率与植被指数的关系散点图

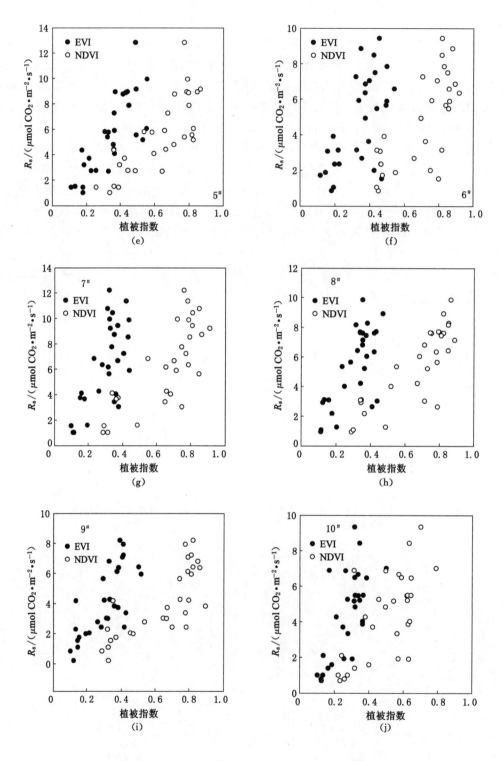

图 6-10 （续）

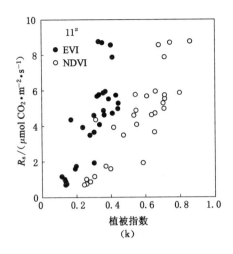

图 6-10　（续）

表 6-9　土壤呼吸速率与植被指数的回归方程

	样地	EVI	R^2	NDVI	R^2
所有数据	1#	$y=1.256\,2e^{3.371\,6x}$	0.39	$y=0.534e^{2.857x}$	0.53
	2#	$y=1.019\,1e^{4.850\,7x}$	0.48	$y=0.352e^{3.620\,7x}$	0.65
	3#	$y=0.595\,3e^{5.152\,2x}$	0.66	$y=0.363\,4e^{3.562\,7x}$	0.72
	4#	$y=0.775\,1e^{4.155\,3x}$	0.62	$y=0.498\,4e^{2.989\,8x}$	0.66
	5#	$y=1.175\,1e^{3.869\,3x}$	0.71	$y=0.792\,8e^{2.755\,8x}$	0.74
	6#	$y=1.156\,1e^{4.059\,4x}$	0.65	$y=0.751\,8e^{2.919\,3x}$	0.69
	7#	$y=1.164\,8e^{5.041\,4x}$	0.56	$y=0.753\,4e^{2.969x}$	0.66
	8#	$y=1.223\,6e^{4.353\,3x}$	0.52	$y=0.783\,1e^{2.692\,8x}$	0.68
	9#	$y=0.744\,6e^{4.874\,5x}$	0.56	$y=0.482e^{2.983\,5x}$	0.61
	10#	$y=0.711\,3e^{5.883\,3x}$	0.58	$y=0.648\,6e^{3.382x}$	0.52
	11#	$y=0.558\,3e^{6.15x}$	0.71	$y=0.487\,5e^{3.610\,4x}$	0.74
剔除后	1#	$y=1.133\,6e^{3.824\,3x}$	0.51	$y=0.5e^{3.014\,3x}$	0.62
	2#	$y=0.892\,1e^{5.419\,2x}$	0.57	$y=0.336\,1e^{3.720\,4x}$	0.69
	3#	$y=0.555\,8e^{5.435\,2x}$	0.70	$y=0.359e^{3.607\,6x}$	0.74
	4#	$y=0.780\,6e^{4.175\,4x}$	0.63	$y=0.504\,2e^{2.983\,1x}$	0.66
	5#	$y=1.186\,2e^{3.895\,8x}$	0.73	$y=0.808\,4e^{2.744\,5x}$	0.74
	6#	$y=1.160\,8e^{4.070\,8x}$	0.66	$y=0.753\,6e^{2.917\,9x}$	0.69
	7#	$y=1.117\,4e^{5.293\,1x}$	0.61	$y=0.739\,2e^{3.042\,8x}$	0.70
	8#	$y=1.145\,1e^{4.689x}$	0.60	$y=0.753\,5e^{2.800\,1x}$	0.75
	9#	$y=0.718\,7e^{5.060\,9x}$	0.58	$y=0.474\,5e^{3.028\,7x}$	0.62
	10#	$y=0.702\,5e^{5.878\,3x}$	0.58	$y=0.624\,9e^{3.417x}$	0.54
	11#	$y=0.552\,9e^{6.151x}$	0.71	$y=0.48e^{3.617\,5x}$	0.74

第八节　陆地表面辐射温度对土壤呼吸速率的日变化的影响

图 6-11 为亚高山草甸 R_s 的日变化与温度的关系散点图,从图中可以看出,亚高山草甸的 R_s 与 T_c 的关系好于与 T_{10} 的关系(多数研究利用 T_{10} 与 R_s 进行拟合,利用 T_{10} 预测土壤呼吸速率值)。亚高山草甸的 R_s 与 T_c、T_5、T_{10}、T_{15} 指数方程的决定系数 R^2 值依次为 0.78、0.82、0.58、0.18。T_c 与 R_s 的关系仅次于 T_5 与 R_s 的关系,明显好于 T_{10} 和 T_{15} 与呼吸的关系。证明了在亚高山草甸用 T_c 可以替代土壤温度来预测土壤呼吸速率的可能性。

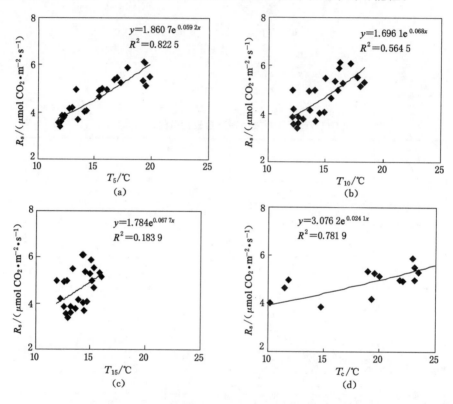

图 6-11　亚高山草甸土壤呼吸速率的日变化与温度的关系散点图

第九节　小　结

本章利用对庞泉沟自然保护区 11 个样地 4 年的土壤呼吸速率和环境因子的测定数据及遥感观测的数据(陆地表面辐射温度和植被指数),对比分析了日、季节尺度的土壤呼吸速率与陆地表面辐射温度和土壤温度的关系,构建了不同生态系统类型陆地表面辐射温度、土壤温度与土壤呼吸速率的关系模型;探讨了植被指数对土壤呼吸速率的影响,并构建了相应的模型。结果表明:

（1）11 个样地土壤呼吸速率的季节变化与 T_5、T_{10}、T_{15} 及 MODIS 的两个卫星过境时的瞬时温度的关系都呈极显著指数相关;总体来看,土壤呼吸速率与 LST_{tn} 和 LST_{an} 的关系好

于与 LST_{td} 和 LST_{ad} 的关系，与土壤呼吸速率关系的决定系数从小到大依次是 $LST_{td} <$ $LST_{ad} < LST_{tn} < LST_{an}$ ；Q_{10} 随着测定温度的土层深度的增加而增加。

（2）测定期间基本不存在土壤水分的不足对呼吸胁迫影响。相关分析表明，11 个样地的土壤呼吸速率与水分的关系均不显著。4 年的测定数据中仅 2009 年 7 月测定时的土壤呼吸速率受到了水分胁迫的抑制，当我们剔除水分胁迫的数据后，温度（T_5、T_{10}、T_{15}、LST_{td}、LST_{ad}、LST_{tn}、LST_{an}）和土壤呼吸速率关系的决定系数和 Q_{10}、R_{10} 值均有一定程度的提高。

（3）11 个样地的土壤呼吸速率与植被指数（NDVI、EVI）均呈显著指数相关，与 NDVI 的决定系数都高于与 EVI 的决定系数。当剔除土壤水分胁迫的测定数据后，土壤呼吸速率与 NDVI 和 EVI 方程的决定系数都有一定程度的提高。

（4）亚高山草甸土壤呼吸速率作用的日变化与 T_c、T_5、T_{10}、T_{15} 指数方程的决定系数 R^2 值依次为 0.78、0.82、0.56、0.18。T_c 与土壤呼吸速率的关系仅次于 T_5 与土壤呼吸速率的关系，明显好于 T_{10} 和 T_{15} 与土壤呼吸速率的关系。

第七章　陆地表面辐射温度对土壤呼吸速率空间变化的影响

区域尺度土壤呼吸速率的估算和格局表达是精确评估生态系统 CO_2 通量的基本前提 (Huang et al.，2013a,2013b)。目前,基于样点尺度的土壤呼吸速率已经有较好的基础和进展,而土壤呼吸速率在区域尺度上的估算是相关领域普遍关注的问题。遥感能在瞬时获取地表"面状"分布的技术手段受到生态学家的日益关注,卫星遥感能瞬时获取大区域和连续分布的地表各种参数,弥补了实地观测的不足。基于定量遥感提取的植被指数和叶面积指数已经被广泛用于陆地生态系统过程模型的碳估算中(Sellers et al.，1995；Cao et al.，1998a,1998b)。不仅如此,以遥感为主要数据源的碳循环遥感估算模式已经被国际社会所接受,如 CASA 模型(Potter et al.，1993)、Glo-PEM 模型(Prince et al.，1995)、VPM 模型(Xiao et al.，2004a,2004b)。遥感还因为其具备不同空间分辨率为碳循环从"点"尺度的过程模型向区域尺度扩展研究和应用提供了可能。可以说,基于遥感的碳循环研究已经成为目前碳循环研究的重要方法。因此,利用遥感模型估算土壤呼吸速率总量是区域尺度上估算土壤呼吸速率总量的有效途径之一(Wu et al.，2014；Huang et al.，2017；Huang et al.，2020)。

到目前为止,关于土壤呼吸速率的野外观测实验已经进行了近百年,土壤呼吸速率的研究也从最初的零星实验观测转向大尺度的区域模拟。碳循环过程机理模型是土壤呼吸速率定量评价的有效手段之一。但是,过程模型通常会有过多的模型参数,这些参数之间具有高度的相关性,也面临着难以参数化的问题。相比过程机理模型而言,经验统计模型结构简单,模型的参数化及运行都十分便捷,因此经验统计模型是目前区域尺度土壤呼吸速率定量评估中最常用的方法(Pumpanen et al.，2003；Janssens et al.，2003；Tang et al.，2005)。但经验统计模型中所用的环境因子(气温、降水量)都是基于气象站点监测的值,并通过内插将"点状"测量数据扩展到区域或全国尺度。那么,利用插值得到的值来估算土壤呼吸速率,会由于以下问题而给土壤呼吸速率的估算带来误差:

(1) 影响土壤呼吸速率作用的直接因素是植被体自身的温度与土壤温度,并不是气温。一般来讲,在没有环境因子胁迫的条件下,温度是影响土壤呼吸速率的主要因素(Davidson et al.，1998；Fang et al.，2001；Hibbard et al.，2005；Raich et al.，1995)。一些生理生化实验表明,在一定的温度范围内,土壤呼吸速率随温度的增加而增加,当温度达到 $45\sim50$ ℃时呼吸速率达到最大值;超过一定温度,土壤呼吸速率将会受到抑制。在生态系统水平上,植物对地下呼吸底物的供给也会受到温度驱动,从而对土壤呼吸速率产生影响。在区域尺度上,温度也被证明是影响土壤呼吸速率的重要因素。这里所说的温度,应该是指植被自身的温度和土壤温度,而不是百叶箱中的气温。而陆地表面辐射温度是混合像元的温度,它既带有植被本身温度的信息,也包含土壤温度的信息。

（2）直接影响土壤呼吸速率作用的水分是土壤水分含量。土壤水分通过影响根系生长、土壤微生物活力以及土壤代谢活力，进而对土壤呼吸速率产生影响。与温度相比，土壤呼吸速率与水分的关系相对复杂，他们之间的关系充满不确定性，这是因为不同阶段的土壤呼吸速率对水分的响应不同（Davidson et al.，1998；Fang et al.，2001；Hibbard et al.，2005；Raich et al.，1995）。土壤相对较干时，土壤的生物化学代谢活动随水分增加而增强；土壤水分达到土壤饱和含水量的 50%～80% 时，土壤生物化学代谢活动达到最大，土壤呼吸速率也最大，之后土壤水分继续增加时，引起土壤中氧缺乏阻滞需氧呼吸。降水通过改变土壤水分影响土壤呼吸速率。干旱条件下降水会使土壤呼吸速率增加，湿润条件下的降水能使土壤呼吸速率减少。因此降水通过影响土壤水分而间接影响土壤呼吸速率。

（3）环境因子的区域代表性问题。县级气象站点一般都坐落在县城附近，气象站点获得的气温和降水量的值相对于野外陆地生态系统来说代表性比较差。而且相对区域尺度来说，气象站点的分布非常有限，尤其是大片森林和草原区生态系统区域，几乎没有站点。只利用有限站点的观测数据通过不同插值方法获得环境因子，这种内插或外插技术给气温和降水量带来的误差会传递并累计在土壤呼吸速率的估算结果中。

（4）忽略了生物因子对土壤呼吸速率作用的影响。目前所使用的土壤呼吸速率经验模型通常利用土壤温度、土壤湿度或者两者的交互作用模拟土壤呼吸速率作用动态变化，没有考虑生物因子的影响，这可能会导致明显的偏差。由于在区域尺度上大范围实地测量植被的光合作用是很难实现的，因此，找到一个简单的变量作为植被光合作用的指示因子并用于解释土壤呼吸速率的空间变化是很有意义的。植被的生物量可以认为是一个很好的因子，但在实际的研究中却很难直接观测。植被指数定量地表明了植被活力，能够相当精确地反映植被绿度、光合作用强度，植被代谢强度及其季节和年际变化，因此在全球或各大陆等大尺度的植被动态监测、植被分类、全球和区域土地覆被分类及其变化、作物长势检测和物候监测等方面得到广泛应用（Xiao et al.，2002；Nemani et al.，2003；Ratana et al.，2005）。因此，植被指数是影响土壤呼吸速率的重要生物因子之一。

综上所述，由于影响土壤呼吸速率的关键因素（土壤温度、土壤水分、生物因子）存在着强烈的时空异质性，实测法只能得到单点的数据，代表范围有限，很难体现出各因子的空间变异性。利用经验统计模型估算土壤呼吸速率时，只能通过内插将"点状"测量数据扩展到区域或全国尺度，这将会把误差传递到区域呼吸量的估算中，从而增加了呼吸估算的不确定性。卫星遥感能够提供区域甚至全球的与土壤呼吸速率关系密切的陆地表面辐射温度、土壤湿度、光谱植被指数等卫星数据，同时可以以固定时间间隔进行采样，这使得利用遥感数据估计土壤呼吸速率成为可能。本章利用庞泉沟自然保护区 3 个时期野外观测的土壤呼吸速率数据、遥感反演的陆地表面辐射温度和光谱植被指数，分析了遥感反演的陆地表面辐射温度和光谱植被指数与土壤呼吸速率的关系，并基于陆地表面辐射温度和植被指数构建了不同表现形式的土壤呼吸速率模型，采用模型评价指标选出最优模型用于土壤呼吸速率空间分布的模拟，本研究将为遥感技术应用于土壤呼吸速率的模拟提供一种新的思路和方法。

第一节　试验设计与研究方法

一、研究区概况

研究在庞泉沟国家级自然保护区进行。该区地处吕梁山脉中段,地理位置为 $111°22'\sim$ $111°33'E$、$37°45'\sim 37°55'N$,海拔 $1\,600\sim 2\,831$ m,总面积 $10\,443.5$ hm²。属于暖温带及其吕梁山半湿润区,是中温带到暖温带的过渡地带,为典型的山地气候(李世广等,2014)。年平均气温 4.3 ℃,极端最高气温 32 ℃,极端最低气温 -26 ℃,1 月份平均气温 -10.2 ℃,7 月份平均气温 17.5 ℃,无霜期 $100\sim 125$ d。降水量较充沛,年平均降水量为 822.6 mm,最高为 $2\,023.8$ mm,最低 310.9 mm,多集中于 7—8 月,占全年降水量的 75% 以上。土壤类型主要有黄绵土、山地褐土、黄土质山地淋溶褐土、花岗片麻岩质山地棕壤、不饱和黑毡土、草甸土。主要植被类型为华北落叶松林、云杉林、辽东栎林、山杨林、沙棘灌丛等。

研究综合考虑植被类型、土壤类型、海拔高度、坡度、坡向等环境因子的代表性以及可达性,选择了 31 个样地进行土壤呼吸速率及其环境因子观测。如图 7-1 所示,样地海拔介于 $1\,600\sim 1\,800$ m、$1\,800\sim 2\,000$ m、$2\,000\sim 2\,200$ m、$2\,200\sim 2\,400$ m、$2\,400\sim 2\,700$ m,数目分别为 6、14、7、2 和 2。植被类型涵盖了针叶林(主要以华北落叶松为主)、针阔混交林(云杉、华北落叶松与辽东栎林、山杨林、白桦混交)、阔叶林(山杨林、辽东栎林)、阔叶混交林(杨桦混交、山杨辽东栎混交)、亚高山草甸、灌丛(沙棘)6 种不同的植被型组。

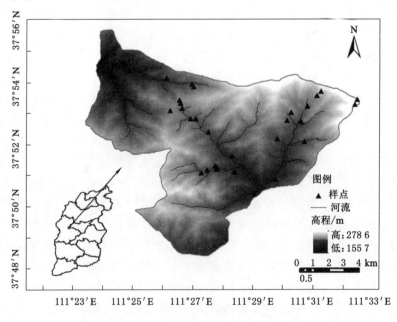

图 7-1　研究区土壤呼吸速率测定样点示意图

二、试验数据的获取

(一)土壤呼吸速率数据的获取

土壤呼吸速率(R_s)用便携式光合作用测定仪 Li-Cor 6400 连接土壤呼吸速率叶室 6400-09 测定。在每个样地随机放置 PVC 环 12 个,在测量前一天去除 PVC 环内表面的植物,以避免植物光合作用对呼吸速率产生影响。每个环测定 3 个循环,取平均值作为该环的土壤呼吸速率,然后取 12 个样点的平均值作为该样地的土壤呼吸速率。10 cm 深度的土壤温度(T_{10})用 Li-Cor 6400 自带的温度探针在测定土壤呼吸速率时同步测定。分别于 2013 年 7 月 18 日到 7 月 22 日、9 月 12 日到 9 月 16 日、10 月 30 日到 11 月 2 日进行了土壤呼吸速率测定,每天测定时间在上午 10:00 至下午 4:00 之间。7 月对 28 个样地的土壤呼吸速率进行了观测,9、11 月观测了 31 个样地。

(二)遥感数据的获取

遥感数据从美国国家航空航天局网站订购。该研究下载了 2013 年 MODIS Terra 卫星、Aqua 卫星的全球 1 km 陆地表面辐射温度/发射率 8 d 合成产品(MOD11A2 和 MYD11A2)、MODIS Terra 卫星 16 d 最大值合成的植被指数产品(MOD13A1)、MODIS Terra 卫星的全球 1 km 叶面积指数 8 d 合成产品(MOD15A2)、MODIS Terra 卫星的全球 1 km 总初级生产力 8 d 合成产品(MOD17A2)。利用 ENVI 软件,基于各样地的经纬度,提取了 7 月到 9 月单个像元 Terra 和 Aqua 卫星过境时的瞬时温度 LST_{td}(10:30)、LST_{tn}(22:30)和 LST_{ad}(13:30)、LST_{an}(1:30)、归一化植被指数(NDVI)、增强植被指数(EVI)、总初级生产力(GPP)、叶面积指数(LAI),计算了四个瞬时温度的平均值(LST_{av})。土壤呼吸速率测量当天的 LST、GPP、LAI 通过两个连续的 8 天测量值进行线性插值获取,NDVI/EVI 通过两个连续的 16 天测量值获取,提取的 LST、GPP、LAI 和 NDVI/EVI 用于分析与土壤呼吸速率的关系。

三、研究方法

用 SPSS 17.0 进行 R_s、T_{10}、LST、NDVI/EVI、GPP、LAI 的描述统计分析,用方差分析对不同月份土壤呼吸速率进行均值差异显著性检验。运用 Pearson(皮尔逊)相关系数分析土壤呼吸速率及其相关因子的关系。

用线性和指数回归方程分析土壤呼吸速率与影响因子之间的单因子关系,公式如下:

$$R_s = aT_{LST} + b \tag{7-1}$$

$$R_s = aC_{NDVI} + b \tag{7-2}$$

$$R_s = ae^{bT_{LST}} \tag{7-3}$$

$$R_s = ae^{bC_{NDVI}} \tag{7-4}$$

式中,a、b 均为拟合参数。

采用线性模型、双指数模型、幂函数模型、幂函数指数函数混合模型分析土壤呼吸速率与陆地表面辐射温度和植被指数的复合关系:

$$R_s = a + bT_{LST} * C_{NDVI} \tag{7-5}$$

$$R_s = a + bT_{LST} + cC_{NDVI} \tag{7-6}$$

$$R_s = aT_{\mathrm{LST}}^b C_{\mathrm{NDVI}}^c \ 或 \ \ln R_s = \ln a + b \ln T_{\mathrm{LST}} + c \ln C_{\mathrm{NDVI}} \tag{7-7}$$

$$R_s = a \mathrm{e}^b T_{\mathrm{LST}} C_{\mathrm{NDVI}}^c \ 或 \ \ln R_s = \ln a + b \ln T_{\mathrm{LST}} + c \ln C_{\mathrm{NDVI}} \tag{7-8}$$

$$R_s = a \mathrm{e}^b T_{\mathrm{LST}} + c C_{\mathrm{NDVI}} \ 或 \ \ln R_s = \ln a + b T_{\mathrm{LST}} + c C_{\mathrm{NDVI}} \tag{7-9}$$

式中,a、b、c 均为拟合参数。对构建的土壤呼吸速率模型使用决定系数 R^2(拟合程度的高低)、均方根误差 RMSE(实测值与模拟值的差异,单位为 $\mu\mathrm{mol}\ CO_2/(\mathrm{m}^2 \cdot \mathrm{s})$)和赤池信息量准则 AIC(拟合优度的排序)进行评价,选择最高的 R^2,最低的 RMSE 和 AIC 值的模型作为土壤呼吸速率的最优预测模型。其中 RMSE 和 AIC 的计算公式如下:

$$S_{\mathrm{RMSE}} = \sqrt{S_{\mathrm{RSS}}/n} \tag{7-10}$$

$$S_{\mathrm{AIC}} = n \ln S_{\mathrm{RSS}} + 2 * (n+1) - n \ln n \tag{7-11}$$

式中,S_{RSS} 为残差平方和,n 为样本数。

最后,利用 ArcGIS 9.3 的栅格计算功能,将陆地表面辐射温度和植被指数代入前期构建的最优模型,绘制庞泉沟自然保护区不同时期的土壤呼吸速率区域空间分布图。

第二节 土壤温度、土壤水分、植被指数和土壤呼吸速率的时空变异特征

从 7 月到 11 月,除土壤水分外,其他因子的均值都呈现下降的趋势。方差分析表明,3 个月各因子(除土壤水分外)均值差异极显著($P<0.01$),从高到低依次为 7 月、9 月、11 月,表明土壤温度、植被指数、总初级生产力、叶面积指数具有明显的季节变化规律。土壤水分无明显的季节变化规律,3 个月间均值差异不显著($P>0.05$)。空间变异系数变化趋势与均值相反,除土壤水分外,从 7 月到 11 月,其他各因子的变异系数都是 11 月最高、7 月最低(表 7-1)。土壤水分的空间变异系数 3 个月的差异不大,从 $34.10\%\sim59.27\%$,无明显的季节变化规律(表 7-1)。相关分析表明,3 次测定的 T_{10} 与 LST 均呈极显著相关($P<0.01$)(图 7-2),表明陆地表面辐射温度在一定程度上可以替代土壤温度用于土壤呼吸速率与温度关系的研究。

表 7-1 土壤呼吸速率及环境因子的描述性统计结果

变量	时间	最大值	最小值	平均值/℃	标准差	变异系数/%
$T_{10}/℃$	7 月	17.57	11.54	14.12[a]	1.40	9.17
	9 月	16.01	8.86	12.26[b]	1.58	12.88
	11 月	7.55	0.61	4.36[c]	1.48	33.88
LST/℃	7 月	18.23	15.21	16.24[a]	0.82	5.03
	9 月	12.68	8.54	11.16[b]	1.17	10.48
	11 月	4.25	−1.30	1.35[c]	1.33	98.27
$W_{10}/\%$	7 月	83.60	24.54	45.42[a]	15.49	34.10
	9 月	97.36	12.07	33.55[a]	19.89	59.27
	11 月	107.47	15.26	41.54[a]	20.20	48.64

表 7-1（续）

变量	时间	最大值	最小值	平均值/℃	标准差	变异系数/%
NDVI	7 月	0.89	0.71	0.84ᵃ	0.04	4.67
	9 月	0.83	0.58	0.76ᵇ	0.76	8.33
	11 月	0.56	0.15	0.41ᶜ	0.41	24.41
GPP/ (kg C m⁻²8d⁻¹)	7 月	0.63	0.36	0.62ᵃ	0.07	6.52
	9 月	0.48	0.33	0.34ᵇ	0.05	9.39
	11 月	0.21	0.07	0.08ᶜ	0.03	21.85
LAI	7 月	5.15	3.05	4.36ᵃ	0.52	11.92
	9 月	3.35	1.40	2.25ᵇ	0.42	18.66
	11 月	0.90	0.30	0.46ᶜ	0.14	29.77
R_s/ (μmol CO$_2$ · m⁻² · s⁻¹)	7 月	12.18	6.23	8.70ᵃ	1.48	16.99
	9 月	8.71	2.67	6.65ᵇ	1.74	26.19
	11 月	4.46	0.86	2.82ᶜ	1.03	36.40

注：同一列中不同小写字母表示同一变量在 0.05 水平下差异显著。

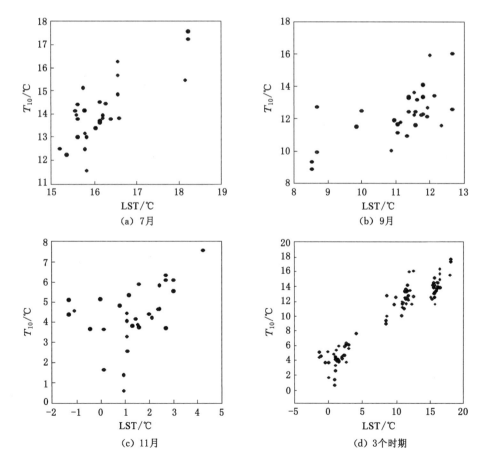

图 7-2　不同时间测定样地 10 cm 土壤温度与陆地表面辐射温度的关系散点图

受环境因子的影响，7、9、11 月的土壤呼吸速率均值差异极显著（$P<0.01$），平均土壤呼吸速率 7 月份最高为 8.70 $\mu mol\ CO_2/(m^2 \cdot s)$、11 月最低为 2.82 $\mu mol\ CO_2/(m^2 \cdot s)$（表 7-1），与温度的变化趋势相一致。从变异系数来看，11 月份空间变异最大为 36.40%，7 月最低为 16.99%。

第三节　遥感参数与土壤呼吸速率的关系

一、相关性分析

皮尔逊相关系数分析表明，除 7 月 NDVI、LAI 与土壤呼吸速率的相关性没有达到显著水平外（$P>0.05$），其他各因子与土壤呼吸速率的相关性都达到了显著（$P<0.05$）或极显著水平（$P<0.01$）。根据表 7-2 可知，夏季（7 月）研究区的土壤呼吸速率的空间变异与 EVI 和温度的相关性最强，相关系数分别为 0.694（EVI）、0.642（LST_{av}）、0.625（T_{10}）；秋季（9 月）与 NDVI 和温度的空间变异相关性最强，相关系数分别为 0.723（LST_{av}）、0.693 LST_{av}（T_{10}）、0.660（NDVI）；冬季（11 月）与温度的空间变异相关性最强，相关系数分别为 0.551（LST_{av}）、0.547（T_{10}）；用所有的测定数据进行相关分析表明，土壤呼吸速率与温度、生物因子的相关性都达到了极显著水平（$P<0.01$），相关系数都在 0.85 以上。夏、秋和冬季土壤呼吸速率与 LST_{av} 的相关系数略高于与 T_{10} 的相关系数，三次测定的全部数据得到的相关系数基本相等，表明在区域尺度上陆地表面辐射温度可以用于土壤呼吸速率的模拟。各生物因子中，不同时期与土壤呼吸速率的相关性最好的指标不相同，7 月与 EVI 的相关系数最高，与 NDVI 和 LAI 相关性不显著；9 月与 NDVI 的相关系数高于与 EVI 的相关系数；11 月二者的相关系数差异不大，表明在植物生长盛期 EVI 更能很好地指示土壤呼吸速率的空间变异。

表 7-2　土壤呼吸速率与各遥感参数间的相关系数表

时间	LST_{av}	NDVI	EVI	GPP	LAI	T_{10}
7 月	0.642**	0.075	0.694**	0.500**	0.278	0.625**
9 月	0.723**	0.660**	0.435**	0.548**	0.596**	0.693**
11 月	0.551**	0.436	0.445	0.426*	0.360	0.547**
所有数据	0.907**	0.857**	0.891**	0.877**	0.870**	0.909**

注："*"表示 $P<0.05$；"**"表示 $P<0.01$。

二、土壤呼吸速率的单因素模型

分别用 MODIS Terra 和 Aqua 卫星过境时的瞬时温度 LST_{td}（10:30）、LST_{tn}（22:30）和 LST_{ad}（13:30）、LST_{an}（1:30）以及四个瞬时温度的平均值 LST_{av} 为自变量，用土壤呼吸速率作为因变量，分析陆地表面辐射温度与土壤呼吸速率的关系（图 7-3，表 7-3）。结果表明，3 次测定时的不同时刻的陆地表面辐射温度与土壤呼吸速率都呈显著的指数函数关系。夏季、秋季和冬季 LST_{ad}、LST_{an}、LST_{td}、LST_{tn} 和 LST_{av} 分别可以解释土壤呼吸速率空间变化的 22 ％、20 ％、33 ％、14 ％、39 ％和 42 ％、19 ％、36 ％、25 ％、55％和 17 ％、27 ％、27 ％、21 ％和 26 ％。总体来看，9 月份土壤呼吸速率与 LST 的关系好于 7 月和 11 月的土壤呼吸速率与 LST 的关系，与 LST_{av} 的关系好于与 LST_{ad}、LST_{an}、LST_{td}、LST_{tn} 的关系。对 3 次测定的所有数据进行线性回归（图 7-4，表 7-4）。结果表明，MODIS 的两个卫星过境时的四个瞬时温度和平均温度与土壤呼吸速率都呈极显著的线性函数关系。与实测的土壤温度相比，土壤呼吸速率与 5 个不同时刻的陆地表面辐射温度指数拟合方程的决定系数差异不大，都在 0.80 左右，LST_{av} 的表现最佳，能够解释土壤呼吸速率变化的 83％，均方根误差 RMSE 为 1.19 $\mu mol\ CO_2/(m^2 \cdot s)$，AIC 为 37.66。根据模型评价指标，利用 LST_{av} 拟合的方程可决系数略低于 T_{10} 拟合方程的可决系数，但是 RMSE 值与 AIC 值最低，表明陆地表面辐射温度可以替代土壤温度对土壤呼吸速率进行建模。

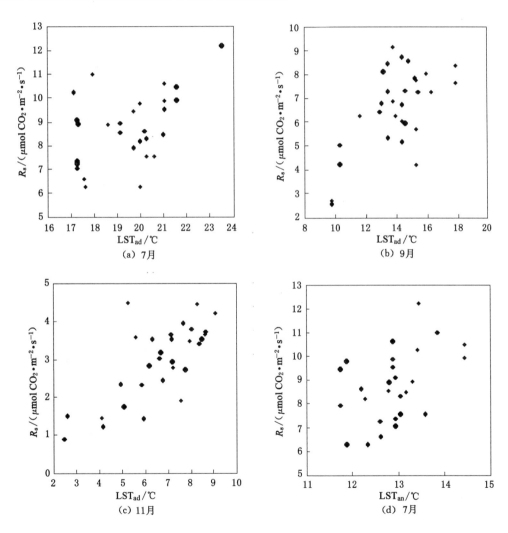

图 7-3　陆地表面辐射温度与土壤呼吸速率的关系散点图

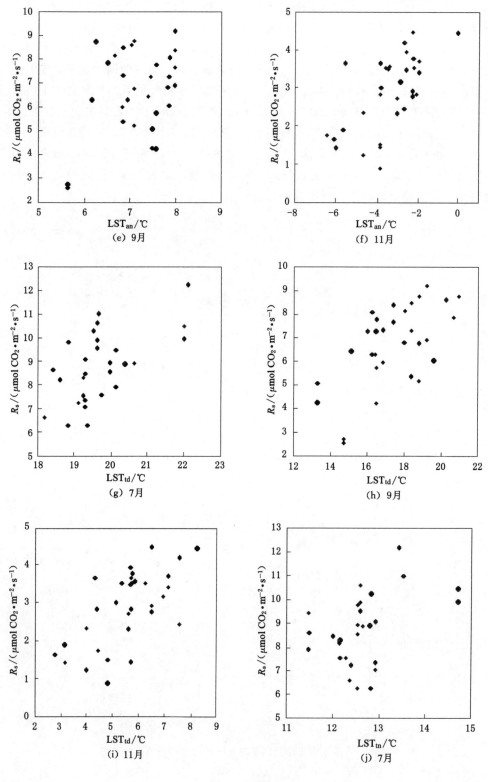

图 7-3 （续）

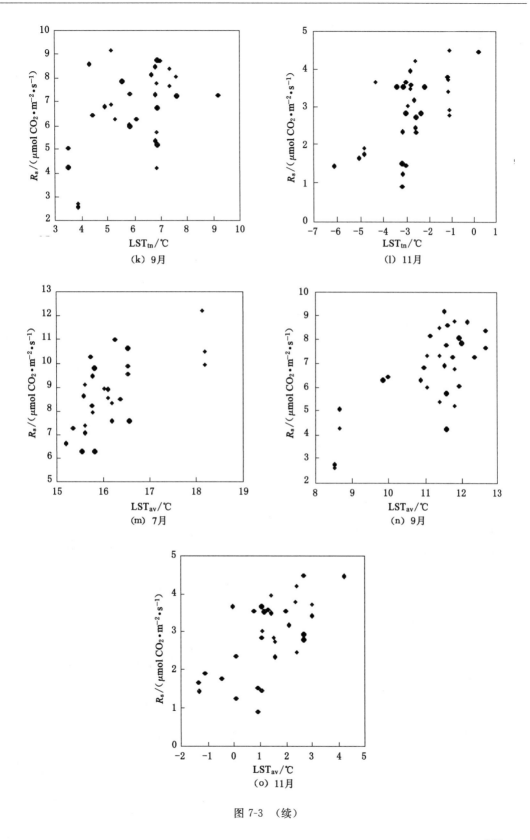

图 7-3　(续)

表 7-3　土壤呼吸速率与陆地表面辐射温度的拟合方程

时间	变量	拟合方程	R^2
7 月	LST_{ad}	$R_s = 3.480\ 6e^{0.046\ 2T_{LST}}$	0.22 *
	LST_{an}	$R_s = 2.127\ 7e^{0.108\ 0T_{LST}}$	0.20 *
	LST_{td}	$R_s = 1.201\ 2e^{0.099\ 6T_{LST}}$	0.33 * *
	LST_{tn}	$R_s = 2.935\ 9e^{0.084\ 7T_{LST}}$	0.14 *
	LST_{av}	$R_s = 0.979\ 5e^{0.133\ 9T_{LST}}$	0.39 * *
9 月	LST_{ad}	$R_s = 1.535\ 7e^{0.101\ 6T_{LST}}$	0.42 * *
	LST_{an}	$R_s = 1.430\ 5e^{0.207\ 8T_{LST}}$	0.19 *
	LST_{td}	$R_s = 1.183\ 4e^{0.096\ 9T_{LST}}$	0.36 * *
	LST_{tn}	$R_s = 3.189\ 6e^{0.113\ 8T_{LST}}$	0.25 * *
	LST_{av}	$R_s = 0.690\ 7e^{0.199\ 0T_{LST}}$	0.55 * *
11 月	LST_{ad}	$R_s = 1.237\ 6e^{0.123\ 5T_{LST}}$	0.17 * *
	LST_{an}	$R_s = 4.383\ 9e^{0.157\ 4T_{LST}}$	0.27 * *
	LST_{td}	$R_s = 1.011\ 4e^{0.167\ 0T_{LST}}$	0.27 * *
	LST_{tn}	$R_s = 3.856\ 4e^{0.148\ 3T_{LST}}$	0.21 * *
	LST_{av}	$R_s = 2.058\ 2e^{0.164\ 6T_{LST}}$	0.26 * *

注:" * * "表示极显著($P < 0.01$)," * "表示显著($P < 0.05$)。

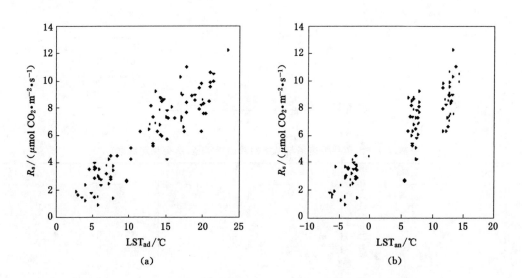

图 7-4　土壤呼吸速率与温度的关系散点图(所有测定数据)

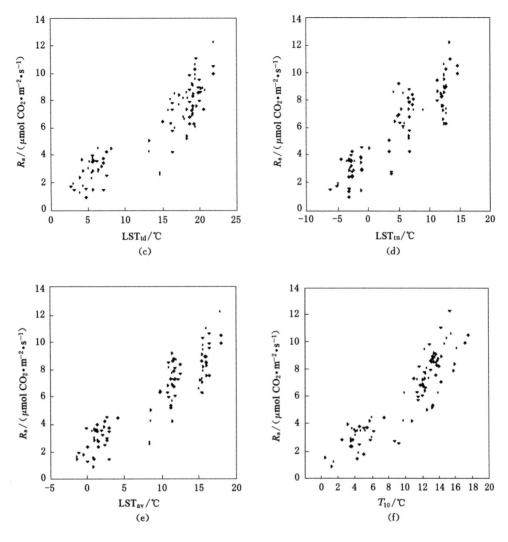

图 7-4　（续）

表 7-4　土壤呼吸速率与温度的单因素模型（所有测定数据）

变量	模型	R^2	RMSE	AIC
LST_{ad}	$R_s = 0.440\ 2\ T_{LST} + 0.255\ 8$	0.82 ∗ ∗	1.20	38.90
LST_{an}	$R_s = 0.367\ 4\ T_{LST} + 4.000\ 7$	0.79 ∗ ∗	1.31	54.47
LST_{td}	$R_s = 0.394\ 5\ T_{LST} + 0.415\ 9$	0.80 ∗ ∗	1.26	48.00
LST_{tn}	$R_s = 0.393\ 5\ T_{LST} + 3.948\ 7$	0.79 ∗ ∗	1.30	53.38
LST_{av}	$R_s = 0.408\ 9\ T_{LST} + 2.133\ 0$	0.83 ∗ ∗	1.19	37.66
T_{10}	$R_s = 0.559\ 8 T_{10} + 0.253\ 9$	0.84 ∗ ∗	1.22	42.11
NDVI	$R_s = 0.836\ 3e^{2.767\ 0C_{NDVI}}$	0.80 ∗ ∗	1.31	54.50
EVI	$R_s = 1.65e^{3.498\ 6C_{EVI}}$	0.75 ∗ ∗	1.45	72.11

注："∗ ∗"表示极显著（$P < 0.01$），"∗"表示显著（$P < 0.05$）。

从相关分析可以看出,4 个(NDVI、EVI、GPP、LAI)生物因子中,7 月份研究区土壤呼吸速率的空间变异与 NDVI 的相关系数很低为 0.075,而 EVI 与土壤呼吸速率呈极显著相关,相关系数为 0.694,可能是由于 EVI 可以避免 NDVI 在高植被覆盖情况下易饱和的问题,EVI 能更好地反映高植被覆盖条件下的植被覆盖状况。因此,7 月用 EVI、9 月与 11 月用 NDVI 为自变量,土壤呼吸速率作为因变量,分析土壤呼吸速率与植被指数的关系,如图 7-5 和表 7-5 所示。结果表明,3 次测定时期的土壤呼吸速率与植被指数呈显著的指数函数关系。7 月、9 月和 11 月植被指数可以解释土壤呼吸速率空间变化的 47%、60%、26%。总体来看,11 月份土壤呼吸速率与植被指数方程的决定系数低于 7 月和 9 月的决定系数,表明生物因子非生长季所起的作用低于生长季的。采用所有的测定数据分析表明,与 EVI 相比,NDVI 拟合的方程的决定系数高 5%、RMSE 值低 0.14 $\mu mol\ CO_2\ m^{-2}\ s^{-1}$、AIC 值低 17.61(表 7-5),可以更好地解释土壤呼吸速率的时间变化。

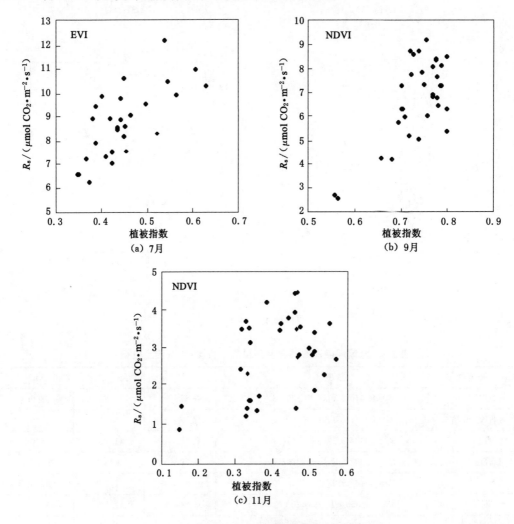

图 7-5　土壤呼吸速率与植被指数的关系散点图

表 7-5　植被指数与土壤呼吸速率的拟合方程

时间	变量	拟合方程	R^2
7 月	EVI	$R_s = 4.102\,5e^{1.628\,7C_{EVI}}$	0.47 * *
9 月	NDVI	$R_s = 0.310\,5e^{4.096\,8C_{NDVI}}$	0.60 * *
11 月	NDVI	$R_s = 1.069\,4e^{2.137\,5C_{NDVI}}$	0.26 *

注:"* *"表示极显著($P < 0.01$),"*"表示显著($P < 0.05$)。

综上所述,R_s 与 LST_{av} 的关系好于与两个卫星过境时的四个瞬时温度的,与 NDVI 的关系好于与 EVI 的。因此,在建立土壤呼吸速率的复合模型时,温度采用 Aqua 和 Terra 卫星过境时四个瞬时温度的平均值 LST_{av},植被指数采用 NDVI。

三、土壤呼吸速率的复合模型

非生物因子和生物因子以及它们之间的交互作用使得土壤呼吸速率的研究复杂化,尤其是在野外条件下,土壤呼吸速率同时受到这些因子的影响,每种因子都以各自的方式影响着土壤呼吸速率。表 7-6 是基于陆地表面辐射温度和植被指数构建的土壤呼吸速率复合模型的结果。与单因素模型相比,除了幂函数模型外,其他复合模型的决定系数略有提高,但均达到了极显著的水平。6 个复合模型中,双变量的线性模型具有最高的 R^2,最低的 RMSE 和 AIC 值,因此双变量的线性模型最好地解释了土壤呼吸速率的变化,可以用于庞泉沟自然保护区土壤呼吸速率空间格局的模拟。

表 7-6　土壤呼吸速率的复合模型

类型	模型	R^2	RMSE	AIC
单变量线性	$R_s = 0.47 T_{LST} \times C_{NDVI} + 2.51$	0.83 * *	1.17	34.41
双变量线性	$R_s = 0.30 T_{LST} + 3.75 C_{NDVI} + 0.66$	0.84 * *	1.17	32.88
双指数	$R_s = 1.14 e^{0.04 T_{LST} + 1.77 C_{NDVI}}$	0.82 * *	1.21	40.77
幂函数	$R_s = 10.54 T_{LST}^{-0.002} \times C_{NDVI}^{1.51}$	0.78 * *	1.33	57.17
幂指函数	$R_s = 4.94 e^{0.05 T_{LST}} \times C_{NDVI}^{0.83}$	0.83 * *	1.17	34.61
幂指函数	$R_s = 0.79 e^{2.86 C_{NDVI}} \times T_{LST}^{-0.006}$	0.80 * *	1.31	54.04

注:"* *"表示极显著($P < 0.01$);"*"表示显著($P < 0.05$)。

四、模型精度分析

以实际测得的土壤呼吸速率值为纵坐标、以 3 种模型模拟的土壤呼吸速率值为横坐标,分别进行线性回归(图 7-6)。结果表明,基于陆地表面辐射温度、植被指数的单因子模型及二者的复合模型模拟的土壤呼吸速率与实测土壤呼吸速率的线性回归方程的决定系数差异不大,都在 80% 左右。通过显著性检验,均达到了极显著的水平($P < 0.01$)。总体来讲,复合模型的模拟精度与单因子模型相比,决定系数略有提高,3 种模型都可以用来模拟土壤呼吸速率,可以用于土壤呼吸速率的空间尺度扩展。

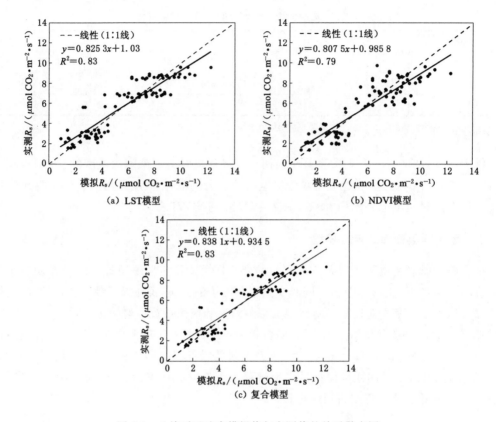

图 7-6　土壤呼吸速率模拟值与实测值的关系散点图

第四节　基于遥感参数模拟庞泉沟国家自然保护区的土壤呼吸速率格局

一、土壤呼吸速率空间扩展

基于陆地表面辐射温度、植被指数单因子模型及双因子模型模拟了 3 个时期庞泉沟自然保护区的土壤呼吸速率空间分布图（图 7-7、7-8、7-9）。配对 t 检验表明，3 个模型模拟的土壤呼吸速率与实测值无显著差异（表 7-7、7-8、7-9）。从 3 个时期土壤呼吸速率的时间变化来看，无论是基于单因素模型还是基于复合模型模拟的土壤呼吸速率的时间变化完全一致，7 月份土壤呼吸速率最高，9 月次之，11 月最低，与实测的土壤呼吸速率的时间变化趋势一致。从土壤呼吸速率的空间格局分布情况来看，利用 3 种模型模拟的土壤呼吸速率空间格局基本一致，高值出现在保护区的西北部和东南部，低值分布在东北部的草甸。在保护区的西北部，植被类型主要为油松，海拔较低，在 1 600 m 左右，温度较高，因此土壤呼吸速率值较高。在保护区的东南部，植被类型主要为农田和阔叶林，海拔较低，温度较高，加之阔叶林植被指数较高，导致了土壤呼吸速率高。而在保护区的东北部，到了高海拔地区，在 2 600 m 左右，温度较低，主要植被类型为亚高山草甸，植被指数较低，因此土壤呼吸速率比较低。模拟的土壤呼吸速率空间分布格局与野外测定结果一致，模拟值与实测值差异不显著。

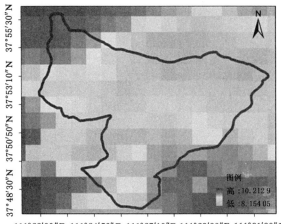

(a) 7月

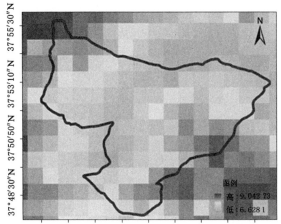

(b) 9月

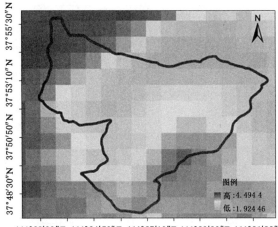

(c) 11月

图 7-7　基于 LST 模拟的土壤呼吸速率空间格局

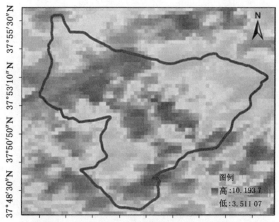

(a) 7月

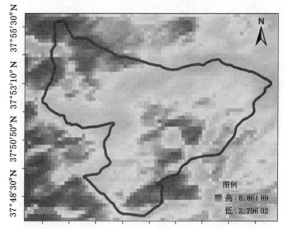

(b) 9月

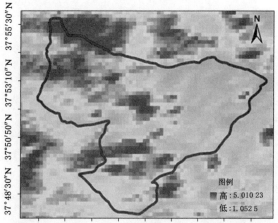

(c) 11月

图 7-8　基于 NDVI 模拟的土壤呼吸速率空间格局

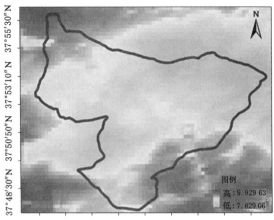

(a) 7月

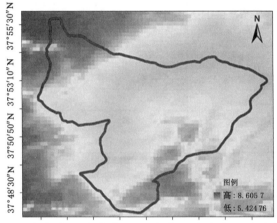

(b) 9月

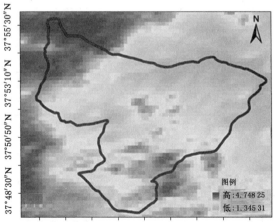

(c) 11月

图 7-9　基于复合模型模拟的土壤呼吸速率空间格局

表 7-7　基于 LST 模拟的土壤呼吸速率值与实测值的对比

单位：μmol CO$_2$/(m^2·s)

时间	项目	最大值	最小值	平均值
7 月	实测值	12.18	6.23	8.70[a]
	模拟值	10.21	8.15	9.23[a]
9 月	实测值	8.71	2.67	6.65[b]
	模拟值	8.91	6.35	7.53[b]
11 月	实测值	4.46	0.86	2.82[c]
	模拟值	4.49	1.92	3.39[c]

注：相同小写字母表示同一月份模拟值与实测值差异不显著。

表 7-8　基于 NDVI 模拟的土壤呼吸速率值与实测值的对比

单位：μmol CO$_2$/(m^2·s)

时间	项目	最大值	最小值	平均值
7 月	实测值	12.18	6.23	8.70[a]
	模拟值	10.19	3.51	8.47[a]
9 月	实测值	8.71	2.67	6.65[b]
	模拟值	8.86	2.80	6.29[b]
11 月	实测值	4.46	0.86	2.82[c]
	模拟值	5.01	1.05	2.83[c]

注：相同小写字母表示同一月份模拟值与实测值差异不显著。

表 7-9　基于复合模型模拟的土壤呼吸速率值与实测值的对比

单位：μmol CO$_2$/(m^2·s)

时间	项目	最大值	最小值	平均值
7 月	实测值	12.18	6.23	8.70[a]
	模拟值	9.93	7.83	9.00[a]
9 月	实测值	8.71	2.67	6.65[b]
	模拟值	8.61	5.42	7.33[b]
11 月	实测值	4.46	0.86	2.82[c]
	模拟值	4.75	1.35	3.20[c]

注：相同小写字母表示同一月份模拟值与实测值差异不显著。

二、模型验证

利用 2012 年 7 月到 11 月在研究区其他 8 个样地测定的土壤呼吸速率数据对空间扩展模型进行验证，样地概况见表 7-10。以实际测得的土壤呼吸速率值为纵坐标、以模拟值为横坐标（图 7-10～图 7-12），进行线性回归。结果表明，基于陆地表面辐射温度模拟的土壤呼吸速率精度与复合模型的模拟精度基本一致，基于植被指数模拟的土壤呼吸速率精度较低，但是也达到了极显著水平。因此，三种模型都可以用来模拟土壤呼吸速率，可以用于土壤呼吸速率的空间尺度扩展。

表 7-10　验证样地概况

样地	地名	经度	纬度	海拔/m	植被类型
1	瞭望塔顶	37°53′8″N	111°25′56″E	2 152	云杉、华北落叶松、桦树交
2	小西塔沟口	37°52′35″N	111°26′29″E	1 974	云杉
3	云顶山顶	37°52′59″N	111°32′30″E	2 682	亚高山草甸
4	云顶山	37°53′8″N	111°32′37″E	2 660	鬼箭锦鸡儿灌丛
5	凤凰台	37°53′34″N	111°31′5″E	2 383	华北落叶松
6	后麝香沟口	37°53′25″N	111°30′56″E	2 242	华北落叶松
7	鬼门关	37°53′2″N	111°30′35″E	2 057	华北落叶松
8	八道沟	37°50′47″N	111°27′54″E	1 805	华北落叶松、沙棘灌丛

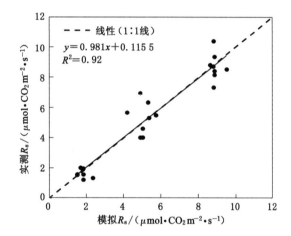

图 7-10　基于 LST 模拟的土壤呼吸速率与实测的土壤呼吸速率的关系

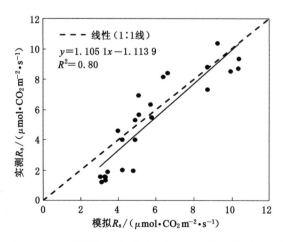

图 7-11　基于 NDVI 模拟的土壤呼吸速率与实测的土壤呼吸速率的关系

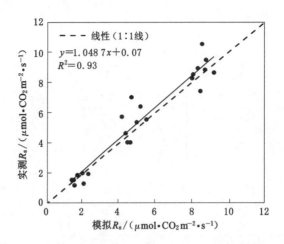

图7-12　基于复合模型模拟的土壤呼吸速率与实测的土壤呼吸速率的关系

第五节　讨论与结论

一、讨论

(一)温度对土壤呼吸速率的影响

有大量证据表明,在没有水分或其他环境因子胁迫的情况下,土壤呼吸速率与温度有显著的相关关系。一般而言,温度的变化可以解释土壤呼吸速率日、季节变化的大部分变异(Fang et al.,2001)。许多关系模型可以描述二者间的关系,如线性模型(O'Connell et al.,2003;Chimner,2004)、指数模型(Buchmann,2000;Sánchez et al.,2003),Arrhenius模型(Lloyd et al.,1994;Thierron et al.,1996)、幂函数模型(Fang et al.,2001)和逻辑斯缔模型(Jenkinson,1990;Rodeghiero et al.,2005)。我们的研究表明10 cm深度的土壤温度可以解释土壤呼吸速率变化的84%,与前人的研究结果相一致。然而,受人力和物力的制约,大范围的观测土壤温度有很大难度。

与土壤温度相比,基于遥感方式获取的陆地表面辐射温度相对容易获取,卫星遥感能瞬时获取大区域连续分布的陆地表面辐射温度,在应用上具有方便的区域扩展能力,使得它在区域尺度上更具有优势。陆地表面辐射温度可能是土壤呼吸速率的预测因子之一,因为其与植物的生理活动和影响土壤呼吸速率的主要因子关系密切(Sims et al.,2008)。前人的研究表明,基于遥感影像反演的陆地表面辐射温度在一定程度上能够解释土壤呼吸速率的时空变化。如Inoue等(2004)认为土壤微生物呼吸与陆地表面辐射温度的相关性好于与气温、土壤温度的;付刚等(2001)认为地表辐射温度能够很好地解释高寒草甸土壤总呼吸和土壤异养呼吸的季节变异,利用陆地表面辐射温度模拟土壤呼吸速率总量是可行的;孙小花等(2009)指出春小麦从拔节期至开花结荚期,土壤呼吸速率与陆地表面辐射温度都呈现显著的线性相关;但也有一些研究表明陆地表面辐射温度与土壤呼吸速率的相关性不显著(黄妮,2012)。本研究中土壤温度和陆地表面辐射温度具有较好的相关性,土壤呼吸速率与LST、T_{10}都呈极显著相关,与LST的相关系数高于与T_{10}的,表明陆地表面辐射温度可以用于土壤呼吸速率的模拟,为土壤呼吸速率区域尺度扩展提供一个新的方法。Huang 等 (2014)和 Wu 等(2014)指出 Terra 卫星白天、晚上两次过境时的陆地表面辐射温度的平均 值可以用于落叶阔叶林和黑云杉林土壤呼吸速率季节变化的模拟,本研究中,土壤呼吸速率 与陆地表面辐射温度平均值的关系好于与两个卫星过境时的四个瞬时温度的,与我们的研 究结果相一致。Wu 等(2014)报道了加拿大北方黑云杉林 Terra 卫星夜间过境时的陆地表 面辐射温度与土壤呼吸速率的关系好于与白天过境时的陆地表面辐射温度的,他认为夜间 的陆地表面辐射温度能更好地估计控制植物物候的基温。在本研究中,白天过境的温度与 土壤呼吸速率的线性回归系数高于夜间的,可能是由于研究区海拔较高,测定期间夜间温度 较低,植物的生理活动较弱有关。

(二)生物因子对土壤呼吸速率的影响

研究表明,生物因子是影响土壤呼吸速率时空变化的关键因素之一,植被类型、光合作 用、根系生物量、凋落物、叶面积指数等因子都会对土壤呼吸速率产生较大的影响。光合作 用通过将合成的光合产物分配给根系从而影响土壤呼吸速率(Kuzyakov et al.,2005)。根 系呼吸在土壤呼吸速率中占很大的比例,根系生物量与土壤呼吸速率呈正相关(Huang et al.,2012)。凋落物通过自身分解产生 CO_2 和对土壤中原有有机质分解的刺激作用影响土 壤呼吸速率(Kuzyakov et al.,2005;Crow et al.,2009)。然而,光合作用和生物量大范围 的观测是很难实现的。在多种生物因子中,叶面积指数可以利用遥感方式获取时空连续分 布的数据,相对容易测定。前人的研究结果表明,从区域到全球尺度,随着叶面积指数的增 大土壤呼吸速率也增大,表明叶面积指数可以作为表征植物光合能力的一个关键指标。如 Reichstein 等(2003)指出不同站点的土壤呼吸速率与最大叶面积指数呈极显著正相关。 Bahn 等(2008)认为欧洲草地生态生态系统的土壤呼吸速率与叶面积指数呈指数关系。而 Bond-Lamberty 等(2010)则指出随着叶面积指数增加全球的土壤呼吸速率呈线性增加。

植被指数是植物光合能力的指示指标(Rahman et al.,2005),影响土壤呼吸速率的底 物供应。因此,植被指数可能是影响土壤呼吸速率的另一个因子,有许多研究也证实了这一 点。如 Huang 等(2012)指出在季节尺度上玉米和冬小麦的土壤呼吸速率与 EVI 和红边叶 绿素指数的相关性好于与 NDVI 的相关性,与完全由环境因子(温度和水分)驱动的模型相 比,添加植被指数后的模型显著提高了土壤呼吸速率模拟的精度;Huang 等(2013a,2013b) 还提出利用 NDVI 估算的青藏高原高寒草地的土壤呼吸速率与实测的土壤呼吸速率具有 较好的一致性,线性回归方程的决定系数为 0.78;Wu 等(2014)指出加拿大北方黑云杉林的 土壤呼吸速率与归一化植被指数极显著相关;Yan 等(2020)指出寒温性针叶林的土壤呼吸 速率的季节变化与 NDVI、EVI 和绿边叶绿素指数都显著相关。我们的研究表明,在与植物 生长有关的遥感参数中,土壤呼吸速率与各类植被指数的相关性均较好,7月份土壤呼吸速 率与 EVI 极显著相关、与 NDVI 相关不显著,9月、11月土壤呼吸速率与 NDVI 和 EVI 都 极显著相关,与以上研究结果相一致。

本研究中,在植被生长盛期(7月)土壤呼吸速率与 EVI 的相关系数为 0.69 远远大于与 NDVI 的 0.08,在生长季末期(9月)与 NDVI 的相关系数为 0.66 高于 EVI 的为 0.44,可能 是因为7月份庞泉沟自然保护区植被盖度较高,NDVI 达到了饱和,不能很好地反映出植被 盖度间的空间差异。与 EVI 相比,NDVI 采用的比值算式只可以部分消除大气噪音,有明 显缺陷,而且 NDVI 不考虑背景土壤噪音的影响,因此在叶面积指数大于 3 时,极易出现饱和的情况。EVI 是通过耦合抗大气植被指数和土壤调节植被指数的基础上开发的能够同时减少土壤和大气背景影响的植被指数，它减小了气溶胶和土壤背景的影响（王正兴等，2003）。Huang 等（2012）指出玉米和冬小麦农田生态系统土壤呼吸速率与 EVI 的相关性强于与 NDVI 的，原因可能是当叶面积指数大于 3 时，NDVI 显示的季节变化幅度较小。Huete 等（2002）也报道了 NDVI 在植被盖度高时出现饱和、对背景反射的差异高度敏感的现象。

二、小结

本章利用庞泉沟自然保护区 3 个时期土壤呼吸速率的野外观测数据和遥感数据（陆地表面辐射温度、植被指数、总初级生产力、叶面积指数），通过相关分析和回归分析筛选出与土壤呼吸速率关系最为密切的温度和生物因子的表现形式，基于遥感数据构建了模拟区域尺度土壤呼吸速率的模型，并对模型的精度进行了验证。结果如下：

（1）3 个时期各样地的土壤呼吸速率时空变异性基本一致。7 月、9 月、11 月土壤呼吸速率的平均值差异极显著（$P<0.01$），分别为 8.70 $\mu mol\ CO_2/(m^2 \cdot s)$、6.65 $\mu mol\ CO_2/(m^2 \cdot s)$、2.82 $\mu mol\ CO_2/(m^2 \cdot s)$，空间变异系数分别为 16.99 %、26.19 % 和 36.40 %，空间变异程度随着时间的变化而变化。

（2）3 个时期 R_s 与 LST、T_{10} 都呈极显著相关，与 LST_{av} 的相关系数高于与 T_{10} 的；在与绿色植物生长有关的遥感参数中，土壤呼吸速率与植被指数的相关性最强，其中：7 月份土壤呼吸速率与 EVI 极显著相关、与 NDVI 相关不显著；9 月、11 月土壤呼吸速率与 NDVI 和 EVI 都极显著相关。单因素回归分析进一步表明土壤呼吸速率与 LST_{av} 的关系好于与两个卫星过境时的四个瞬时温度的，与 NDVI 的关系好于与 EVI 的。因此，在建立土壤呼吸速率的复合模型时，温度采用 Aqua 和 Terra 卫星过境时四个瞬时温度的平均值 LST_{av}，植被指数采用 NDVI。在此基础上，构建了基于 LST_{av} 与 NDVI 双变量的 6 个复合模型，通过 R^2、RMSE、AIC 3 种指标对模型进行评价，确定了双变量线性模型为最优模型。

（3）基于模型模拟的土壤呼吸速率空间分布格局可知，土壤呼吸速率的高值分布在保护区的西北部和东南部，低值分布在东北部的草甸，与野外测定结果一致。利用复合模型模拟的土壤呼吸速率与实测的土壤呼吸速率线性回归方程的决定系数略高于单因素模型的，3 种模型都可以用于庞泉沟自然保护区土壤呼吸速率的模拟，说明完全基于遥感数据构建的模型可以用于土壤呼吸速率的空间尺度扩展。

参 考 文 献

ABER J D,FEDERER C A,1992. A generalized,lumped-parameter model of photosynthesis, evapotranspiration and net primary production in temperate and boreal forest ecosystems[J]. Oecologia,92(4):463-474.

ASNER G P, WESSMAN C A, ARCHER S, 1998. Scale dependence of absorption of photosynthetically active radiation in terrestrial ecosystems[J]. Ecological applications,8: 1003-1021.

BAHN M,RODEGHIERO M,ANDERSON-DUNN M, et al,2008. Soil respiration in European grasslands in relation to climate and assimilate supply[J]. Ecosystems,11(8): 1352-1367.

BIRCH H F,1958. The effect of soil drying on humus decomposition and nitrogen availability[J]. Plant and soil,10(1):9-31.

BIRCH H F,1959. Further observations on humus decomposition and nitrification[J]. Plant and soil,11(3):262-286.

BONAN G B,1995. Land-atmosphere interactions for climate system models:coupling biophysical, biogeochemical, and ecosystem dynamical processes[J]. Remote sensing of environment,51(1):57-73.

BOND-LAMBERTY B, THOMSON A, 2010. Temperature-associated increases in the global soil respiration record[J]. Nature,464(7288):579-582.

BOONE R D,NADELHOFFER K J,CANARY J D,et al,1998. Roots exert a strong influence on the temperature sensitivityof soil respiration[J]. Nature,396(6711):570-572.

BORKEN W,DAVIDSON E A,SAVAGE K,et al,2003. Drying and wetting effects on carbon dioxide release from organic horizons[J]. Soil Science Society of America journal,67 (6):1888-1896.

BORKEN W,XU Y J,DAVIDSON E A,et al,2002. Site and temporal variation of soil respiration in European beech, Norway spruce, and Scots pine forests[J]. Global change biology,8(12):1205-1216.

BORKEN W,XU Y J,BRUMME R,et al,1999. A climate change scenario for carbon dioxide and dissolved organic carbon fluxes from a temperate forest soil drought and rewetting effects[J]. Soil Science Society of America journal,63(6):1848-1855.

BROECKER W S, TAKAHASHI T, SIMPSON H J, et al, 1979. Fate of fossil fuel carbon dioxide and the global carbon budget[J]. Science,206(4417):409-418.

BUCHMANN N,2000. Biotic and abiotic factors controlling soil respiration rates in

Picea abies stands[J]. Soil biology and biochemistry,32(11/12):1625-1635.

CAO M K,WOODWARD F I,1998a. Dynamic responses of terrestrial ecosystem carbon cycling to global climate change[J]. Nature,393(6682):249-252.

CAO M K,WOODWARD F I,1998b. Net primary and ecosystem production and carbon stocks of terrestrial ecosystems and their responses to climate change[J]. Global change biology,4(2):185-198.

CECCATO P, FLASSE S, GRÉGOIRE J M, 2002a. Designing a spectral index to estimate vegetation water content from remote sensing data: Part 2. Validation and applications[J]. Remote sensing of environment,82(2/3):198-207.

CECCATO P, GOBRON N, FLASSE S, et al, 2002b. Designing a spectral index to estimate vegetation water content from remote sensing data: Part 1. Theoretical approach [J]. Remote sensing of environment,82(2/3):188-197.

CHEN J M,LIU J,CIHLAR J,et al,1999. Daily canopy photosynthesis model through temporal and spatial scaling for remote sensing applications[J]. Ecologicalmodelling,124 (2/3):99-119.

CHEN J R,WANG Q L,LI M,et al,2013. Effects of deer disturbance on soil respiration in a subtropical floodplain wetland of the Yangtze River[J]. European journal of soil biology,56:65-71.

CHEN S T,HUANG Y,ZOU J W,et al,2010. Modeling interannual variability of global soil respiration from climate and soil properties[J]. Agricultural and forest meteorology, 150(4):590-605.

CHEN S T,ZOU J W,HU Z H,et al,2014. Global annual soil respiration in relation to climate, soil properties and vegetation characteristics: summary of available data [J]. Agricultural and forest meteorology,198/199:335-346.

CHIMNER R A, 2004. Soil respiration rates of tropical peatlands in Micronesia and Hawaii[J]. Wetlands,24(1):51-56.

CHOUDHURY B J,1989. Estimating evaporation and carbon assimilation using infrared temperature data: vistas in modeling[M]//ASRAR G. Theory and applications of optical remote sensing. New York:Wiley:628-690.

COLL C,CASELLES V,SOBRINO J A,et al,1994. On the atmospheric dependence of the split-window equation for land surface temperature[J]. International journal of remote sensing,15(1):105-122.

COOPS N C, BLACK T A, JASSAL R S, et al, 2007. Comparison of MODIS, eddy covariance determined and physiologically modelled gross primary production (GPP) in a Douglas-fir forest stand[J]. Remote sensing of environment,107(3):385-401.

CRABBE R A,JANOUŠ D, DAŘENOVÁ E, et al, 2019. Exploring the potential of LANDSAT-8 for estimation of forest soil CO_2 efflux[J]. International journal of applied earth observation and geoinformation,77:42-52.

CROW S E,LAJTHA K,BOWDEN R D,et al,2009. Increased coniferous needle inputs accelerate decomposition of soil carbon in an old-growth forest[J]. Forest ecology and management,258(10):2224-2232.

DAVIDSON E A,BELK E,BOONE R D,1998. Soil water content and temperature as independent or confounded factors controlling soil respiration in a temperate mixed hardwood forest[J]. Global change biology,4(2):217-227.

DAVIDSON E A, VERCHOT L V,CATTÂNIO J H,et al,2000. Effects of soil water content on soil respiration in forests and cattle pastures of eastern Amazonia [J]. Biogeochemistry,48(1):53-69.

DEFRIES R S,TOWNSHEND J R G,1994. NDVI-derived land cover classifications at a global scale[J]. International journal of remote sensing,15(17):3567-3586.

DHITAL D,MURAOKA H,YASHIRO Y,et al,2010. Measurement of net ecosystem production and ecosystem respiration in a Zoysia japonica grassland,central Japan,by the chamber method[J]. Ecological research,25(2):483-493.

DILUSTRO J J,COLLINS B,DUNCAN L S, et al,2005. Moisture and soil texture effects on soil CO_2 efflux components in southeastern mixed pine forests[J]. Forest ecology and management,204(1):87-97.

DOZIER J,WARREN S G,1982. Effect of viewing angle on the infrared brightness temperature of snow[J]. Water resources research,18(5):1424-1434.

EPRON D,NGAO J,GRANIER A,2004. Interannual variation of soil respiration in a beech forest ecosystem over a six-year study[J]. Annals of forest science,61(6):499-505.

FALGE E,BALDOCCHI D,OLSON R,et al,2001. Gap filling strategies for long term energy flux data sets[J]. Agricultural and forest meteorology,107(1):71-77.

FALGE E, BALDOCCHI D, TENHUNEN J, et al, 2002. Seasonality of ecosystem respiration and gross primary production as derived from FLUXNET measurements[J]. Agricultural and forest meteorology,113(1/2/3/4):53-74.

FANG C,MONCRIEFF J B,2001. The dependence of soil CO_2 efflux on temperature [J]. Soil biology and biochemistry,33(2):155-165.

FANG C,MONCRIEFF J B,GHOLZ H L,et al,1998. Soil CO_2 efflux and its spatial variation in a Florida slash pine plantation[J]. Plant and soil,205(2):135-146.

FIELD C B, RANDERSON J T, MALMSTRÖM C M, 1995. Global net primary production:combining ecology and remote sensing[J]. Remote sensing of environment,51 (1):74-88.

FLANAGAN L B, JOHNSON B G, 2005. Interacting effects of temperature, soil moisture and plant biomass production on ecosystem respiration in a northern temperate grassland[J]. Agricultural and forest meteorology,130(3/4):237-253.

FRANC G B,CRACKNELL A P,1994. Retrieval of land and sea surface temperature using NOAA-11 AVHRR • data in north-eastern Brazil[J]. International journal of remote sensing,15(8):1695-1712.

FRANK A B,2002. Carbon dioxide fluxes over a grazed prairie and seeded pasture in the

Northern Great Plains[J]. Environmental pollution,116(3):397-403.

FU G,SHEN Z X,ZHANG X Z,et al,2010. Modeling gross primary productivity of alpine meadow in the northern Tibet Plateau by using MODIS images and climate data[J]. Acta ecologica sinica,30(5):264-269.

GAO B C,1996. NDWI—A normalized difference water index for remote sensing of vegetation liquid water from space[J]. Remote sensing of environment,58(3):257-266.

GAO Y N,YU G R,LI S G,et al,2015. A remote sensing model to estimate ecosystem respiration in Northern China and the Tibetan Plateau[J]. Ecological modelling, 304: 34-43.

GERSHENSON A,BADER N E,CHENG W X,2009. Effects of substrate availability on the temperature sensitivity of soil organic matter decomposition[J]. Global change biology, 15(1):176-183.

GILMANOV T G, SOUSSANA J F, AIRES L, et al, 2007. Partitioning European grassland net ecosystem CO_2 exchange into gross primary productivity and ecosystem respiration using light response function analysis [J]. Agriculture, ecosystems & environment,121(1/2):93-120.

GILMANOV T G,TIESZEN L L,WYLIE B K,et al,2005. Integration of CO_2 flux and remotely-sensed data for primary production and ecosystem respiration analyses in the Northern Great Plains:potential for quantitative spatial extrapolation[J]. Global ecology and biogeography,14(3):271-292.

GILMANOV T G,VERMA S B,SIMS P L,et al,2003. Gross primary production and light response parameters of four Southern Plains ecosystems estimated using long-term CO_2-flux tower measurements[J]. Global biogeochemical cycles,17(2):1071.

GOETZ S J, PRINCE S D, GOWARD S N, et al, 1999. Satellite remote sensing of primary production:an improved production efficiency modeling approach[J]. Ecological modelling,122(3):239-255.

GONG J R,GE Z W,AN R,et al,2012. Soil respiration in poplar plantations in Northern China at different forest ages[J]. Plant and soil,360(1/2):109-122.

GONG J R,WANG Y H,LIU M,et al,2014. Effects of land use on soil respiration in the temperate steppe of Inner Mongolia,China[J]. Soil and tillage research,144:20-31.

GONG J R,XU S,WANG Y H,et al,2015. Effect of irrigation on the soil respiration of constructed grasslands in Inner Mongolia,China[J]. Plant and soil,395(1/2):159-172.

HAN G X,ZHOU G S,XU Z Z,et al,2007. Soil temperature and biotic factors drive the seasonal variation of soil respiration in a maize (Zea mays L.) agricultural ecosystem[J]. Plant and soil,291(1/2):15-26.

HARRISON-KIRK T,BEARE M H,MEENKEN E D,et al,2013. Soil organic matter and texture affect responses to dry/wet cycles:effects on carbon dioxide and nitrous oxide emissions[J]. Soil biology and biochemistry,57:43-55.

HIBBARD K A,LAW B E,REICHSTEIN M,et al,2005. An analysis of soil respiration across Northern Hemisphere temperate ecosystems[J]. Biogeochemistry,73(1):29-70.

HILKER T, HALL F G, COOPS N C, et al, 2014. Potentials and limitations for estimating daytime ecosystem respiration by combining tower-based remote sensing and carbon flux measurements[J]. Remote sensing of environment,150:44-52.

HOUGHTON R A, 1996. Terrestrial sources and sinks of carbon inferred from terrestrial data[J]. Tellus,series B: chemical and physical meteorology,48(4):420-432.

HUANG N,GU L H,BLACK T A, et al,2015. Remote sensing-based estimation of annual soil respiration at two contrasting forest sites[J]. Journal of geophysical research: biogeosciences,120(11):2306-2325.

HUANG N, GU L H, NIU Z, 2014. Estimating soil respiration using spatial data products:a case study in a deciduous broadleaf forest in the Midwest USA[J]. Journal of geophysical research:atmospheres,119(11):6393-6408.

HUANG N,HE J S,NIU Z,2013a. Estimating the spatial pattern of soil respiration in Tibetan alpine grasslands using Landsat TM images and MODIS data[J]. Ecological indicators,26:117-125.

HUANG N,NIU Z,2013b. Estimating soil respiration using spectral vegetation indices and abiotic factors in irrigated and rainfed agroecosystems[J]. Plant and soil,367(1/2): 535-550.

HUANG N,NIU Z,ZHAN Y L,et al,2012. Relationships between soil respiration and photosynthesis-related spectral vegetation indices in two cropland ecosystems [J]. Agricultural and forest meteorology,160:80-89.

HUANG N,WANG L,GUO Y Q,et al,2017. Upscaling plot-scale soil respiration in winter wheat and summer maize rotation croplands in Julu County, North China[J]. Internationaljournal of applied earth observation and geoinformation,54:169-178.

HUANG N,WANG L,SONG X P,et al,2020. Spatial and temporal variations in global soil respiration and their relationships with climate and land cover[J]. Science advances,6 (41):eabb8508-1-11. DOI:10. 1126/sciadv. abb8508.

HUETE A, DIDAN K, MIURA T, et al, 2002. Overview of the radiometric and biophysical performance of the MODIS vegetation indices [J]. Remote sensing of environment,83(1/2):195-213.

HUNT E R,Jr,ROCK B N,Jr,1989. Detection of changes in leaf water content using Near- and Middle-Infrared reflectances[J]. Remote sensing of environment,30(1):43-54.

INOUE Y,OLIOSO A,CHOI W,2004. Dynamic change of CO_2 flux over bare soil field and its relationship with remotely sensed surface temperature[J]. International journal of remote sensing,25(10):1881-1892.

IRVINE J, LAW B E, 2002. Contrasting soil respiration in young and old-growth ponderosa pine forests[J]. Global change biology,8(12):1183-1194.

JÄGERMEYR J,GERTEN D,LUCHT W,et al,2014. A high-resolution approach to estimating ecosystem respiration at continental scales using operational satellite data[J].

Global change biology,20(4):1191-1210.

JANSSENS I A,PILEGAARD K,2003. Large seasonal changes in Q_{10} of soil respiration in a beech forest[J]. Global change biology,9(6):911-918.

JARVIS P,REY A,PETSIKOS C,et al,2007. Drying and wetting of Mediterranean soils stimulates decomposition and carbon dioxide emission: the "Birch effect"[J]. Tree physiology,27(7):929-940.

JENKINSON D S,ANDREW S P S,LYNCH J M,et al,1990. The turnover of organic carbon and nitrogen in soil[J]. Philosophical transactions of the royal society of London series B:biological sciences,1990,329(1255):361-368.

JIA X X,SHAO M A,WEI X R,2013. Soil CO_2 efflux in response to the addition of water and fertilizer in temperate semiarid grassland in Northern China[J]. Plant and soil, 373(1/2):125-141.

JIMÉNEZ-MUÑOZ J C,SOBRINO J A,2003. A generalized single-channel method for retrieving land surface temperature from remote sensing data[J]. Journal of geophysical research:atmospheres,108(D22):4688-4695.

KADUK J,HEIMANN M,1996. A prognostic phenology scheme for global terrestrial carbon cycle models[J]. Climate research,6:1-19.

KAHLE A B,MADURA D P,SOHA J M,1980. Middle infrared multispectral aircraft scanner data:analysis for geological applications[J]. Applied optics,19(14):2279-2290.

KATAYAMA A,KUME T,KOMATSU H,et al,2009. Effect of forest structure on the spatial variation in soil respiration in a Bornean tropical rainforest[J]. Agricultural and forest meteorology,149(10):1666-1673.

KHOMIK M,ARAIN M A,MCCAUGHEY J H,2006. Temporal and spatial variability of soil respiration in a boreal mixedwood forest[J]. Agricultural and forest meteorology, 140(1/2/3/4):244-256.

KIRSCHBAUM M U F, 1995. The temperature dependence of soil organic matter decomposition,and the effect of global warming on soil organic C storage[J]. Soil biology and biochemistry,27(6):753-760.

KITAMOTO T, UEYAMA M, HARAZONO Y, et al, 2007. Applications of NOAA/ AVHRR and observed fluxes to estimate 3 regional carbon fluxes over black spruce forests in Alaska[J]. Journal of agricultural meteorology,63(4):171-183.

KUZYAKOV Y,LARIONOVA A A,2005. Root and rhizomicrobial respiration:a review of approaches to estimate respiration by autotrophic and heterotrophic organisms in soil [J]. Journal of plant nutrition and soil science,168(4):503-520.

LABED J,STOLL M P,1991. Spatial variability of land surface emissivity in the thermal infrared band:spectral signature and effective surface temperature[J]. Remote sensing of environment,38(1):1-17.

LAMERSDORF N P,BORKEN W,2004. Clean rain promotes fine root growth and soil respiration in a Norway spruce forest[J]. Global change biology,10(8):1351-1362.

LEE M S,NAKANE K,NAKATSUBO T,et al,2002. Effects of rainfall events on soil CO_2 flux in a cool temperate deciduous broad-leaved forest[J]. Ecological research,17(3): 401-409.

LI H J,YAN J X,YUE X F,et al,2008. Significance of soil temperature and moisture for soil respiration in a Chinese mountain area[J]. Agricultural and forest meteorology,148 (3):490-503.

LI X W,STRAHLER A H,FRIEDL M A,1999. A conceptual model for effective directional emissivity from nonisothermal surfaces[J]. IEEE transactions on geoscience and remote sensing,37(5):2508-2517.

LI Y C,LI Y F,CHANG S X,et al,2018. Biochar reduces soil heterotrophic respiration in a subtropical plantation through increasing soil organic carbon recalcitrancy and decreasing carbon-degrading microbial activity [J]. Soilbiology and biochemistry, 122: 173-185.

LI Y L,TENHUNEN J,OWEN K,et al,2008. Patterns in CO_2 gas exchange capacity of grassland ecosystems in the Alps[J]. Agricultural and forest meteorology,148(1):51-68.

LI Y Q,XU M,SUN O J,et al,2004. Effects of root and litter exclusion on soil CO_2 efflux and microbial biomass in wet tropical forests[J]. Soil biology and biochemistry,36 (12):2111-2114.

LI Y Q, XU M, ZOU X M, 2006. Heterotrophic soil respiration in relation to environmental factors and microbial biomass in two wet tropical forests[J]. Plant and soil, 281(1/2):193-201.

LI Z Q,YU G R,XIAO X M,et al,2007. Modeling gross primary production of alpine ecosystems in the Tibetan Plateau using MODIS images and climate data[J]. Remote sensing of environment,107(3):510-519.

LIANG Y N,CAI Y P,YAN J X,et al,2019. Estimation of soil respiration by its driving factors based on multi-source data in a sub-alpine meadow in North China [J]. Sustainability,11(12):3274.

LIETH H,BOX E,1972. Evapotranspiration and primary productivity: thornthwaite memorial model[J]. Climatology,25(2):37-46.

LIU H S,LI L H,HAN X G,et al,2006. Respiratory substrate availability plays a crucial role in the response of soil respiration to environmental factors[J]. Applied soil ecology,2006,32(3):284-292.

LIU J, CHEN J M, CIHLAR J, et al, 1997. A process-based boreal ecosystem productivity simulator using remote sensing inputs[J]. Remotesensing of environment,62 (2):158-175.

LIU X P,ZHANG W J,ZHANG B,et al,2016. Diurnal variation in soil respiration under different land uses on Taihang Mountain,North China[J]. Atmospheric environment,125: 283-292.

LIU X Y,ZHENG J F,ZHANG D X,et al,2016. Biochar has no effect on soil respiration across Chinese agricultural soils[J]. Science of the total environment,554/555:259-265.

LLOYD J,TAYLOR J A,1994. On the temperature dependence of soil respiration[J]. Functional ecology,8(3):315-323.

LUAN J W,LIU S R,ZHU X L,et al,2012. Roles of biotic and abiotic variables in determining spatial variation of soil respiration in secondary oak and planted pine forests [J]. Soil biology and biochemistry,44(1):143-150.

MALMSTRÖM C M,THOMPSON M V,JUDAY G P,et al,1997. Interannual variation in global-scale net primary production:Testing model estimates[J]. Global biogeochemical cycles,11(3):367-392.

MELLING L,HATANO R,GOH K J,2005. Soil CO_2 flux from three ecosystems in tropical peatland of Sarawak,Malaysia[J]. Tellus B:chemical and physical meteorology,57 (1):1-11.

MONTEITH J L,1972. Solar radiation and productivity in tropical ecosystems[J]. The journal of applied ecology,9(3):747.

MONTEITH J L,MOSS C J,1977. Climate and the efficiency of crop production in Britain[J]. Philosophical transactions of the royal society of London B,biological sciences, 281(980):277-294.

MYNENI R B,WILLIAMS D L,1994. On the relationship between FAPAR and NDVI [J]. Remote sensing of environment,49(3):200-211.

NAKANO T, NEMOTO M, SHINODA M, 2008. Environmental controls on photosynthetic production and ecosystem respiration in semi-arid grasslands of Mongolia [J]. Agricultural and forest meteorology,148(10):1456-1466.

NEMANI R R,KEELING C D,HASHIMOTO H,et al,2003. Climate-driven increases in global terrestrial net primary production from 1982 to 1999[J]. Science,300(5625): 1560-1563.

NGAO J,EPRON D,DELPIERRE N,et al,2012. Spatial variability of soil CO_2 efflux linked to soil parameters and ecosystem characteristics in a temperate beech forest[J]. Agricultural and forest meteorology,154/155:136-146.

NIU S L,WU M Y,HAN Y,et al,2008. Water-mediated responses of ecosystem carbon fluxes to climatic change in a temperate steppe[J]. New phytologist,177(1):209-219.

O'CONNELL K E B,GOWER S T,NORMAN J M,2003. Net ecosystem production of two contrasting boreal black spruce forest communities[J]. Ecosystems,6(3):248-260.

PARTON W J,SCHIMEL D S,COLE C V,et al,1987. Analysis of factors controlling soil organic matter levels in great Plains grasslands[J]. Soil Science Society of America journal,51(5):1173-1179.

PAVELKA M,ACOSTA M,MAREK M V,et al,2007. Dependence of the Q_{10} values on the depth of the soil temperature measuring point[J]. Plant and soil,292(1/2):171-179.

PENG Q, DONG Y S, QI Y C, et al,2011. Effects of nitrogen fertilization on soil respiration in temperate grassland in Inner Mongolia, China [J]. Environmental earth sciences,62(6):1163-1171.

POTTER C S, RANDERSON J T, FIELD C B, et al, 1993. Terrestrial ecosystem production: a process model based on global satellite and surface data [J]. Global biogeochemical cycles,7(4):811-841.

PRICE J C, 1984. Land surface temperature measurements from the split window channels of the NOAA 7 advanced very high resolution radiometer [J]. Journal of geophysical research:atmospheres,89(D5):7231-7237.

PRIHODKO L, GOWARD S N, 1997. Estimation of air temperature from remotely sensed surface observations [J]. Remote sensing of environment: an interdisciplinary journal,60(3):335-346.

PRINCE S D, GOWARD S N, 1995. Global primary production: a remote sensing approach[J]. Journal of biogeography,22(4/5):815-835.

PUMPANEN J,ILVESNIEMI H,PERÄMÄKI M,et al,2003. Seasonal patterns of soil CO_2 efflux and soil air CO_2 concentration in a Scots pine forest:comparison of two chamber techniques[J]. Global change biology,9(3):371-382.

QIN Z H, DALL'OLMO G, KARNIELI A, et al, 2001. Derivation of split window algorithm and its sensitivity analysis for retrieving land surface temperature from NOAA-advanced very high resolution radiometer data [J]. Journal of geophysical research: atmospheres,106(D19):22655-22670.

RAICH J W,POTTER C S,1995. Global patterns of carbon dioxide emissions from soils [J]. Global biogeochemical cycles,9(1):23-36.

RAICH J W,POTTER C S,BHAGAWATI D,2002. Interannual variability in global soil respiration,1980-94[J]. Global change biology,8(8):800-812.

RAICH J W, RASTETTER E B, MELILLO J M, et al, 1991. Potential net primary productivity in south America:application of a global model[J]. Ecological applications, 1(4):399-429.

RAICH J W, SCHLESINGER W H, 1992. The global carbon dioxide flux in soil respiration and its relationship to vegetation and climate [J]. Tellus B: chemical and physical meteorology,44(2):81-99.

RAICH J W,TUFEKCIOGUL A,2000. Vegetation and soil respiration:correlations and controls[J]. Biogeochemistry,48(1):71-90.

RAHMAN A F,SIMS D A,CORDOVA V D,et al,2005. Potential of MODIS EVI and surface temperature for directly estimating per-pixel ecosystem C fluxes [J]. Geophysicalresearch letters,32(19):L19404-1-4.

RATANA P,HUETE A R,YIN Y,et al,2005. Interrelationship among among MODIS vegetation products across an Amazon Eco-climatic gradient[C]//Proceedings of 2005 IEEE International Geoscience and Remote Sensing Symposium,2005. IGARSS '05. July 29-29,2005,Seoul,Korea (South). IEEE:3009-3012.

RAYMENT M B, 2000. Closed chamber systems underestimate soil CO_2 efflux[J].

European journal of soil science,51(1):107-110.

REICH P B,TURNER D P,BOLSTAD P,1999. An approach to spatially distributed modeling of net primary production (NPP) at the landscape scale and its application in validation of EOS NPP products[J]. Remote sensing of environment,70(1):69-81.

REICHSTEIN M,REY A,FREIBAUER A,et al,2003. Modeling temporal and large-scale spatial variability of soil respiration from soil water availability,temperature and vegetation productivity indices[J]. Global biogeochemical cycles,17(4):1104-1-15.

RIVEROS-IREGUI D A,MCGLYNN B L,2009. Landscape structure control on soil CO_2 efflux variability in complex terrain:scaling from point observations to watershed scale fluxes[J]. Journal of geophysical research:biogeosciences,114(G2):G02010-1-14.

RODEGHIERO M,CESCATTI A,2005. Main determinants of forest soil respiration along an elevation/temperature gradient in the Italian Alps[J]. Global change biology,11 (7):1024-1041.

RUIMY A,SAUGIER B,DEDIEU G,1994. Methodology for the estimation of terrestrial net primary production from remotely sensed data[J]. Journal of geophysical research:atmospheres,99(D3):5263-5283.

RUNNING S W,BALDOCCHI D D,TURNER D P,et al,1999. A global terrestrial monitoring network integrating tower fluxes,flask sampling,ecosystem modeling and EOS satellite data[J]. Remote sensing of environment,70(1):108-127.

SAIZ G,GREEN C,BUTTERBACH-BAHL K,et al,2006. Seasonal and spatial variability of soil respiration in four Sitka spruce stands[J]. Plant and soil,287(1/2): 161-176.

SALISBURY J W,D'ARIA D M,1992. Infrared (8-14 μm) remote sensing of soil particle size[J]. Remote sensing of environment,42(2):157-165.

SÁNCHEZ M L,OZORES M I,LÓPEZ M J,et al,2003. Soil CO_2 fluxes beneath barley on the central Spanish plateau[J]. Agricultural and forest meteorology,118(1/2):85-95.

SCHIMEL D S,1995. Terrestrial biogeochemical cycles:global estimates with remote sensing[J]. Remote sensing of environment,51(1):49-56.

SEGUIN B,1983. Using midday surface temperature to estimate daily evapotranspiration from satellite thermal IR data[J]. International journal of remote sensing,4(2):371-383.

SELLERS P J,MEESON B W,HALL F G,et al,1995. Remote sensing of the land surface for studies of global change:Models-algorithms-experiments[J]. Remote sensing of environment,51(1):3-26.

SHENG H,YANG Y S,YANG Z J,et al,2010. The dynamic response of soil respiration to land-use changes in subtropical China[J]. Global change biology,16(3):1107-1121.

SHI B K,JIN G Z,2016. Variability of soil respiration at different spatial scales in temperate forests[J]. Biology and fertility of soils,52(4):561-571.

SHI W Y,YAN M J,ZHANG J G,et al,2014. Soil CO_2 emissions from five different types of land use on the semiarid Loess Plateau of China,with emphasis on the contribution of winter soil respiration[J]. Atmospheric environment,88:74-82.

SIMS D A,RAHMAN A F,CORDOVA V D,et al,2008. A new model of gross primary productivity for North American ecosystems based solely on the enhanced vegetation index and land surface temperature from MODIS[J]. Remote sensing of environment,112(4): 1633-1646.

SINGH J S,GUPTA S R,1977. Plant decomposition and soil respiration in terrestrial ecosystems[J]. The botanical review,43(4):449-528.

SOBRINO J A,JIMÉNEZ-MUÑOZ J C,PAOLINI L,2004. Land surface temperature retrieval from LANDSAT TM5[J]. Remote sensing of environment,90(4):434-440.

SOEGAARD H,JENSEN N O,BOEGH E,et al,2003. Carbon dioxide exchange over agricultural landscape using eddy correlation and footprint modelling[J]. Agricultural and forest meteorology,114(3/4):153-173.

STEDUTO P,ÇETINKÖKÜ Ö, ALBRIZIO R, et al, 2002. Automated closed-system canopy-chamber for continuous field-crop monitoring of CO_2 and H_2O fluxes [J]. Agricultural and forest meteorology,111(3):171-186.

SUBKE J A,REICHSTEIN M,TENHUNEN J D,2003. Explaining temporal variation in soil CO_2 efflux in a mature spruce forest in Southern Germany[J]. Soil biology and biochemistry,35(11):1467-1483.

SUN Z Z, LIU L L, MA Y C, et al, 2014. The effect of nitrogen addition on soil respiration from a nitrogen-limited forest soil[J]. Agricultural and forest meteorology, 197:103-110.

SUTHERLAND R A,1986. Broadband and spectral emissivities (2-18 μm) of some natural soils and vegetation[J]. Journal of atmospheric and oceanic technology,3(1): 199-202.

TANG J W,BALDOCCHI D D,2005. Spatial-temporal variation in soil respiration in an oak-grass savanna ecosystem in California and its partitioning into autotrophic and heterotrophic components[J]. Biogeochemistry,73(1):183-207.

TANNER C B,1963. Plant temperatures 1[J]. Agronomy journal,55(2):210-211.

TANS P P,FUNG I Y,TAKAHASHI T,1990. Observational contrains on the global atmospheric CO_2 budget[J]. Science,247(4949):1431-1438.

THIERRON V,LAUDELOUT H,1996. Contribution of root respiration to total CO_2 efflux from the soil of a deciduous forest[J]. Canadian journal of forest research,26(7): 1142-1148.

UCHIJIMA Z,SEINO H,1985. Agroclimatic evaluation of net primary productivity of natural vegetations[J]. Journal of agricultural meteorology,40(4):343-352.

VAN DE GRIEND A A,OWE M,1993. On the relationship between thermal emissivity and the normalized difference vegetation index for natural surfaces[J]. International journal of remote sensing,14(6):1119-1131.

WALKER B,STEFFEN W,1997. An overview of the implications of global change for natural and managed terrestrial ecosystems[J]. Ecology and society,1(2):2.

WANG J B,NIU Z,HU B M,et al,2004. Remote sensing application on the carbon flux modeling of terrestrial ecosystem [J]. Remote sensing for agriculture, ecosystems, and hydrology,5232:140-150.

WANG R,HU Y X,WANG Y,et al,2019. Nitrogen application increases soil respiration but decreases temperature sensitivity: combined effects of crop and soil properties in a semiarid agroecosystem[J]. Geoderma,353:320-330.

WANG R,SUN Q Q,WANG Y,et al,2017. Temperature sensitivity of soil respiration: synthetic effects of nitrogen and phosphorus fertilization on Chinese Loess Plateau[J]. Science of thetotal environment,574:1665-1673.

WEN X F, YU G R, SUN X M,et al, 2006. Soil moisture effect on the temperature dependence of ecosystem respiration in a subtropical Pinus plantation of southeastern China[J]. Agricultural and forest meteorology,137(3/4):166-175.

WILSON K B,BALDOCCHI D D, HANSON P J, 2001. Leaf age affects the seasonal pattern of photosynthetic capacityand net ecosystem exchange of carbon in a deciduous forest[J]. Plant,cell & environment,24(6):571-583.

WU C Y, GAUMONT-GUAY D, ANDREW BLACK T, et al, 2014. Soil respiration mapped by exclusively use of MODIS data for forest landscapes of Saskatchewan,Canada [J]. ISPRS journal of photogrammetry and remote sensing,94:80-90.

WU J B,XIAO X M,GUAN D X,et al,2009. Estimation of the gross primary production of an old-growth temperate mixed forest using eddy covariance and remote sensing[J]. International journal of remote sensing,30(2):463-479.

WU W X,WANG S Q,XIAO X M,et al,2008. Modeling gross primary production of a temperate grassland ecosystem in Inner Mongolia, China, using MODIS imagery and climate data[J]. Science in China series D:earth sciences,51(10):1501-1512.

WYLIE B K,JOHNSON D A, LACA E, et al, 2003. Calibration of remotely sensed, coarse resolution NDVI to CO₂ fluxes in a sagebrush-steppe ecosystem[J]. Remote sensing of environment,85(2):243-255.

XIAO X M, BOLES S, LIU J Y, et al, 2002. Characterization of forest types in Northeastern China,using multi-temporal SPOT-4 VEGETATION sensor data[J]. Remote sensing of environment:an interdisciplinary journal,82(2/3):335-348.

XIAO X M, HOLLINGER D, ABER J,et al,2004a. Satellite-based modeling of gross primary production in an evergreen needleleaf forest[J]. Remote sensing of environment, 89(4):519-534.

XIAO X M, ZHANG Q Y, BRASWELL B, et al, 2004b. Modeling gross primary production of temperate deciduous broadleaf forest using satellite images and climate data [J]. Remote sensing of environment,91(2):256-270.

XIAO X M, ZHANG Q Y, HOLLINGER D, et al, 2005a. Modeling gross primary production of an evergreen needleleaf forest using modis and climate data[J]. Ecological applications,15(3):954-969.

XIAO X M,ZHANG Q Y,SALESKA S,et al,2005b. Satellite-based modeling of gross primary production in a seasonally moist tropical evergreen forest[J]. Remote sensing of environment,94(1):105-122.

XU M,QI Y,2001. Soil-surface CO_2 efflux and its spatial and temporal variations in a young ponderosa pine plantation in northern California[J]. Global change biology,7(6): 667-677.

XU X R, FAN W J, CHEN L F, 2002. Matrix expression of thermal radiative characteristics for an open complex[J]. Science in China series D:earth sciences,45(7): 654-661.

XU X R,LIU Q H,CHEN J Y,1998. Synchronous retrieval of land surface temperature and emissivity[J]. Science in China series D:earth sciences,41(6):658-668.

YAMAJI T,SAKAI T,ENDO T,et al,2008. Scaling-up technique for net ecosystem productivity of deciduous broadleaved forests in Japan using MODIS data[J]. Ecological research,23(4):765-775.

YAN J X,ZHANG X,LIU J,et al,2020. MODIS-Derived estimation of soil respiration within five cold temperate coniferous forest sites in the eastern loess plateau,China[J]. Forests,11(2):131.

YU G R,WEN X F,LI Q K,et al,2005. Seasonal patterns and environmental control of ecosystem respiration in subtropical and temperate forests in China[J]. Science in China (series D:earth sciences),48(S1):93-105.

YUSTE J C, JANSSENS I A, CARRARA A, et al, 2003. Interactive effects of temperature and precipitation on soil respiration in a temperate maritime pine forest[J]. Tree physiology,23(18):1263-1270.

ZELITCH I,1982. The close relationship between net photosynthesis and crop yield[J]. BioScience,32(10):796-802.

ZENG X H,ZHANG W J,SHEN H T,et al,2014. Soil respiration response in different vegetation types at Mount Taihang,China[J]. Catena,116:78-85.

ZHANG J B, LI Q, WU J S, et al, 2019. Effects of nitrogen deposition and biochar amendment on soil respiration in a Torreya grandis orchard[J]. Geoderma,355:113918.

ZHANG L H, CHEN Y N, ZHAO R F, et al, 2012. Soil carbon dioxide flux from shelterbelts in farmland in temperate arid region,northwest China[J]. European journal of soil biology,48:24-31.

ZHANG L M,YU G R,SUN X M,et al,2006. Seasonal variations of ecosystem apparent quantum yield (α) and maximum photosynthesis rate (P_{max}) of different forest ecosystems in China[J]. Agricultural and forest meteorology,137(3/4):176-187.

ZHONG Y,YAN W M,ZONG Y Z,et al,2016. Biotic and abiotic controls on the diel and seasonal variation in soil respiration and its components in a wheat field under long-term nitrogen fertilization[J]. Field crops research,199:1-9.

ZHOU Z Y,ZHANG Z Q,ZHA T G,et al,2013. Predicting soil respiration using carbon stock in roots,litter and soil organic matter in forests of Loess Plateau in China[J]. Soil biology and biochemistry,57:135-143.

陈良富,庄家礼,徐希孺,1999.热红外遥感中通道间信息相关性及其对陆面温度反演的影响[J].科学通报,44(19):2122-2127.

陈泮勤,黄耀,于贵瑞,2004.地球系统碳循环[M].北京:科学出版社.

陈述彭,赵英时,1990.遥感地学分析[M].北京:测绘出版社:209-221.

董振国,1984.农田作物层温度初步研究:以冬小麦、夏玉米为例[J].生态学报,4(2):141-148.

付刚,沈振西,张宪洲,等,2011.利用 MODIS 影像和气候数据模拟藏北高寒草甸的土壤呼吸[J].草地学报,19(3):400-405.

伏玉玲,于贵瑞,王艳芬,等,2006.水分胁迫对内蒙古羊草草原生态系统光合和呼吸作用的影响[J].中国科学(D 辑:地球科学),36(增刊 1):183-193.

关德新,吴家兵,金昌杰,等,2006.长白山红松针阔混交林 CO_2 通量的日变化与季节变化[J].林业科学,42(10):123-128.

郝祺,陆佩玲,房世波,等,2009.黄淮海地区冬小麦光合作用参数的取值范围[J].中国农业气象,30(1):74-78.

郝彦宾,王艳芬,崔骁勇,2010.干旱胁迫降低了内蒙古羊草草原的碳累积[J].植物生态学报,34(8):898-906.

黄妮,2012.遥感技术在土壤呼吸模拟中的应用研究[D].北京:中国科学院大学.

康绍忠,蔡焕杰,梁银丽,等,1997.大气 CO_2 浓度增加对春小麦冠层温度、蒸发蒸腾与土壤剖面水分动态影响的试验研究[J].生态学报,17(4):412-417.

李东,曹广民,胡启武,等,2005.高寒灌丛草甸生态系统 CO_2 释放的初步研究[J].草地学报,13(2):144-148.

李洪建,杨艳,严俊霞,2016.冠层辐射温度对冬小麦生态系统碳通量的影响[J].环境科学,37(9):3650-3659.

李召良,张仁华,2000.利用 ASTER 数据分解土壤和植被温度的研究[J].中国科学(E 辑:技术科学),30(增刊 1):27-38.

李世广,张峰,2014.山西庞泉沟国家级自然保护区生物多样性与保护管理[M].北京:中国林业出版社.

李思恩,康绍忠,朱治林,等,2008.应用涡度相关技术监测地表蒸发蒸腾量的研究进展[J].中国农业科学,41(9):2720-2726.

李素清,张金屯,2007.山西云顶山亚高山草甸群落生态分析[J].地理研究,26(1):83-90.

李小文,王锦地,胡宝新,1998.先验知识在遥感反演中的作用[J].中国科学(D 辑:地球科学),28(1):67-72.

刘允芬,于贵瑞,温学发,等,2006.千烟洲中亚热带人工林生态系统 CO_2 通量的季节变异特征[J].中国科学(D 辑:地球科学),36(增刊 1):91-102.

毛克彪,覃志豪,徐斌,2005.针对 ASTER 数据的单窗算法[J].测绘学院学报,22(1):40-42.

毛留喜,孙艳玲,延晓冬,2006.陆地生态系统碳循环模型研究概述[J].应用生态学报,17(11):2189-2195.

上官铁梁,张峰,1991.云顶山植被及其垂直分布研究[J].山地研究,9(1):19-26.

孙步功,龙瑞军,孔郑,等,2007.青海果洛黄河源区高寒草甸 CO_2 释放速率研究[J].草地学报,15(5):449-453.

孙小花,张仁陟,蔡立群,等,2009.不同耕作措施对黄土高原旱地土壤呼吸的影响[J].应用生态学报,20(9):2173-2180.

覃志豪,ZHANG M H,KARNIELI A,等,2001a.用陆地卫星 TM6 数据演算地表温度的单窗算法[J].地理学报,56(4):456-466.

覃志豪,ZHANG M H,KARNIELI A,2001b.用 NOAA-AVHRR 热通道数据演算地表温度的劈窗算法[J].国土资源遥感,48(2):33-42.

王春林,周国逸,唐旭利,等,2007.鼎湖山针阔叶混交林生态系统呼吸及其影响因子[J].生态学报,27(7):2659-2668.

王建林,温学发,孙晓敏,等,2009.华北平原冬小麦生态系统齐穗期水碳通量日变化的非对称响应[J].华北农学报,24(5):159-163.

王淼,刘亚琴,郝占庆,等,2006.长白山阔叶红松林生态系统的呼吸速率[J].应用生态学报,17(10):1789-1795.

王正兴,刘闯,ALFREDO H,2003.植被指数研究进展:从 AVHRR-NDVI 到 MODIS-EVI[J].生态学报,23(5):979-987.

武维华,2008.植物生理学[M].2 版.北京:科学出版社.

伍卫星,王绍强,肖向明,等,2008.利用 MODIS 影像和气候数据模拟中国内蒙古温带草原生态系统总初级生产力[J].中国科学(D 辑:地球科学),38(8):993-1004.

徐世晓,赵新全,李英年,等,2004.青藏高原高寒灌丛生长季和非生长季 CO_2 通量分析[J].中国科学(D 辑:地球科学),34(增刊 2):118-124.

于贵瑞,伏玉玲,孙晓敏,等,2006.中国陆地生态系统通量观测研究网络(ChinaFLUX)的研究进展及其发展思路[J].中国科学(D 辑:地球科学),36(增刊 1):1-21.

于贵瑞,温学发,李庆康,等,2004.中国亚热带和温带典型森林生态系统呼吸的季节模式及环境响应特征[J].中国科学(D 辑:地球科学),34(增刊 2):84-94.

俞宏,石汉青,2002.利用分裂窗算法反演陆地表面温度的研究进展[J].气象科学,22(4):494-500.

张红星,王效科,冯宗炜,等,2007.用于测定陆地生态系统与大气间 CO_2 交换通量的多通道全自动通量箱系统[J].生态学报,27(4):1273-1282.

张津林,2006.沙地杨树人工林生态系统生理生态特性及碳通量研究[D].北京:北京林业大学.

张金霞,曹广民,周党卫,等,2001.放牧强度对高寒灌丛草甸土壤 CO_2 释放速率的影响[J].草地学报,9(3):183-190.

张宪洲,石培礼,刘允芬,等,2004.青藏高原高寒草原生态系统土壤 CO_2 排放及其碳平衡[J].中国科学(D 辑:地球科学),34(增刊 2):193-199.

赵晓松,关德新,吴家兵,等,2006.长白山阔叶红松林 CO_2 通量与温度的关系[J].生态学报,26(4):1088-1095.

赵英时,等,2003.遥感应用分析原理与方法[M].北京:科学出版社.

赵育民,牛树奎,王军邦,等,2007.植被光能利用率研究进展[J].生态学杂志,26(9):1471-1477.

朱怀松,刘晓锰,裴欢,2007.热红外遥感反演地表温度研究现状[J].干旱气象,25(2):17-21.

庄家礼,徐希孺,2000.遗传算法在组分温度反演中的应用[J].国土资源遥感,12(1):28-33.

邹君,杨玉蓉,谢小立,2004.不同水分灌溉下的水稻生态效应研究[J].湖南农业大学学报(自然科学版),30(3):212-215.